普通高等教育"十三五"规划教材

中国石油和石化工程教材出版基金资助

海洋石油工程概论

（修订本）

张振国　王长进　李银朋　主　编

哈明达　李　磊　季鸣童　副主编

李子丰　主　审

U0264351

中国石化出版社

HTTP://WWW.SINOPEC-PRESS.COM

内 容 提 要

本书主要对海洋石油开发工程中所涉及的钻井平台、钻井设备、采油平台、钻井工艺、采油设备、采油工艺、海洋修井设备、海洋环境的安全保护等进行了系统介绍,并对未来可能成为海洋开发主要对象的天然气水合物进行了比较详细地讲解。

本书主要作为石油工程专业及相关专业的教材,也可作为海洋石油行业工程技术人员的参考资料,或作为相关人员进行自学或培训的教材。

图书在版编目(CIP)数据

海洋石油工程概论 / 张振国,王长进,李银朋主编.
—2 版(修订本).
—北京:中国石化出版社,2018.8
普通高等教育"十三五"规划教材
ISBN 978-7-5114-5012-8

Ⅰ.①海… Ⅱ.①张… ②王… ③李… Ⅲ.①海上油气田-石油工程-高等学校-教材 Ⅳ.①TE5

中国版本图书馆 CIP 数据核字(2018)第 193484 号

中国石化出版社出版发行

地址:北京市朝阳区吉市口路 9 号
邮编:100020 电话:(010)59964500
发行部电话:(010)59964526
http://www.sinopec-press.com
E-mail:press@ sinopec.com
北京科信印刷有限公司印刷
全国各地新华书店经销
*
787×1092 毫米 16 开本 14.75 印张 373 千字
2018 年 9 月第 2 版 2018 年 9 月第 1 次印刷
定价:52.00 元

前　言

广袤无垠的海洋覆盖了我们赖以生存的地球 71% 的表面，它不仅是生命的摇篮、气候的调节器、人类征服自然的大舞台，更是各类自然资源的宝库。

伴随着人口数量的不断增涨、全球工业化进程的快速发展，人类对能源矿产的依赖程度不断增加。陆地矿产资源的日渐匮乏和自然环境的恶化，促使人类把发展的目光和生存的希望聚焦于蓝色的海洋。

石油号称"工业的血液"，谁拥有丰富的油气资源，谁就拥有了发展的优势。但石油是不可再生资源，在全球范围内储量相对有限，而且分布不均，经过百年开采，陆地油气资源储量不断降低，这种宝贵资源的彻底耗竭只是时间问题，人类不得不把关注的目光转向浩瀚的海洋。

由于海洋环境的复杂性，海洋油气的开发与陆地相比多出了许多难以估量的不确定的因素，因而成了真正的"三高产业"，即高技术、高投入、高风险，对石油开发装备和技术提出了更高的要求。这不仅要求从事海洋石油开发的工作人员具有扎实的专业知识，也同样需要他们具备熟练的操作技能。本书为适应这一需求，从海洋石油专业知识体系和构成出发，兼顾培养油气工作人员操作技能，理论与实践相结合，具有较强的可读性和一定的实用价值。

全书共分为 9 章，包括概述、海洋钻井平台、海洋钻井设备、海洋钻井工艺、海洋油气生产设施、海上油气开采工艺、海上油气田修井、海洋天然气水合物资源特征及其开发前景、海洋石油工程环境与安全环保。涵盖了海洋石油开发的主要环节，深入浅出，可资石油高校相关专业学生教材之选，也可供海洋石油工作人员阅读和参考。

本书由张振国、王长进、李银朋担任主编，哈明达、李磊、季鸣童担任副主编，燕山大学李子丰教授主审。具体分工如下：第一章、第六章由东北石油大学季鸣童编写；第二章与第四章(除第一节外)由东北石油大学王长进编写；第五章第一节由东北石油大学李银朋编写；第五章第二节由大庆师范学院张灿编写；第三章(除第五节外)与第七章由东北石油大学哈明达编写；第三章第五节、第四章第一节、第九章由东北石油大学李磊编写；第八章由华北理工张振国编写；全书由王长进统稿。

由于海洋油气开发技术的发展日新月异，相关资料浩如烟海，加之时间仓促，本教材在成书过程中难免出现偏颇和错误，敬请广大读者予以谅解并批评指正。

目　　录

第一章 概　述

第一节　海洋油气的形成及分布

一、海洋油气的形成

大陆架是陆地向海洋延伸的平坦宽广的地区，它由海岸逐渐延伸到海中的 200m 深处，看上去就好像是大陆在海洋里的架子。由大陆架到深海之间，还有一段很陡的斜坡，人们称它为"大陆坡"。由于"大陆架"和"大陆坡"都紧连大陆，在几千万年甚至上亿年以前，有些时期气候比现在温暖湿润，在海湾和河口地区，海水中氧气和阳光充足，加上江河带入大量的营养物和有机质，为生物的生长、繁殖提供丰富的"粮食"，使生活在海面附近的藻类大量繁殖。同时，海洋中生活的鱼类及其他浮游生物、软体动物和各种菌类也迅速繁殖。据科学家们计算，在全世界的海洋中最上面 100m 厚的水层里，光是细小的浮游生物的遗体，每年就能产生 600×10^8 t 的有机碳，这些有机碳就是"制造"石油和天然气的宝贵"原料"。

当然，光有这些生物遗体还不行，如果不很快地把它们保存起来，大海就会将它们溶解成微小的颗粒，悬浮在海水中永远不能变成石油和天然气。在江河入海的河口地区，每年都会向大海的大陆架上"送"来大量的泥沙，世界各地的河口每年要送出百亿吨泥沙。这些泥沙经年累月地把大量的生物遗体掩埋起来。如果这个地区在不断下沉，生物层和泥沙层就会越积越多，越埋越厚。埋在下面的生物遗体承受不了厚厚的岩层压力和缺氧的"煎熬"，慢慢地分解，经历千百万年的地质时期，逐渐生成了宝贵的石油和天然气。不过，这时的油和气还像撒在沙子里的粮食，分散在砂岩中，难以采集。在一层层沉积泥沙中，那些颗粒较粗的形成了砂岩、砾岩，这种岩层孔隙比较大，生成的石油和天然气能够被"挤压"进去，从而形成含油构造；那些细颗粒的泥沙，被压成页岩、泥岩，而且孔隙很小，油和气"钻"不进去。假如细密的页岩岩层正好处在含油的砂岩层的顶部和底部，那就像给这些宝贵的石油和天然气装进一只大锅又加上一只锅盖，把它们牢牢地保存起来。石油储集在砂岩孔隙中，就好像在海绵里充满水一样，不致石油流失而长期缓慢地沉降在大陆架浅海区。那些沉降幅度大、沉降地层厚的盆地，往往是形成石油最有利的地区。在这些大型沉积盆地中，因受挤压而突出的一些构造，又往往是储积石油最多的地方。因此，在海上找石油，就要找那些既有生油地层和储油地层，又有很好的盖层保护的储油构造地区。

二、海洋油气分布

全球海洋油气资源丰富，海洋油气资源量约占全球油气资源总量的 34%，探明率约为 30%，尚处于勘探早期阶段。据统计，截至 2006 年 1 月 1 日，全球石油探明储量约为 1757×10^8 t，天然气探明储量约为 173×10^{12} m³。全球海洋石油资源量约 1350×10^8 t，探明储量约为 380×10^8 t；海洋天然气资源约为 140×10^{12} m³，探明储量约为 40×10^{12} m³。

海洋油气资源主要分布在大陆架，约占全球海洋油气资源的60%，但大陆坡的深水、超深水域的油气资源潜力可观，约占30%。在全球海洋油气探明储量中，目前浅海仍占主导地位，但随着石油勘探技术的进步，将逐渐进军深海。水深小于500m为浅海，大于500m为深海，1500m以上为超深海。2000~2005年，全球新增油气探明储量164×10⁸t油当量，其中深海占41%，浅海占31%，陆上占28%。

从区域看，海上油气勘探开发形成"三湾、两海、两湖"的格局。"三湾"即波斯湾、墨西哥湾和几内亚湾；"两海"即北海和南海；"两湖"即里海和马拉开波湖。其中，波斯湾的沙特、卡塔尔和阿联酋，里海沿岸的哈萨克斯坦、阿塞拜疆和伊朗，北海沿岸的英国和挪威，以及美国、墨西哥、委内瑞拉、尼日利亚等，都是世界重要的海上油气勘探开发国(图1-1-1)。

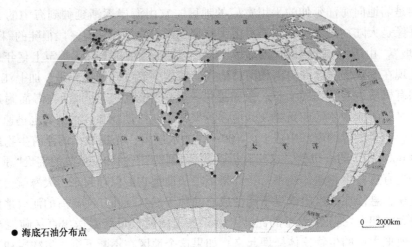

● 海底石油分布点

图 1-1-1　世界海上油田分布图

第二节　海洋油气工业的发展

一、世界海洋油气开发介绍

开发海洋石油，首先从浅水海区开始，然后逐渐向深水海区发展，所以钻井装置也是由简单到复杂、由固定式向移动式发展。

在19世纪末期，为了开发从陆地向海底延伸的油田，曾采用在岸上向海底钻斜井的办法开发海底石油。海洋石油开发是从1887年美国在加利福尼亚州西海岸架木质栈桥打井开始的。随后又用围海筑堤填海、建人工岛、从岸边向海上架设栈桥等办法开发海底油田(图1-2-1)。但对离岸较远、水深和风浪较大的海区，这些办法在经济和技术上就不适用了。

到20世纪40年代末，海上开始出现钢结构的桩基固定平台。它是先在海底立一个钢管架(导管架)，然后在所立的钢管内打桩使导管架固定，再在架顶铺设平台，作为石油开发的场地。这种平台适应的工作水深可从几米到几百米，在现代海洋石油开发中，它仍被广泛应用。但这种平台建成后就不易搬迁，因为不够经济，故现代主要将它作为永久生产时的采油平台、储油平台、油气处理平台、动力平台、生活平台等。

图 1-2-1　加利福尼亚州西海岸木质栈桥钻井

　　海洋石油开发初期的大量钻探工作，需要能够灵活移动的海洋石油钻探装置。这类移动式钻井装置在 20 世纪 40 年代以后才陆续出现。

　　最早出现的是坐底式（沉浮式）钻井平台。它是下部为某种形式的浮箱、上部支起平台的装置，钻井前先往浮箱内注水，使浮箱沉坐到海底，所以这种浮箱也叫沉垫。浮箱坐到海底后平台仍能露出海面作为钻井场地。钻完井，排出沉垫里的水，平台又可浮起拖走。这种平台因高度有限，一般只用于水深不超过 20m 的浅海区，而且为非自航式。

　　20 世纪 50 年代初，出现了一种自升式钻井平台：这是一种可沿桩腿升降，以适应不同水深的移动式平台。平台本身是一个浮力相当大的驳船形浮体，浮体边部有几条能升降的桩腿，这些桩腿由气动、液压或电动的升降机构驱动。钻井前，桩腿下降、插到海底，平台被顶起脱离海面，在平台的甲板上就可以进行钻井作业。钻完后，升降机构先把浮体降回海面，拔起桩腿，就可拖走。自升式钻井平台的工作水深一般是十几米到上百米左右，大多为非自航式。

　　最早的漂浮式钻井装置是 20 世纪 50 年代初的钻井驳船，它把驳船甲板改作为钻井井场，后期又在航海船舶甲板上铺设平台作为井场。为提高钻井船的稳定性和改善钻井作业的机动性能，又出现了双体或三体钻井船。因为海船本身有推进器，所以钻井船的机动性较好。钻井船到达井位后，先要锚泊住，即抛锚定位，现代又有动力定位，但无论哪种定位方法，船舶由于受海面风浪作用，总要升沉及摇摆，这对钻井作业是不利的。钻井时必须采取多种措施保持船体定位。钻井船的工作水深一般是几十米到几百米，甚至千米以上。水深对它不是主要的限制，关键是风浪对它的影响。一般移动钻井平台在风速 20m/s、波高 7m 时还能正常作业，钻井船则只限在风速 1m/s、波高 3m 以内正常作业。

　　20 世纪 60 年代初，由于海洋石油钻探伸展到了海况条件更恶劣的深海区，随之就出现了一种半潜式钻井平台。它在外形上和坐底式平台相似，只是沉垫和平台甲板间距较大。钻井时，向沉垫和立柱内灌水，沉垫和立柱下部下沉。当水浅时，沉垫可坐于海底，即与坐底式钻井平台相同。当工作水深较深时（60～200m 水深区），沉垫只是沉没于水中并不坐到海底，平台仍高出海面，呈半潜的状态。这样，在海面受波浪作用的只是几根立柱，所以它比钻井船稳定得多。半潜式平台也要用锚系或动力定位的方法，在钻井的井位上系留。钻完井，排出沉垫支柱里的压载水，整个装置浮起，就可以自航或拖航离开。半潜式平台的工作水深可从几十米到几百米。

海上采油也是从 19 世纪末开始的。很多国家曾先后在浅海的堤坝、栈桥、人工岛及不同的木质、混凝土、钢质平台上进行过海底石油的开采。

在堤坝、栈桥、人工岛及各种固定平台钻成的油井，装上采油井口设备就可以采油。用移动式钻井平台时，要预先在海上建立简单的混凝土或钢质小平台。这些小平台有单桩或三桩的，也叫油井导管架或油井保护平台。这种小平台因本身抵抗海上风、浪、潮、冰、海啸等的能力和承载力都较差，故只用在风浪不大的浅海区，小平台上只装油井的井口设备。当油井要进行检修或各种井下作业时，要用专门的修井船或作业船。

随着海洋石油钻探进入环境恶劣的深海区，海上采油开始采用各种大型的固定平台。偶尔也有用移动式钻井平台作临时采油场地的情况。

现在已探明有开采价值的海上油田，主要是用各种大型固定平台钻生产井采油。在平台上除了安装采油井口设备外，还布置修井、井下作业、补充油层能量所用的种种机械设备。一座这样的平台，多的可以有几十口生产井。这种固定的海上钻、采平台，除了前面提到的桩基钢质固定平台外，在 20 世纪 70 年代还建造了一种混凝土的重力式固定平台。这种平台是靠本身重力稳定地坐在海底。它除供钻井、采油以外，本身还能储油，甚至供油轮系泊装油。由于它建造时用的钢材量少、防腐性能好、经济效益高，因此使用范围不断扩大，不但在水深二三百米的海域得到应用，在水深一二十米的海域也出现了浅海用的重力式平台。

另外，还有开发深水油气田用的牵索塔式平台和张力腿式平台，这类平台用绷绳或钢索和海底的基座(锚锭)连接。张力腿式平台通过垂直或斜向收紧钢索，平台的吃水大于它静平衡时的吃水，导致浮力大于其自身重力，从而使钢索受到预张力。当平台受风、浪作用时，如有预张力的柔性钢索，就像插入海底的桩腿一样，使平台不发生升沉运动。因钢索是柔性的，平台在非张力控制方向可有一定的漂移。张力腿式平台可以看作是一个垂直锚系的半潜式平台。它的最大工作水深可达 600m。张力腿式平台虽在 20 世纪 60 年代就已出现，但目前实际应用还不多。图 1-2-2 展示了目前适合不同水深的海洋石油平台。

图 1-2-2　适合不同水深的海洋石油平台

二、国内海洋石油开发介绍

我国海域辽阔，海岸线超过 18000km，海域面积约 $470×10^4km^2$。我国海洋蕴藏着丰富的石油资源，有 30 多个沉积盆地，面积近 $70×10^4km^2$。经过部分海域的地质普查，已发现近海含油的有渤海盆地、东海盆地、南海珠江口盆地和莺歌海盆地等，石油天然气地质储量丰富。截至 2008 年，中国海域主要勘探区已超过 $25.7×10^4km^2$，探明储量达 2102 百万桶油当量，其中包括原油 1400 百万桶油当量。在 2102 百万桶总量中，渤海湾探明储有 1065 百万桶油当量，占全部探明储量的 50.67%；南海西部和南海东部分别储有 614 百万桶油当量和 348 百万桶油当量，共占全部探明储量的 45.79%。东海探明储有 75 百万桶油当量，仅占全部探明储量的 3.57%。而在 $25.7×10^4km^2$ 的勘探区域中，渤海勘探 $4.30×10^4km^2$，南海西部勘探 $7.34×10^4km^2$，南海东部勘探 $5.54×10^4km^2$，东海勘探 $8.54×10^4km^2$。从勘探区域和探明储量上比较，显然，渤海湾和南海海域有更为广阔的开发前景。

中国近海油气勘探历程可分为早期自营勘探阶段（1957~1979 年）、对外合作与自营勘探并举阶段（1979~1997 年）以及 1997 年以后的自营引领合作勘探阶段共 3 个阶段。

中国海洋石油工业起步于 20 世纪 50 年代末，大约比世界海洋石油的发展晚了 70 多年。那个时候，世界海洋石油勘探开发的热潮已经兴起，海洋石油的钻井设备也发展到了相当先进的程度。但是，由于历史原因，当时我国只能从零开始，一切都是自力更生地摸索前进。

1966 年，我国自行设计建成第一座钢结构固定式平台，终于将钻机搬到了海上。随着勘探规模的扩大，固定钻井平台建造周期长、无法重复利用的种种弱点逐渐暴露出来。持别是钻探失利以后，固定平台也必须报废，加大了成本投入，这在当时国家经济实力还很薄弱的情况下，是个很突出的问题。因此，要求人们改变思路，用移动钻井平台替代固定钻井平台。在当时的形势下，自力更生造自己的钻井平台，但国产钻井船比同时期西方国家设计建造的钻井平台在质量和性能方面都相距甚远，很难满足大规模发展海洋石油勘探开发的要求。"渤海一号"在茫茫大海中经历了折断桩腿的危险；"渤海三号"基本上没打井，就拆卸当废钢铁卖了。实践证明，像海洋石油勘探开发这样的高科技产业，拒绝学习、引进国外先进技术的道路一般是行不通的。因此，20 世纪 70 年代，我国从国外引进了一批钻井平台，这些移动式钻井平台极大地增强了渤海的钻探力量，使油气产量有所上升。但海洋石油事业的发展仍然十分缓慢，1967~1979 年期间，十几年累积产油只有 $63.5×10^4t$。20 多年的实践使海洋石油人认识到海洋石油勘探开发是高投入、高科技、高风险的产业，与陆地石油的勘探开发有着巨大的差异。

自 20 世纪 70 年代末至 80 年代初，海洋石油事业逐步蓬勃发展起来。截至 1982 年中国海洋石油总公司成立前夕，渤海海域已先后有 4 个油田投入生产。

随着我国海洋石油事业的发展，为了科学、合理地开发海洋资源，1982 年 1 月 30 日，国务院正式颁布《中华人民共和国对外合作开采海洋石油资源条例》，作为我国海洋石油对外开放的基本政策法规，为对外合作提供了法律依据。同年，成立中国海洋石油总公司，专门负责海洋石油资源勘探开发。自此，我国的海洋石油开发走上了专业化、正规化、国际化发展的快车道。

20 世纪 80 年代以来，我国在浅海和滩涂地区也发现了丰富的油气资源。胜利油田在浅海地区经过多年勘探发现了油田，辽东湾的滩海地区也发现了油田，产能规模逐步扩大。

　　近20年来，我国海洋石油工业有了长足的发展，储量和产量都有大幅度增长。几十年来，海洋石油勘探开发的装备从无到有，至今已具有相当的规模，海洋石油产量从1971年的 8×10^4 t 到2004年油气产量达 3648×10^4 t 油当量，约占我国海陆总油气产量的20%，已形成了五大海洋石油基地和海洋石油公司(分别是以塘沽为基地的渤海石油公司，以胜利油田为基地的海洋石油公司，以上海为基地的东海石油公司，以广州和深圳为基地的南海东部石油公司，以湛江和三亚为基地的南海西部石油公司)。从中国近海油气田分布图(图1-2-3)可以明显看到，面积只有 7.7×10^4 km^2、平均水深仅18m的渤海海湾聚集着大片已开发油田，其中包括锦州凝析油气田、绥中油田、秦皇岛油田、渤西油田群、埕北油田、渤南油田群以及渤中油田等，而在更为广阔的东海海域则只有春晓油气田和平湖油气田。在南海海域，近海油气田的开发已具有一定规模，其中有涠洲油田、东方气田、崖城气田、文昌油田群、惠州油田、流花油田、陆丰油田和西江油田等，但更为广阔的南海深水海域尚待开发。

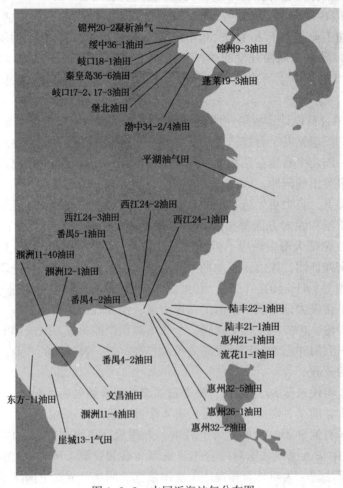

图1-2-3　中国近海油气分布图

第三节　海洋油气勘探开发特点

一、海上油气田生产特点

海上油气田的生产是将海底油(气)藏里的原油或天然气开采出来，经过采集、油气水初步分离与加工、短期的储存、装船运输或经海底管道外输的过程。海上油气田开发具有技术复杂，投资高、风险大等待点。由于海上油气田生产是在海洋平台或其他海上生产设施上进行，因而海上油气的生产与集输有其自身的特点。

1. 适应恶劣的海况和海洋环境

海上平台或其他海上生产设施要经受各种恶劣气候和风浪的袭击，经受海水的腐蚀，经受地震的危害。为了确保海洋平台安全和可靠地工作，对海上生产设施的设计和建造提出了严格的要求。

2. 安全生产

由于海上开采的油气是易燃易爆的危险品，各种生产作业频繁，发生事故的可能性很大，同时受平台空间的的限制，油气处理设施、电气设施和人员住房可能集中在同一平台上，因此，为了保证操作人员的安全，保证生产设备的正常运行和维护，对平台的安全生产提出了极为严格的要求。

3. 海洋环境保护

油气生产过程可能对海洋造成污染：一是正常作业情况下，油田生产污水以及其他污水排放；二是各种海洋石油生产作业事故造成的原油泄漏。因此，海上油气生产设施必须设置污水处理设备，还应设置原油泄漏的处理设施。

4. 平台布置紧凑，自动化程度高

由于平台大小决定投资的多少，因此要求平台上的设备尺寸小、效率高、布局紧凑。另外，由于平台上操作人员少，因而要求设备的自动化程度高，一般都设置中央控制系统对海洋油气集输和公用设施运行进行集中监控。

5. 可靠、完善的生产生活供应系统

海上生产设施远离陆地，距离从几十千米到几百千米不等，必须建立一套完善的后勤供应系统满足海上平台的生产和生活需要。

6. 独立的供电/配电系统

海上生产、生活设施的电气系统不同于陆上油田所采用的电网供电方式，油气田的生产运行大多采用自发电集中供电的方式。为了保证生产的连续性和生产、生活的安全性，一般还应设置备用电站和应急电站。

二、海洋油气生产模式

如果油井集中在一个平台上，油井产物也在同一平台上汇集、处理和储存，然后定期把油装上油轮运走，这种集输系统是简便的，但这种系统只适用于产量不大的小油田，其在经济上是否合理尚需考虑，因为这种大型平台造价高，最终从油田得到的石油产值与造价能否互相抵偿尚未可知。

　　如果有几个生产平台或油井较分散，通常要通过海底集油管线将各井产物汇集到一处进行处理。离岸近的油田，可用海底输油管线送到岸上处理；离岸远的油田，通常是在海上的集油处理平台上集中处理。

　　有些油田产物中有大量凝析油，要用庞大的多级脱气或液化设备进行处理。当海上不具备这类设备时，容易将凝析油损失掉，故在海上进行脱水、计量后，就把油气从海底管线泵送到陆地上再进行处理。

　　在海上铺设海底管线是海洋石油开发的一项重要基本建设，它在海洋石油生产中起着重要作用。建筑海底管线的工程规模大、投资多，耗用的钢材、使用的船舶机具等也多，必须预先作慎重、周密的考虑。因为海底管线建成后，可以连续输油，几乎不受水深、气候、地形等条件的影响，输油效率高、能力大，且管线铺设的工期短、投产快，所以在海上油气集输中被广泛应用。但这种管线坐在海底或埋在一定深度的海底，检修和保养较困难。

　　根据原油生产、储存和输送方法，我国的海洋石油开发模式主要有以下几种形式。

1. 全海式开发模式

　　全海式开发模式指钻井、完井、油气水生产处理及储存和外输均在海上完成的开发模式。海上平台设有电站、热站、生产和消防等生产生活设施。在距离海上油田适当位置的港口，租用或建设生产运营支持基地，负责海上钻完井期间、建造安装期间和生产运营期间的生产物资、建设材料和生活必需品的供应。

　　常见的全海式开发模式有：

　　(1) 井口平台+FPSO(浮式生产储油系统)。这是最常见的全海式开发模式(图1-3-1)。例如渤中28-1油田、渤中25-1油田、秦皇岛32-6油田、西江23-1油田、文昌13-1/13-2油田、番禺4-2/5-1油田等。

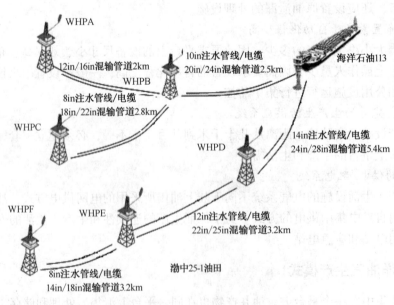

图1-3-1　井口平台+FPSO

　　(2) 井口中心平台(或井口平台+中心平台)+FSO(浮式储油外输系统)。例如陆丰13-1油田(图1-3-2)。陆丰13-1油田位于中国南海珠江口盆地，于1993年10月8日建成投产，

1994 年 2 月 22 日进入商业性生产，油田设施主要包括陆丰 13-1 平台和"南海盛开号"。

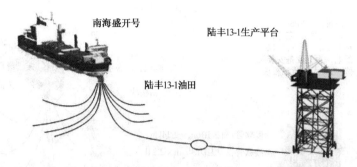

图 1-3-2　井口中心平台(或井口平台+中心平台)+FSO(浮式储油外输系统)

（3）水下生产系统+FPSO。水下生产系统越来越广泛地用于全海式油田的开发，例如陆丰 22-1 油田(图 1-3-3)。陆丰 22-1 油田位于南中国海珠江口盆地，作业水深 330m。油田采用水下井口模式生产，共有 5 口生产井。

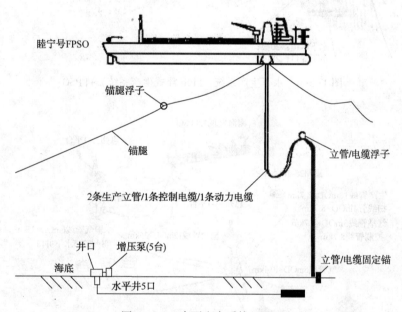

图 1-3-3　水下生产系统+FPSO

（4）水下生产系统+ FPS(浮式生产系统) +FPSO。例如流花 11-1 油田(图 1-3-4)。流花 11-1 油田位于南中国海珠江口盆地，发现于 1987 年 2 月，是目前南中国海发现的最大的油田。平均水深 300m，由 1 座半潜式浮式生产系统、1 座浮式生产/储油装置(FPSO)、单点系泊塔井和水下井口系统构成。

（5）水下生产系统回接到固定平台。例如惠州 32-5 油田、惠州 26-1N 油田(图 1-3-5)。惠州油田群位于南海珠江口盆地，其所在海域水深 117 m，主要生产设施包括 8 座油气生产平台、2 个水下井口以及浮式生产储油装置"南海发现号"。

（6）井口平台+处理平台+水上储罐平台+外输系统。例如埕北油田。这种模式的水上储罐储量小、造价高，已不适应现代海上油田的开发需要。在中国海域仅有埕北油田一例使用此种模式(图1-3-6)。

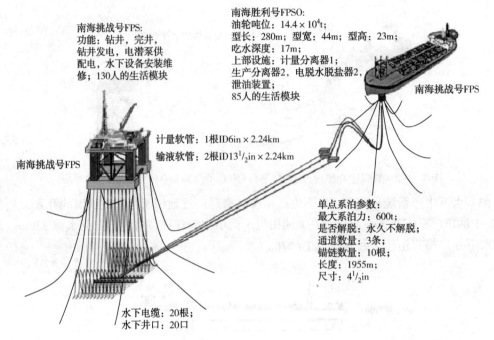

南海挑战号FPS:
功能: 钻井, 完井,
钻井发电, 电潜泵供
配电, 水下设备安装维
修; 130人的生活模块

南海胜利号FPSO:
油轮吨位: 14.4×10⁴t;
型长: 280m; 型宽: 44m; 型高: 23m;
吃水深度: 17m;
上部设施: 计量分离器1;
生产分离器2, 电脱水脱盐器2,
泄油装置;
85人的生活模块

南海挑战号FPS

计量软管: 1根ID6in×2.24km
输液软管: 2根ID13¹/₂in×2.24km

南海挑战号FPS

单点系泊参数:
最大系泊力: 600t;
是否解脱: 永久不解脱;
通道数量: 3条;
锚链数量: 10根;
长度: 1955m;
尺寸: 4¹/₂in

水下电缆: 20根;
水下井口: 20口

图1-3-4　水下生产系统+FPS(浮式生产系统)+FPSO

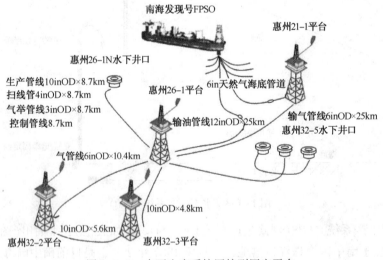

南海发现号FPSO

惠州21-1平台

惠州26-1N水下井口

生产管线10inOD×8.7km
扫线管4inOD×8.7km
气举管线3inOD×8.7km
控制管线8.7km

惠州26-1平台

6in天然气海底管道

输气管线6inOD×25km
惠州32-5水下井口

输油管线12inOD×25km

气管线6inOD×10.4km

10inOD×4.8km

10inOD×5.6km

惠州32-2平台

惠州32-3平台

图1-3-5　水下生产系统回接到固定平台

(7)井口平台+水下储罐处理平台+外输系统。例如锦州9-3油田(图1-3-7)。

2. 半海半陆式开发模式

半海半陆式开发模式指钻井、采油、原油生产处理(部分处理或完全处理)在海上平台上进行, 经部分处理后的油水或完全处理的合格原油经海底管道或陆桥管道输送至陆上终端, 在陆上终端进一步处理后进入储罐储存或直接进入储罐储存, 然后通过陆地原油管网或原油外输码头(或外输单点)外输销售的开发模式。

图 1-3-6　井口平台+处理平台+水上储罐平台+外输系统

图 1-3-7　井口平台+水下储罐处理平台+外输系统

常见的半海半陆式开发模式有：

（1）井口平台+中心平台+海底管道+陆上终端。这是最常见的半海半陆式开发模式（图1-3-8），例如锦州 20-2 凝析气田、绥中 36-1 油田、旅大 10-1/5-2/4-2 油田、平湖油气田、春晓气田、崖 13-1 气田、东方 11-1 气田等。

（2）生产平台+中心平台+水下井口+海底管道+陆上终端。例如乐东 22-1/15-1 气田（图1-3-9）。

（3）井口/中心平台(填海堆积式)+陆桥管道+陆上终端。这种开发模式一般用于浅海、滩海地区(图1-3-10)。目前，中国海洋石油总公司所属海上油田尚没有这种开发模式，胜利油田、辽河油田有这种开发模式。

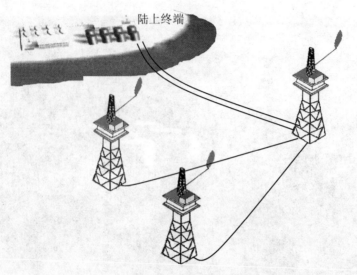

图 1-3-8　井口平台+中心平台+海底管道+陆上终端

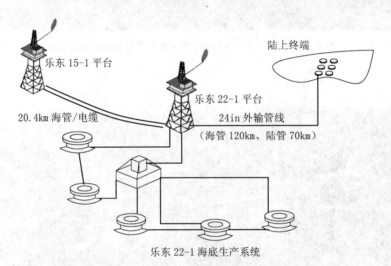

图 1-3-9　生产平台+中心平台+水下井口+海底管道+陆上终端

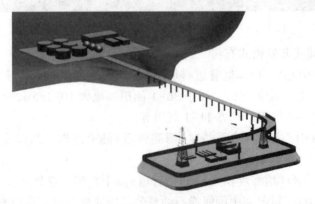

图 1-3-10　井口/中心平台(填海堆积式)+陆桥管道+陆上终端

第二章 海洋钻井平台

第一节 海洋钻井平台分类及特点

一、海洋钻井平台分类

海洋钻井平台是在海洋上进行作业的场所，是海洋石油钻探所需的平台。按功能，在海上油田的勘探开发过程中，不论是在勘探阶段钻勘探井，还是在开发阶段钻生产井，均要在海上石油平台上进行作业。

海洋石油平台按照功能不同可划分为钻井平台、生产平台、生活平台、储油平台、中心平台、动力平台等。

按照移动性，可划分为固定式和移动(活动)式两类(图 2-1-1)。

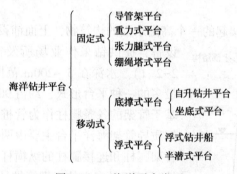

图 2-1-1 海洋平台类型

固定式平台包括：导管架平台、重力式平台、张力腿式平台、绷绳塔式平台。固定式钻井平台适宜在油田开发阶段钻生产井，而后作为采油平台使用，且有储油、系泊等多种功用。

移动式钻井装置包括坐底式钻井平台、自升式钻井平台、半潜式钻井平台和钻井船。

按照采用的材料，可划分为木质平台、钢质平台、混凝土平台、混合平台。

二、海上固定式平台的特点

固定式平台是借助导管架固定在海底的一个高出水面的建筑物，其上铺设有甲板，作为平台，可用以放置钻井机械及设备。

固定式平台按照自给程度不同，分为自容型固定平台和带辅助船的小型固定平台两类。自容型固定平台尺寸较大，它能容纳全部钻井设备及附属设施，包括各种仓库及生活设施。因此，其所需要平台的面积大，建设费用高。为了缩减这类平台的面积，多做成双层平台的型式。

带辅助船的小型固定平台则将部分设备和材料放在辅助船上，以减小平台的尺寸。这种小型平台建筑面积可以达到最小限度。一般只将井架、绞车、动力联动机及其附属设备放在平台上，而其他设施及食宿等都设置在辅助船上。它的优点是平台的投资少，体积小，便于施工，而且当钻完一口油井后，辅助船可以很快转移到另一井位，钻井平台可转化为采油平台使用。

固定式平台的优点：①稳定性好；②海面气象条件对钻井工作影响小。其缺点是：①不能移运；②造价高，适用水深有限，它的成本随水深增大而急剧增加。

固定式平台一般应用于有价值的油田，且适用水深为 20m 以内。完井后可做采油平台使用。

三、海上移动式平台的特点

海上移动式平台是海洋油气勘探、开发的主要手段。除了钻井平台以外，生活动力平台、作业平台、生产储油平台等也可以采用移动式平台的形式。海洋移动式平台中，目前数量最多的是自升式平台和半潜式平台。移动式平台具有作业完成后，可拖航或自航到其地点的优点。

第二节　导管架平台

导管架平台是从海底架起的一个高出水面的构筑物，上面铺设平台，用以放置钻井采油设备，提供钻采作业场所及工作人员的生活场所(图2-2-1)。水深在 5 ~200m 范围内，导管架平台是应用最多的一种平台形式，约占90%以上。"导管架"的取名基于管架的各条腿柱作为管桩的导管这一实际。固定式钢质导管架海洋平台主要由两部分组成：一部分是由导管架腿柱和连接腿柱的纵横杆系所构成的空间构架，腿柱(导管)是中空的，钢管桩是一根细长的焊接圆管，它通过打桩的方法固定于海底，由若干根单桩组成的群桩基础把整个平台牢牢地固定于海床，腿柱和桩共同作用构成了用来支撑上部设施与设备的支撑构件；另一部分由甲板及其上面的设施与设备构成，是收集和处理油气、生活及其他用途的场所。

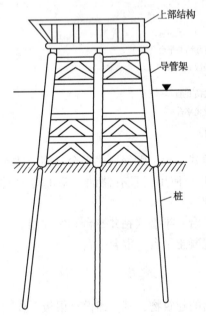

图 2-2-1　导管架平台

上部结构

导管架

桩

一、结构组成

1. 导管架

导管架由导管(桩腿)和连接结构的纵横撑杆组成。它是整个平台的支撑部分，是用钢管焊接而成的一个空间钢架结构。导管架制造工艺复杂，就拿两管相交处相贯线的加工来说，一般的切割工艺都不能满足要求，必须用数控切割机床进行加工，这就需要先求出相贯线方程，输入机床的控制台，方可进行切割。再如管节点的焊接，必须采用手工电弧焊，多层多道焊接，焊完后需进行超声波无损探伤，如发现夹渣或焊不透，则必须刨掉重焊，一次返工后仍不合格，则这个管节点就得报废。也许有人认为这样的要求过于苛刻了，但这并不过分。因为导管架大部分浸于海水中，受到海洋环境载荷的作用，很容易产生腐蚀疲劳破坏，而管节点是导管架的薄弱点，关于这个课题在世界范围内已进行了多年研究。导管架除了要承受海上的环境载荷外，还要承受上部结构的载荷，并将这些载荷较均匀地传到桩基上。在使用中，导管架还可以用来系靠船舶，以便于供应船靠离平台。桩的作用是把平台固定于海底并承受横向载荷和垂向载荷。桩通过导管架打入海底土中，由单桩组成群桩以形成桩基础。上部结构和导管架的载荷通过桩基础传入。

1）管节点

导管架的薄弱环节是管节点，管节点的类型有许多种（图2-2-2）。

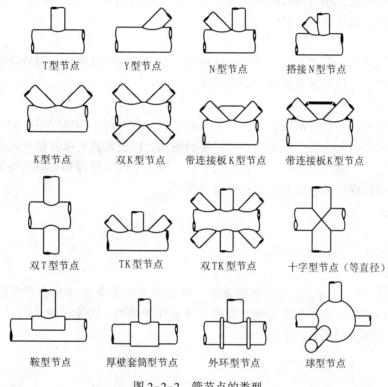

图 2-2-2　管节点的类型

由两根正交的管子构成的管节点称为 T 型管节点。如果撑杆与主管以锐角相交，则该连接称为 Y 型节点。如果两根撑杆都在弦管的一侧，即每根撑杆的中心线与弦管的轴线形成锐角，则该连接称为 K 型节点。如果一根撑杆与弦管垂直，另一根以锐角相交，则该节点称为 N 型节点。当两根撑杆从弦管两侧正交并使所有三根管子处于同一平面，则该连接称为 X 型节点或十字型节点。

2）偏心连接

在一个平面节点内，两个或多个纵向轴交叉处，从撑杆轴与弦管轴的交叉点至弦管轴的垂直距离定义为偏心距（图2-2-3）。如果此距离在弦管轴向着撑杆的一边，则偏心距为负值；如果在背着杆的一边，则为正值。负偏心距引起撑杆的搭接，正偏心距促使撑杆的分开。对于具有静力载荷的薄壁弦管，负偏心距与零偏心距连接相比，可提高承载能力。然而，具有搭接撑杆的节点与无搭接的节点相比，其节点的疲劳寿命可能较低。

负偏心距节点　　　　零偏心距节点　　　　正偏心距节点

图 2-2-3　偏心节点

管节点的力学分析和计算非常复杂。其不利情况是应力集中。

一般导管架是在岸上焊好，然后用拖轮整体运输，到达井位后，用浮吊就位，就位后，再从导管中插入钢桩，用打桩机将其打入海底基岩，然后向导管与桩的环形空间注入水泥，使两者连成一体，这样导管架就固定好了。

2. 帽

帽的作用是连结导管架与上部平台。这也是一个空间刚架结构，它与导管架的连结处焊有销桩。就位时，先插入销桩，然后焊成一体。

3. 工作平台

对于钻井平台，甲板以两层居多；对于采油平台，有时可采用单层甲板的型式。甲板结构的主要作用是在海上为钻井或采油提供足够的场地，以便在其上布置钻井或采油设备、辅助设备、各种生活设施以及供直升机升降的平台。甲板结构由甲板和相应的构架组成，甲板本身必须有足够的强度来承受其上的各种设备荷载。

二、安装

导管架的海上安装有如下方法。

1. 提升法

适合水深为 30m 以内，主要依靠起重船，所以受其起重能力和起重高度的限制，导管架不能太重，也不能太高。如果太重，要将其分成几块预制，分别吊放入海后在海上安装，因而增加了海上施工的困难(图 2-2-4)。

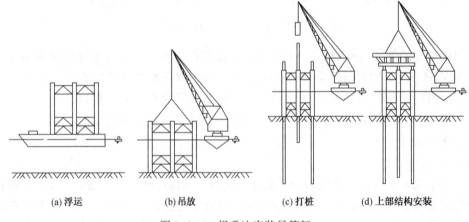

(a)浮运　　　　　(b)吊放　　　　　(c)打桩　　　　　(d)上部结构安装

图 2-2-4　提升法安装导管架

2. 滑入法

适合水深为 30~120m，把导管架的导管先密封，再用有下水滑道的驳船运到现场。到现场后，驳船倾斜，导管架就沿滑道下滑入水，并浮在水面上。这时向导管内灌水，再用一个不大的起重船帮助，就能把导管架平稳地放在海底(图 2-2-5)。

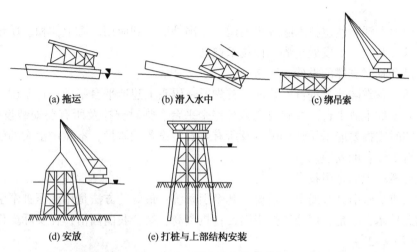

(a) 拖运　　　　　　　(b) 滑入水中　　　　　　　(c) 绑吊索

(d) 安放　　　　　　　(e) 打桩与上部结构安装

图 2-2-5　滑入法安装导管架

3. 浮运法

适合水深为 120m 以上，把导管架的两端密封后，靠其自身的浮力浮在水面上，用拖船将其拖到井位后，再向导管内灌水使它下沉，并立在海底(图 2-2-6)。

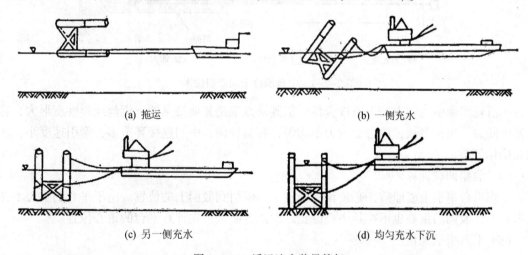

(a) 拖运　　　　　　　　　　　　　　(b) 一侧充水

(c) 另一侧充水　　　　　　　　　　　(d) 均匀充水下沉

图 2-2-6　浮运法安装导管架

大型海洋平台海上浮装就位就是将平台及其设备在码头上安装、调试好后，整体运到安装地点进行安装就位。它既不受浮吊能力的限制，又大大降低了海上安装成本。该技术的难点包括 3 个方面：一是潮差的变化规律难以掌握，浮装时要充分利用即时潮差的变化，通过驳船的调载来实现浮装；二是平台或大型构件的陆上牵引滑移装船调载技术；三是到安装位置时的调载下沉，实现平台或构件与桩基的对接技术。由于浮装时多种外来作用因素的随机变化性，如风速、风向的随机性，海浪的随机性，海潮的随机性，驳船载重及重心、浮心的随机性等，它们同时作用于驳船上，使平台的滑移装船和浮装就位始终处于不稳定的状态之中，难以控制。预测以上随机变化的海洋环境条件和驳船条件，并对此加以必要的判断和控制，是浮装就位技术成功的关键。大型海洋平台海上浮装就位施工技术是一个系统工程，涉及工程力学、机械学、计算机仿真学、海洋学、电子学、控制工程、海洋工程等众多学科。

大型平台海上浮装就位技术起源于美国，在国外已得到应用。海上体积、质量较大的结构采用该技术安装是一个发展趋势。该技术包括：

（1）基础和临时支撑的设计、建造。

平台上的设备在陆地上进行安装前，首先要在码头上建造平台基础，在基础上放平台临时支撑，临时支撑上放平台。基础要能承受整个平台、临时支撑及所有要安装设备的质量，刚度要大。临时支撑要能承受整个平台及所有要安装设备的质量，不能产生大的变形。

（2）平台上设备的安装。

（3）平台滑移上船牵引技术。

将平台从码头牵引到驳船上，需要一套牵引系统。最好的方法是用液压缸牵引，目前国外普遍采用此技术，但是，用液压缸牵引设备投资高，结合我国国情，在实际操作中采用了滑轮组牵引(图 2-2-7)。

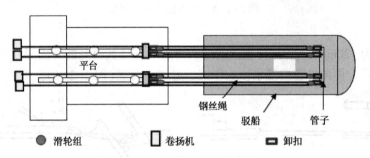

图 2-2-7　平台滑移上船牵引技术

用滑轮组牵引的优点是设备投资低，但其缺点也是显而易见的：钢丝绳弹性变形大，容易发生断裂，出现事故；两边牵引力不均匀，容易拉偏；中间连接环节多，牵引速度小，结构和操作复杂。

（4）驳船调载计算。

在将平台牵引上驳船前，必须预先确定平台牵引到驳船上的位置。由于平台的重心不在其形心上，驳船的重心也不在其中心位置。因此，必须首先计算平台的重心位置。

（5）平台拖航到位。

将平台牵引到驳船上后，必须将平台固定到驳船上，以便拖航。这时船和平台的重心将会很高。将平台由码头运到海上的就位地点时，由于海洋环境载荷的作用，船会发生摇摆等运动，甚至可能会翻沉。为此，必须进行平台强度校核、稳心计算和适航性计算。计算采用国际通用的标准和大型有限元结构分析软件 ANSYS，从而确定适航的海洋环境条件，如风级等。

将平台运到离永久支撑一定距离后，就要将平台抛锚定位，以防在风、流、浪的作用下，船撞击永久支撑而导致报废。然后，在低平流时，采用图 2-2-8 所示的方法将平台拖到精确的就位位置，并限制好其运动。

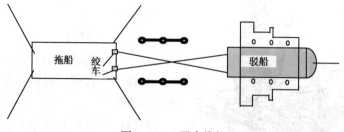

图 2-2-8　平台拖航

(6) 平台就位计算。

平台精确就位后，向驳船舱中压水，使驳船慢慢下降，直到桩尖进入导管，平台轻轻坐到永久支撑上。在压水时，要始终保持驳船水平下降，压水时要考虑潮水涨落的影响。接着，开始切割临时支撑，将它与平台完全脱开。随后，加速向驳船压水舱中压水，使临时支撑与平台相隔一定距离后，再用适当的方法将驳船拖离导管架就位区域(图 2-2-9)。

三、特点

导管架平台适合在已开发的油田建造，边生产边钻井。

导管架平台结构复杂、体积庞大、造价昂贵，特别是与陆地结构相比，它所处的环境十分复杂和恶劣，风、海浪、海流、海冰和潮汐时时作用于其结构，同时还会受到地震作用的威胁。在此环境条件下，环境腐蚀、

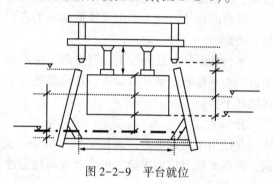

图 2-2-9　平台就位

海生物附着、地基土冲刷、基础软化、材料老化、构件缺陷、机械损伤及疲劳、裂纹扩展的损伤积累等因素都将导致平台结构构件和整体抗力的衰减，影响结构的服役安全度和耐久性。

第三节　坐底式钻井平台

由于海洋石油开发事业的发展，在勘探初期，采用固定式平台进行钻探很不经济。因此就要求能设计出一种既能钻井又能移动的海洋钻井装置。坐底式钻井平台就是其中的一种具有沉垫(浮箱)的移动平台，且是出现最早的移动式钻井平台。"胜利一号"坐底式钻井平台是我国自行设计制造的，目前正在胜利油田浅海区钻井的移动平台如图 2-3-1 所示。打井时往沉垫内注水，使其坐在海底，打完井后要能浮得起来，然后再拖到新的井位下沉打井。

坐底式钻井平台又叫钻驳或插桩钻驳，适用于河流和海湾等 30m 以下的浅水水域，总高度大于水深。坐底式钻井平台的结构特点是一种通过浮箱沉于海底的可移动钻井平台。坐底式钻井平台由沉垫、工作平台、中间支撑 3 部分组成。

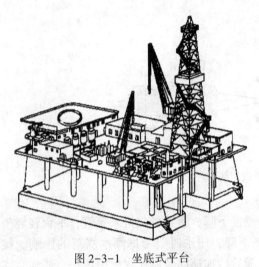

图 2-3-1　坐底式平台

一、结构组成

1. 工作平台

工作平台靠管柱支撑在沉垫(浮箱)上,通过尾部开口借助悬臂结构钻井。它用于安置钻井设备和生活舱室,提供作业场所及工作人员的生活场所。

结构:与固定平台基本一样。一般也分为上、下两层甲板,必要时可增加钻井甲板。

上层甲板的用途:主要放置钻机、井架、钻具、起重设备、各种工作间和生活设施,以及直升飞机平台等。

下层甲板的用途:主要放置机泵组、固井设备、泥浆循环系统及各种材料库罐等。

平台的尺寸:其大小主要依据钻井工艺要求、钻机能力、材料设备、自给程度及工作人数等决定。

平台的形状:在外形上,有矩形、梯形和三角形等形状。考虑到钻完井后平台能够方便地退场而不影响已钻井口装置,钻机都放在平台的尾部,或做成开口形状,或做成舷外伸出式尾部平台。

2. 立柱

立柱用于支撑平台,连接平台与沉垫。支柱的高度可以适时调节,以便适应变化的水深。若在支柱上增加浮筒,可显著提高稳定性,而且升降速度也大大提高。

3. 沉垫

沉垫是一个浮箱结构,有许多各自独立的舱室,每个舱室都装有供水泵和排水泵,它通过充水排气及排水充气来实现平台的升降。就位时,向沉垫中注水,平台慢慢下降,控制各舱室的供水量,可保持平台的平衡,沉垫坐到海底后,可进行钻井作业。

坐底式平台是出现最早的移动式钻井平台。目前主要用于内河、湖泊及浅海海域,而且要求海底较为平整,坡度小,且波浪和海流都很小。

二、坐底式钻井平台的稳定性

在坐底作业中,会出现滑移、掏空和倾斜问题。

1. 坐底滑移问题

坐底式钻井平台坐在海底之后,在风、浪、流等外力作用下,会沿着海底横向滑移。这种滑移将给钻井工艺带来很大的麻烦,甚至造成重大事故。坐底式平台的滑移是一个较为普遍性的问题。

解决滑移问题的方法:

(1) 一般可增大压载,即增大浮垫与海底的摩擦力。

(2) 可在浮垫周围设立裙板,裙板可插入海底,协助抗滑。

(3) 可在浮垫周围用打桩机打桩,阻挡平台的滑移。在滑移严重的海域,最有效、最经济的方法还是打抗滑桩。

2. 坐底掏空问题

坐底式平台的掏空是浅海钻井的一大难题。

1）掏空的原因

（1）掏空与水深、波速、流速有关。

（2）掏空与海底砂质有关。

（3）掏空与船体浮垫的形状有关。

2）解决的办法

（1）一般不太严重的掏空，可以采取及时填放沙袋和石块的办法加以解决。但严重时会将沙袋和石块下面继续掏空，使沙袋与石块不起作用。

（2）在掏空现象严重的海域，需要对海底事先作预处理，用大量的贝壳在海底铺上厚厚一层，改变海底的砂质。

（3）在掏空现象严重的海域，可在浮垫周围用活动的钢质裙板将周围 5m 以内的海底覆盖保护，使海底砂粒不致被冲走。

（4）改变波浪的水流方向。如我国胜利浅海钻井公司研制了一种防浪板，与浮垫铰接连接，在浮垫周围形成斜坡。波浪或海流冲来时，会沿着防浪板向上冲，而不是向下去掏空海底。

3. 坐底倾斜问题

出现倾斜的原因：

（1）海底有一定的坡度，一般要求坡度不得大于 1%。

（2）事先对海底平整不够，海底局部高低不平。

（3）海床地基的承载能力不均，在坐底后产生不均匀的下沉。

（4）坐底后波浪海流对一部分海底进行冲刷和掏空。

（5）在坐底过程中，作业方法不当，引起平台倾斜。

（6）平台上出现较大的不均匀荷载，重心偏移，等等。

坐底式平台的倾斜将给钻井带来严重后果。应该针对上述出现倾斜的原因，在坐底前、坐底中和坐底后逐项予以解决。

三、特点

坐底式（沉垫式）钻井平台的优点是：钻井时固定牢靠；完井后移运灵活。其缺点是：工作平台高度恒定，不能调节；工作平台面积不宜过大，否则不易拖运；工作水深较浅。

四、平台实例

"中油海 3"号坐底式钻井平台是目前世界上最大的坐底式钻井平台，也是我国自主设计的新一代钻井平台，主要用于浅海作业。平台作业水深 10m，最大钻井深度可达 7000m。该平台为坐底式钢质非自航石油钻井平台，平台结构由沉垫、上平台和中间支柱 3 部分组成（图 2-3-2）。平台尾部设有 7.2m 长的固定式悬臂梁和 12m 宽的井口槽。钻机可以纵向和横向移动，平台一次坐底可以打 16 口以上丛式井。该平台适用于泥砂质或淤泥质地基表面承载能力很低（泥面以下 1m 处的地基许用承载力 40kPa）的海域，在无冰区进行钻井或试油、修井作业。在平台首部设有 3 层生活楼，可供 110 人居住。楼顶设直升飞机平台。

图 2-3-2　"中油海 3"号坐底式钻井平台

1. "中油海 3"号主要技术参数

主要技术参数如表 2-3-1 所示。

表 2-3-1　"中油海 3"号坐底式钻井平台技术参数

技术参数	数　值	技术参数	数　值
总长×总宽×总高	80.4m×41.0m×82.5m	最大作业水深	10m（包括潮高）
上平台长×宽×高	74.4m×36.4m×5.2m	船级符号	★CSA Submersible Drilling Unit HELDK
沉垫长×宽×高	70.8m×41.0m×3.0m	最大钻井深度	7000m
主甲板距基线高度	15.7m	钻井作业工况最大可变载荷	2000t（包括大钩载荷450t）
设计拖航吃水	2.5m	自持力	20t
设计拖航排水量	6923t	使用寿命	20a

2. "中油海 3"号特点

（1）坐底式钻井平台具有结构比较简单，投资较小，建造周期较短等优点，特别适合在水深浅，海床平坦的浅海区域进行油气勘探开发作业。

（2）沉垫型深仅 3m，相对沉垫的长度和宽度而言尺度很小，这种薄型沉垫有利于防冲刷。

（3）设置抗滑桩 4 根，长度为 25.3m，最大插深 8m，能有效增加抗滑能力，防止平台产生滑移。

（4）尾部设计有固定悬臂梁，长度 7.2m，井口槽宽 12m，扩大了钻井作业范围，平台一次坐底可以打 16 口以上丛式井。

（5）钻台下面四角设置调平油缸，在平台产生倾斜时能调整钻台水平度，使钻井作业得以正常进行。

（6）沉垫底部安装喷冲头，用于破坏黏结力和吸附力，以便沉垫起浮。

（7）采用交流变频驱动系统。具有无级调速的钻井特性，可提高钻井效率；柴油发电机组始终运转在最佳状态，节能降耗效果明显；随着功率因素的提高，可节省无功功率，降低压降和线损，减少输电容量；简化了传动及控制系统，减少了设备质量，安装调整较为容易。

（8）采用数字化控制。发电机采用全数字化矢量控制，速度调节和电压调节性能达到最佳状态，有功无功可以自动均衡，多机组自动准同步，方便操作及维护，安全可靠性有较大提高。采用现场总线技术，可将钻机动力、传动状态实现远程显示操作，司钻操作达到智能化。

（9）平台设施齐全，可独立完成钻井、测井、固井、试油及完井作业。

（10）自行设计建造，除柴油发电机组和部分电控设备外，均采用国产设备。

3."中油海3"号采用的关键技术

1）防冲刷

沉垫坐落海底后，水流作用产生冲刷和淘空，严重时造成平台倾斜，甚至滑移。如何采取措施防止冲刷和淘空成为坐底式平台的一个关键问题。该平台采用薄沉垫，并在沉垫四周1.2m以上做成45°斜坡，使水流比较顺畅地通过，以减少冲刷和淘空。

2）抗滑移

坐底平台需承受风、浪、流作用产生的巨大水平载荷，仅靠沉垫底面与海底产生的摩擦力和黏结力是不够的。为了抵抗水平载荷以防止滑移，该平台在四角的端立柱内各设置一根截面尺寸为2m×1.3m的抗滑桩，桩长25.3m，最大插深8m。用液压插销式升降装置升降。每根桩最大可产生抗滑力超过300t，能有效抵抗滑移。

3）钻台调平

海床坡度和沉降不均匀会造成平台倾斜，为了使天车、游车、转盘3点保持在同一垂线上，该平台在钻台下面四角各设置一只液压调平油缸，缸径400mm，推力1864kN，油缸柱塞端部为球形结构。调平油缸可以调整钻台倾角1°，调平工作完成后油缸用卡箍锁紧，以确保安全。

4）沉垫起浮

坐底平台沉垫与海底土壤产生黏结力和吸附力，使平台排水起浮时发生困难。为了解决此问题，在沉垫底部设计安装了若干个回转喷冲头，起浮前先用低压头、大排量的水流破坏沉垫底部的黏结力和吸附力，使沉垫起浮变得容易。

5）交流变频驱动

第一次在我国自行设计建造的海洋钻井平台上采用交流变频驱动。

第四节　半潜式钻井平台

半潜式钻井平台简称半潜式平台，又称立柱稳定式钻井平台，主要由上部平台、下浮体（沉垫浮箱）和中部立柱3部分组成(图2-4-1)。此外，在下浮体与下浮体、立柱与立柱、立柱与平台主体之间还有一些水平支撑与斜支撑连接。在下浮体之间的连接支撑，一般都设在下浮体的上方。当平台移位时，可使它位于水线之上，以减小阻力。平台主体高出水面一定高度，以避免波浪冲击。下浮体提供主要浮力，沉没于水下以减小波浪的作用力。平台主体与下浮体之间的立柱具有小水线面，立柱与立柱之间相隔适当距离，以保证平台的稳性。利用排水和注水可以使平台上浮或下沉，以适应使用要求。

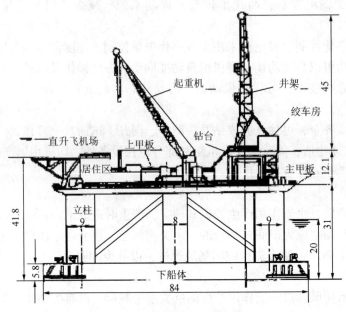

图 2-4-1　半潜式钻井平台(单位：m)

上部平台任何时候都处在海面以上一定高度。下部浮体在航行状态下浮在海面上，浮体的浮力支撑着整个装置的质量。在钻井作业期间，下部浮体潜入海面以下一定的深度，躲开海面上最强烈的风浪作用，只留部分立柱和上部平台在海面以上。正是因为在工作期间半潜入海面以下这种特点，其被命名为半潜式钻井平台。它适宜在 150～3000m 水深的海域钻井作业，是发展前景很大的一种石油钻井平台。

一、结构组成

1. 上部平台

半潜式平台是从坐底式平台发展而来的，所以上部平台部分与坐底式平台类似，但比坐底式平台要先进得多。上部平台一般也分成两层，上层为主甲板，下层为机舱。

上甲板是设备存放及人员居住、工作的主要场所，主要的钻井器材和材料都堆放在甲板上，甲板中间开有月池，方便平台钻井采油。上甲板主要有格框型和箱型两种结构型式。格框型甲板由主要承载甲板及其余甲板组成，以前建造的平台多采用这种型式。箱型甲板则主要包括具有双层底的下甲板、一层或多层中间甲板和一层主甲板。

下层甲板即机舱内主要包括机泵组、固井设备、泥浆循环系统及各种材料库罐等。

平台的尺寸都相当大，所以有很高的自持能力。上部平台的形状以矩形最为常见，此外还有三角形、五角形、八角形，甚至还有"十"字形和"中"字形。

2. 立柱

立柱连接下浮体和上部甲板，工作时，下浮体和部分立柱沉入水下，大大减小了水线面积及波浪作用在船体上的载荷，它巨大的水线面惯性矩提供平台工作时所需的稳性。立柱的数目一般为 4 个或 6 个，内设舱室，可装压载水和工作设备。截面一般为圆形或矩形，近年来新造的半潜式平台多采用方形截面，使得建造更加简便，排水和舱容增大。立柱的布置应尽量使平台具有相近的横稳性和纵稳性。

立柱的作用：

（1）将上部平台与下部浮体连接起来，起到支撑平台的作用。

（2）巨大的立柱空间，在潜入水下时为平台提供浮力。

（3）内部可以存储各种材料，还可设置人梯或电梯，提供从平台到浮体的通道。

3. 浮体（下船体）

浮体为整个平台提供浮力，整个装置的重力以及各种外力载荷都要靠此浮力支撑。

浮体又称浮箱，制成船形沉没于水下，有许多各自独立的舱室，每个舱室内有进水泵和排水泵。它通过充水排气及排水充气来实现平台的升降。其外形有矩形、鱼雷形、潜艇形及上下平坦、左右两侧为椭圆等多种形式，内有供升降用的压载舱。

4. 撑杆结构

平台除由立柱支撑外，还有许多撑杆支撑，使上层平台、立柱与下浮体形成整体空间结构。撑杆把各种载荷传递到平台各主要结构上，并可以对风浪或其他不平衡载荷进行有效地合理分布。撑杆是半潜式平台的重要构件，特别是三角形或五角形半潜式平台，其撑杆作用更加重要。

5. 锚泊系统

锚泊系统用于给平台定位，通过锚和锚链来控制平台的水平位置，把它限定在一定范围内，以满足钻井工作的要求。

半潜式钻井平台自航或拖航到井位时，先锚泊住，然后向下船体和立柱内灌水，待平台下沉到一定设计深度呈半潜状态后，就可进行钻井作业。钻井时，由于平台在风浪作用下产生升沉、摇摆、飘移等运动，影响钻井作业，因此半潜式钻井平台在钻井作业前需要先下水下器具，并采用升沉补偿装置、减摇设施和动力定位系统等多种措施来保持平台在海面上的位置，方可进行钻井作业。

半潜式钻井平台主要用于钻勘探井，也可以钻生产井，并且可作为生产平台用于油田的早期开发，在钻探出石油之后，即可迅速转入采油，此时可作为浮式生产系统的主体。

二、特点

半潜式平台仅少数立柱暴露在波浪环境中，水线面很小，这使得它具有较大的固有周期，不大可能和波谱的主要成分波发生共振，达到减小运动响应的目的。它的浮体位于水面以下的深处，大大减小了波浪作用力。当波长和平台长度处于某些比值时，立柱和浮体上的波浪作用力能互相抵消，从而使作用在平台上的作用力很小，理论上甚至可以等于零。因此，半潜式海洋钻井平台具有极强的抗风浪能力，大部分深海半潜式平台能生存于百年一遇的海况条件，适应风速达 51.4~61.7m/s，波高达 16~32m。其还具有优良的运动性能，巨大的甲板面积和装载容量，高效的作业效率，易于改造并具备钻井、修井、生产等多种工作功能，无需海上安装，自存能力强等优点。随着动力配置能力的增大和动力定位技术的新发展，半潜式平台已进一步适应更深海域的恶劣海况，甚至可望达到全球全天候的工作能力。

半潜式平台的缺点是自航航速较低，多数满载航速低于 8kn，而钻井浮船可达 8～14kn；造价较高(与自升式平台相比)，一般在 1 亿美元以上；承载能力有限，平台对负荷较敏感；有效使用率低于自升式钻井平台。

三、平台实例

"南海六号"是 1982 年由瑞典 GVA 船厂建造的自航半潜式钻井平台，为美国费雷德·戈德曼公司设计而成，1989 年从挪威购进并开始在中国海域作业(图 2-4-2)。

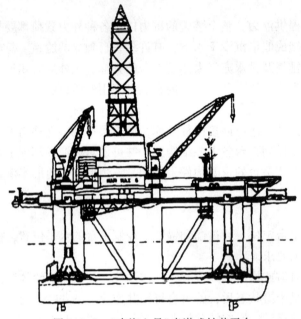

图 2-4-2 "南海六号"半潜式钻井平台

1."南海六号"设计标准

风速：51.4m/s(100kn)；波高：30m。

2."南海六号"主要技术参数

"南海六号"主要技术参数如表 2-4-1 所示。

表 2-4-1 "南海六号"主要技术参数

技术参数	数　值	技术参数	数　值
工作水深	457m(1500ft)	拖航吃水	10.31m(33.8ft)
钻井深度	7620m(25000ft)	作业排水量	24958t
主甲板长	92.35m(303ft)	静水航速	3.6s(7kn)
主甲板宽	68m(223ft)	立柱数量	4+2
高(船底至主甲板)	33.53m(110ft)	大立柱直径	11.13m(36.5ft)
作业吃水	23.37m(76.7ft)	小立柱直径	9.75m(32ft)

第五节 自升式钻井平台

自升式钻井平台是海上四大移动式钻井装置之一。第一座自升式钻井平台"DeLong 1号"建于 1950 年,适应水深 18m(60ft)。此后,自升式钻井平台的研发不断以加大适应水深为主要目标。现在建造的大多数自升式钻井平台的目标水深已经达到 122m(400ft)。其中适应水深最大的"BobPalmer 号",作业水深已达 168m(550ft)。自升式平台的作业水深范围通常为 4~120m,通常由平台主体(漂浮于水面时为浮体)、桩腿(带桩靴)、升降装置 3 部分组成。通过升降装置的动作,平台主体或桩腿可垂直升降。

一、分类

自升式平台的类型各种各样,可以按平台主体的形状、桩腿的数目及形式、升降装置的类型等进行区分。

按有无悬臂梁可分为:井口槽式自升式钻井平台和悬臂梁式钻井平台。

按桩腿数量可分为:三腿自升式、四腿自升式、五腿自升式钻井平台。

按桩靴的形式可分为:独立插桩式和席底式自升式钻井平台。

按桩腿的结构形式可分为:桁架式和壳体式自升式钻井平台(图 2-5-1)。

桁架式自升平台按照桩腿的形状可分为:三角形和四边形桩腿的自升式钻井平台。

(a)桁架式自升钻井平台　　　　　　(b)圆壳式自升钻井平台

图 2-5-1　自升式平台

二、结构组成

1. 工作平台

工作平台是一个驳船结构,拖航时浮在海面,支撑整个质量。自升式平台的主体通常是一个具有单底或双层底的单甲板箱形结构。甲板以下布置柴油发电机舱等动力舱室、泥浆泵舱等钻井工程用舱室和其他工作舱室，以及燃油舱、淡水舱、压载水舱等液体舱(如设双层底，则燃油及淡水布置在双层底内)。甲板上布置钻台、井架、钻杆、隔水管堆场、管架、起重机、生活舱室、升降装置室、直升机平台等。主体的平面形状和桩腿的数目密切相关，一般有三角形(三腿)、矩形(四腿)和五角形(五腿)等(图2-5-2)。虽然三腿平台对平台的重心位置要求高，插拔桩作业要求严格，需要压载水进行预压，若三腿中有一腿发生突然下陷，平台将随之发生倾斜，会造成升降装置、桩腿(尤其是齿条)、主体结构等的损害，然而从减轻钢料质量、减少桩腿数目和相应升降装置的套数、降低造价等方面而言，三腿平台最为理想。

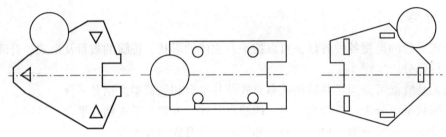

图2-5-2　平台主体的平面形状

2. 桩腿

桩腿的作用是在钻井时插入海底，支撑上部平台。自升式平台的主体依靠桩腿的支撑才得以升离水面，使平台处于钻井作业状态。桩腿的作用除了支承平台的全部质量外，还要经受各种环境外力的作用。早期自升式平台的桩腿数目很多，有的多达14条。由于现代技术的采用、升降机构能力的增大、高强度钢的应用，桩腿以4条和3条的居多，但发展趋势是3条桩腿。桩腿数量影响自升式平台的造价和工作性能，桩腿数目越多，受到的波浪力越大，升降机构、固桩装置和桩靴的数目增加，则成本增高。3条桩腿是支承平台的最少数目，这种平台还有一个特点，即桩腿的反力在没有固桩时能够较准确地算出，这对于操作人员而言很重要，因为每次变动载荷之前，必须算出桩腿的反力，以保证升降机构不超负荷。建造时，要将带沉垫的桩腿严格调整一致，而3条腿的调整工作量最小。这种平台的缺点是不能像4条桩腿平台那样进行对角预压，只能用压载水舱进行预压，因此需增加压载舱。另外，如遇地形、地质复杂等原因导致1条桩腿失事时，则易造成整个平台失事。当海底地层条件比较复杂时，3条桩腿不能满足平台升降要求，或3条桩腿的刚性满足不了要求时，为增大刚性、减小平台侧向位移，可采用4条桩腿。

桩腿的型式可以分为壳体式和桁架式两种(图2-5-3、图2-5-4)。壳体式是钢板焊制的封闭式结构，其截面形状有圆形和方形。为了与升降装置相配合，在桩腿上沿轴线方向附设有几根长齿条或几列销孔。桁架式桩腿的截面形状多为三角形或四方形。三角形的桁架腿由三根弦杆及把弦杆连接起来的水平杆和斜杆、水平撑等所组成。四方形的则由四根弦杆及水平杆、斜杆和撑杆等组成。一般情况下，壳体式桩腿的制造比较简单，结构也坚固；而桁架式桩腿由于杆件的节点多，故制造比较复杂，但其结构特点可减小作用在桩腿上的波浪力。壳体式桩腿的适用水深范围一般不超过60m，更大的水深则应采用桁架式桩腿。壳体式桩腿具有占用甲板面积少的优势，同时壳体式桩腿的结构材料不需要进口，制造工艺简单，因此费用低、制造周期短，而且可供选择的国内制造船厂比较多，对加快平台的制造周期非常有利。

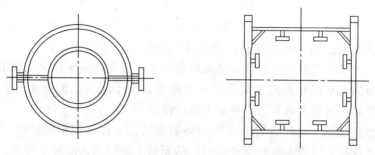

图 2-5-3 壳体式桩腿

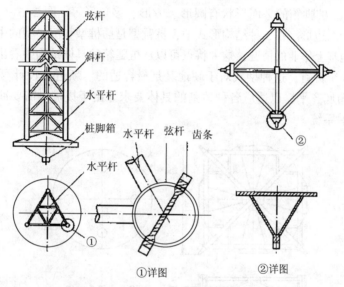

①详图 ②详图

图 2-5-4 桁架式桩腿（三角形，正方形）

桩腿下端的结构型式具有重要意义，其作用是增加海底对桩腿的反力，防止由于海底局部冲刷而造成的平台倾斜。这部分结构直接和海底接触，是支承面和基础。按海底地貌和土质的不同，可采用插桩型、桩靴型、沉垫型(图2-5-5)。

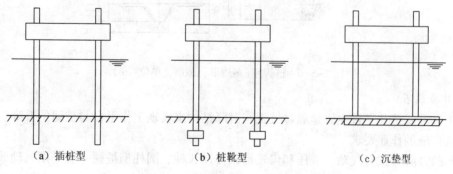

（a）插桩型 （b）桩靴型 （c）沉垫型

图 2-5-5 桩腿下端的结构型式

　　插桩型桩腿下端具有较小的支承面,甚至略带锥形,以适应较硬的海底。这种型式不适用于软土地区。

　　沉垫型桩腿是将几根桩腿的下端固定到一个大沉垫上,适用于软地基区域,但海底必须是平坦的,而且在风暴状态下容易产生淘空和滑移。一般认为海底的极限坡度应不超过1.5°。沉垫型的好处是不需要预压,但地基未经预压也带来了缺点,平台在波浪力等交变载荷的作用下,地基土将发生变形和强度减小等情况,致使这类平台在大风浪中容易产生水平滑移。这方面的水平滑移距离少则几米,多则成百上千米,危害极大。根据我国实践经验,如无特殊措施,这类平台不适宜在淤泥地区使用。

　　桩靴型桩腿是桩腿下端的结构形式中用得最多的,它在每一根桩腿的下端附装一桩脚箱,亦称箱型,这样可以增大海底支承面积,从而减小桩腿插入海底的深度。减小插入深度的意义不仅在于减小桩腿长度,更重要的是提高了插桩和拔桩作业的安全性(尤其是在软性地基土上作业时)。桩脚箱的平面形状有圆形、方形、多角形等。图 2-5-6 所示的两个桩脚箱分别是圆形和十二边形。在 3 种结构形式中,桩靴型是插桩型和沉垫型的中间型式,客观上兼顾了在软、硬地基上作业的情况,这种特点可以从桩腿箱的具体结构中看出来。由图 2-5-6可见,最底下设一个桩钉,这种型式对于硬地基是最合适的。新近的设计可以使桩钉缩进桩脚箱内并达到与箱底齐平,以适应各种地基的具体要求。由于拔桩时需要冲桩,因此桩脚箱设有冲桩用的喷射系统。

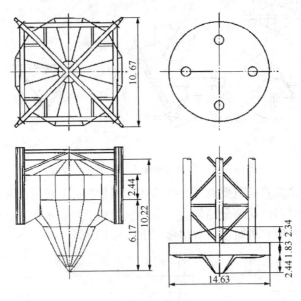

图 2-5-6　桩脚箱(多边形、圆形,单位:m)

3. 升降装置

　　海上自升式钻井平台主要是通过桩腿与升降结构来实现工作平台与桩腿的升降,从而满足钻井或拖航的作业要求。

　　桩腿的升降方式有气动、液压和齿轮齿条传动 3 种,圆柱型桩腿一般采用气动或液压传动;桁架型桩腿采用齿轮、齿条传动。

　　升降装置安装在桩腿和平台主体的交接处,驱动升降装置使桩腿和主体作相对的上下运动。升降装置还有把平台主体固定于桩腿某一位置的作用，此时升降装置主要承受垂直力，水平力则由固桩装置传递。最常用的升降装置是齿轮齿条式及顶升液压缸式(图 2-5-7、图2-5-8)。

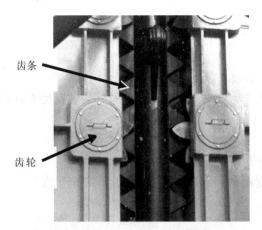

图 2-5-7　齿轮齿条传动示意图

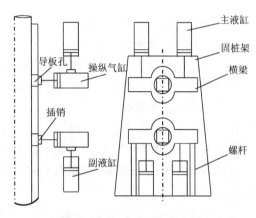

图 2-5-8　"渤海一号"平台液压升降机构

　　齿轮齿条式升降装置的齿条沿桩腿筒体或弦杆铺设，而与齿条相啮合的小齿轮安装在齿轮架上，并由电动机或液压马达经减速齿轮驱动。当主体漂浮于水面时，驱动齿轮可使桩腿升降；而当桩腿支承于海底时，驱动齿轮则可使主体升降。一根桩腿上常常铺设有多道齿条，以"海南一号"自升式平台为例，该平台有 3 根桁架式桩腿，每根桩腿有 3 根弦杆，每根弦杆上设有两道齿条，每道齿条上有两个小齿轮与之啮合，由电动机通过减速齿轮驱动小齿轮转动。为了减小齿轮架承受的水平力，齿条一般是成对设置的，即附设于同一根弦杆的两侧，使齿轮动作时由于压力角和摩擦力引起的水平分力可以相互抵消。在齿轮架的上面和下面各设有缓冲垫(橡胶缓冲器)，以缓和力的冲击作用(如桩腿与海底碰撞的力)，改善平台主体、升降装置及桩腿等的受力状况。在齿条的两侧设有导向板，以防止齿轮与齿条相脱离。每个小齿轮有一台独立的电动机驱动。几台电动机的载荷的均匀性是能够自动调整的，小齿轮与齿条的啮合相位也可调节，以确保桩腿的垂直升降。升降电动机均配置有电磁制动器，当电动机收到的功率足够大时，制动器即自动松开，一但供电停止便立即进入制动状态，把平台主体固定在桩腿的某一位置上——"刹车"。由于与齿条相啮合的每个小齿轮有自己的独立的传动系统，因此，各小齿轮之间的载荷分配问题成为突出的问题。如果载荷分配不均，则小齿轮的强度难以保证。事实说明，小齿轮的强度是齿轮齿条式升降装置的薄弱环节。在升降作业中举升平台主体，特别是预压作业中在主体压载舱中有压载水的情况下强行将主体调平的时候(预压过程中往往需要紧急调平，此时已来不及将压载水排出，故属"强行"举升)，小齿轮的载荷是很大的，而且是动力性质的。对这类动态工作状况，必须校核小齿轮的动态强度。好在动态情况下的载荷分配问题可通过控制系统来解决，电动机和液压马达在传动中的弹性对载荷分配也是有利的。还有一种严重的情况发生在抗风暴时，升降装置虽然处于"刹车"状态，但风、浪、流在水平方向的作用力所形成的倾覆力矩将使下风舷的桩腿上附加一个垂直载荷，同时在所有桩腿上产生弯曲力矩。此时，小齿轮的载荷分配问题也变得十分复杂，与刹车、升降装置的刚性等许多因素有关。实践经验表明，底部的小齿轮载荷最大。在平台的使用过程中，刹车状态升降电动机的扭矩须随时进行手动调节。不管平台处于何种工况和进行何种作业，都必须严格控制可变载荷的数量，否则将会危及升降装置和相邻部位的结构。

对齿轮齿条升降装置进行设计时，应考虑如下重要因素：

(1) 升降状态时平台主体的升降速度；

(2) 举升主体的举升力大小；

(3) 站立状态升降装置的支撑能力；

(4) 任何部件发生故障时均不会引起灾难性事故。

设计时，首先应根据平台的拖航排水量计算举升力和支持力，根据举升力和支持力就可确定小齿轮的数目和承载力：

拖航排水量＝空船重力+可变载荷；

举升力＝空船重力−桩腿(含桩靴)重力+可变载荷；

支持力＝空船重力−桩腿(含桩靴)重力+可变载荷+预压载荷(应大于正常作业或风暴自存的最大载荷)。

三、桁架型桩腿平台的升降

1. 桩腿

桁架型桩腿一般为3~4根，其横截面呈三角形或方型，工作水深在100m以下者，一般在桩腿底部设桩腿箱，其直径约为10~14m；工作水深在150m以内的采用底垫式，底垫为长方形，长约50~60m，厚3~4m，支撑面积为1000~2000m²，有单体和双体两种。

"南海一号""勘探二号"自升式钻井平台还有"渤海二号"等的桩腿均为桁架型，3根桩腿横截面为三角形，每个桩腿由3根圆柱形大腿组成。

2. 升降机构

每根圆柱形立管上有一套升降机构，整个平台共有9套升降机构，每套机构包括4个相同的单元。每个单元由电动机、减速箱、输出小齿轮组成。每根立管沿一条直线上有两根齿条，小齿轮成对排列，与二齿条在同一高度处啮合，以抵消水平分力。整个平台共有36个升降用电动机，它可以在平台控制室集中操作，也可以在桩腿处分别操作。升降机构组成包括：①电动机；②减速箱；③齿条；④弹簧盘式摩擦片安全刹车，装于电机上；⑤减震器，装于平台与桩腿的接触部位；⑥楔块，平台需用72块楔块使桩腿与平台固定，每根大腿各8块，上、下各4块。

图2-5-9展示了某种电动齿轮齿条升降装置在平台结构上的布置形式。

图2-5-9　电动齿轮齿条升降装置
在平台结构上的布置形式

四、圆柱型桩腿平台的升降

圆柱型桩腿一般为3~4根，最多可达14~18根，圆柱直径为5~15m。由于圆柱型桩腿稳定性差，受到波浪力大，因此有被桁架式桩腿取代的趋势。圆柱型桩腿的升降机构有气动、液压两种，我国制造的"渤海二号"中便采用了液压升降机构。

1. 桩腿组成

（1）桩腿，为圆筒薄壳式，不等厚度。

（2）固桩架，为高约 8m 的金属桁架，与平台焊成一体，其上装有液压缸，固桩架与桩腿接触处为上支点。

（3）固桩块，在桩腿与平台接触的上、下两支点处分别装上两组楔块，从而使船体与桩腿固紧。

2. 升降机构

（1）液缸，在每个桩腿上有 4 个主液缸，4 个副液缸组，分两层布置，主液缸在固桩架上层，负责升降桩腿与平台，副液缸在下层，负责在"换手"时支撑平台（所谓"换手"就是借助副液缸抱紧桩腿，暂停升降，待将主液缸的活塞自一端死点移至另一端后再继续进行升降工作）。每一对液缸抬一根横梁，横梁上有方形插销，气动操作插销进出，当插销插入导板孔时，活塞杆、横梁和桩腿连成一体，反之则脱开。利用插销的插口与拔出，平台升降时即可"换手"（图 2-5-10）。

（2）主油泵，向液缸供油。

（3）低压油泵，提高空行程时液缸处的进油量，加快动作。

（4）储能器，保持油缸中压力平稳。

（5）其他部件，包括备用液压系统，控制系统。

3. 平台的升降操作

（1）桩腿下降，到达井位后，平台浮在水面上，将桩腿下降，插入海底以支撑平台。

（2）工作平台上升，桩腿插入海底层，将工作平台上升到一定高度（十几米），以后进行钻井作业。

（3）工作平台下降，钻完一口井后，需要将工作平台降下，靠浮力作用使其浮在水面，以便提起桩腿。

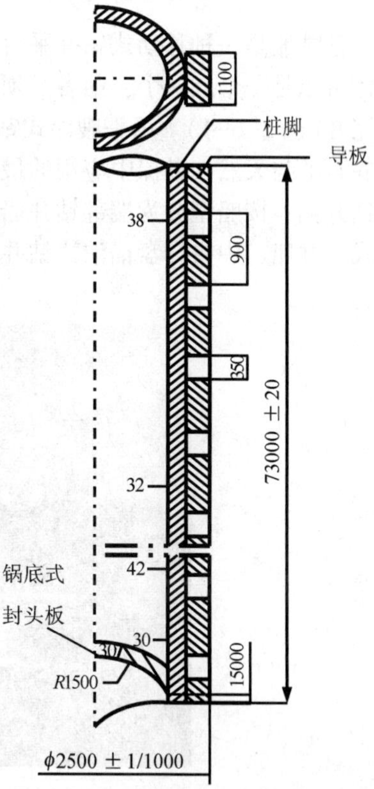

图 2-5-10　圆柱型桩腿平台
升降机构（单位：mm）

（4）桩腿上升，工作平台降至水面后，将桩腿提起，以便拖航、搬迁。

五、特点

自升式钻井平台主要用于打探井，也可用于打生产井和作为早期生产中的钻采平台，而且可进行修井作业。

自升式钻井平台工作时靠其桩腿支撑站立在海底，因而能够提供稳定的钻井场地，它适用于不同的海底土壤条件和百米的水深范围。这种钻井平台具有机动灵活、移动性能好的特点。另外，不带沉垫的自升式平台用钢量较少，造价较低，便于建造。

自升式钻井平台的缺点是：拖航较困难，在拖航时抵御风暴袭击的能力差；平台定位或离位时操作复杂，且对波浪很敏感；由于带沉垫的自升式平台受海底冲刷而使基础破坏，容易造成整个装置的滑移；当工作水深加大时，桩腿的长度、截面尺寸、重力均将迅速增大，同时使平台在拖航状态和工作状态下的稳定性变差，因而不适于在水深大的海区工作(一般最大工作水深在100m左右)；大型自升式平台的桩腿存在振动问题。

第六节　其他平台

一、钻井船

钻井船是一种移动式钻井平台，它用改装的普通轮船或专门设计的船作为工作平台，其船体可以是一个或两个，前者必须在海底完井，否则船移运时会撞坏井口装置，后者可在海面完井(图2-6-1)。第一艘浮式钻井船是1953年改装下水的。目前，可迁移的浮式平台在海底石油与天然气勘探中应用的最多。钻井船通常按其推进能力分为自航式钻井船、非自航式钻井船；按船型分为端部钻井船、舷侧钻井船、船中钻井船和双体钻井船；按定位分为锚泊式钻井船、中央转盘锚泊式钻井船和动力定位式钻井船。

图2-6-1　钻井船

作业时，船体呈漂浮状态，是一种适用于深水区域作业的钻井装置，其工作水深主要取决于钻井船的定位方法，钻井船一般采用锚泊定位，但现在已经开始逐步采用动力定位。采用锚泊定位，工作水深为200~300m；采用动力定位，工作水深可达6000m。

浮式钻井船到达井位后要定位，定位设备使钻井船保持在一定的位置内。钻井时特别是在风浪作用下，浮式钻井船船身产生上下升沉及前后左右摆动，因此，在钻井船上，应合理布置机械设备，增设升沉补偿装置、减摇设备、自动动力定位设备等来保持船体定位。

我国曾有一艘浮动钻井船"勘探一号"是由两艘退役的军舰改装成的双体船，在东海打了多口探井后已报废。

1. 结构组成

浮式钻井船一般由船体、锚泊系统和自航系统组成。

1）船体

船体相当于平台的工作平台。用以安装钻井和航行动力设备，为工作人员提供工作和生活场所。船体主要用钢材制成，也有用钢筋混凝土制成的。后者节约金属且耐腐蚀，但要使用预应力钢筋混凝土，以保证其强度、抗冲击及抗震能力。

2）锚泊系统

锚泊系统作用与半潜式平台的锚泊系统相同，它用于给平台定位，通过锚和锚链来控制平台的水平位置，把它限制在一定的范围内，以满足钻井工作的要求。

3）自航系统

自航系统是浮动钻井船区别于其他钻井船的特点，其他钻井平台的搬迁要依靠拖轮，而浮动钻井船具有自航能力，所以其运移性能最好。

2. 特点

1）优点

移动性能好；造价较低，易维护；船速高；工作水深大，如采用计算机控制推进器的自动动力定位钻井船，工作水深不受限制；钻井船还可利用旧船改造，节省投资；水线面积较大，船上可变质量的变化对钻井船吃水的影响较小；储存能力较大，海上自存能力强。

2）缺点

受风浪影响大，对波浪运动极为敏感，稳定性差；对钻井不利，工作效率较低，只适于在海况比较平稳的海区进行钻井作业；甲板使用面积小；动力定位钻井船造价高。

二、步行式平台

"胜利二号"步行式平台是我国自行设计、制造，世界上独一无二的钻井平台（图2-6-2）。它既可以在极浅海或潮间带行走，又能在深海中拖航，属于两栖钻井平台。

图2-6-2 "胜利二号"步行式平台

1. 结构组成

（1）内船体，由沉垫、支撑及甲板等组成。沉垫为中空的舱室，漂浮时，提供浮力；行走或坐底作业时，起支撑作用。支撑由立柱和斜撑组成，它连接甲板和沉垫。甲板用以安装钻井设备等。

（2）外船体，也是由沉垫、支撑及甲板等组成。不同的是甲板上有4条长为15m的步行轨道，用来提升外体或顶升内体。

（3）步行机械与液压控制系统，由在内、外体组合部的4个大型顶升液缸、牵引油缸等组成。

2. 工作原理

外体坐于海底，支撑整个平台，4个顶升液缸将内船体顶起，由两个牵引液缸拉着内船体沿外船体上的轨道运行一个步长。接着，内船体坐于海底，4个顶升液缸将外船体顶起，由两个牵引液缸拉着外船体沿内船体上的轨道运行一个步长，如此往复。

3. 特点

适合水深为 0.6~8m 的浅水及潮间带；运移性好，既能自行又可拖航。步行速度为 50~60m/h；要求作业区海底为泥砂质软土，坡度小；结构复杂。

第三章 海洋钻井设备

第一节 海洋钻井设备的选择及布置

一、海上钻井设备的选择

1. 选择依据

海上钻井设备的选择是一个涉及面很广的问题，需要综合考虑各种因素，概括起来包括以下几方面。

（1）钻井作业要求，是钻勘探井还是生产井，是直井还是丛式井，以及完井方式等。

（2）作业海区的环境条件，包括水深、风、波、潮流等海况，海底地质条件及离岸距离等。

（3）经济因素，主要指各种装置的建造成本、租金及操作费用。

（4）可供选择的钻井装置及其技术性能、使用条件。

综合上述因素，结合本国经济技术水平、政府意图，可对钻井装置作出最后选择。

2. 钻井装置的选择

一般观点是：勘探阶段和早期开发阶段，用移动式钻井平台为宜，这样可以灵活调动，重复使用；开发生产阶段，使用固定式平台较好，可以一台多井，一台多用。一般在选择钻井设备时，应首先考虑水深情况。按水深范围选择平台的基本原则如下所述。

勘探井、评价井和边远处的个别生产井宜采用移动式钻井平台，但应视水深选择不同类型的钻井平台：

（1）水深小于15m，宜选用坐底式平台。

（2）水深为15~75m，宜选用自升式平台。

（3）水深为75~200m，宜选用锚泊定位的半潜式平台或钻井船。

（4）水深在200m以上，宜选用动力定位的半潜式平台或钻井船。

生产井比较集中时，主要应考虑选用固定式钻井平台，但需视不同水深而选择不同类型：

（1）水深小于160m，如果海底地形平坦，又有可建造混凝土重力式平台的深水港湾和航道，可选用混凝土重力式平台。

（2）水深为160~300m，可选用桩基导管架式平台。

（3）水深为300~600m，可选用绷绳塔式平台或张力腿平台。

（4）若选用浮式生产系统或早期生产系统，可根据水深选用打探井的活动式平台。

总之，海上钻井装置的选择是整个海上油田开发系统的一部分，要根据整个系统的经济分析来选择才是最合适的。

二、海上钻井平台总体布置的内容

平台的总体布置包括工艺布置与结构布置。海上钻井平台作为海上钻井的场地，所安装的各种机械设备和堆放的器材物资，不能像陆地井场那样比较随意地改换位置。因为每座平台在设计和建造时，是按一定的工艺设施分布条件来确定平台各部分的结构形式和尺寸的，改变平台的工艺布置，对平台的强度和稳定性都会产生不同程度的影响，所以平台在设计和建造时，应按工艺要求选定设备，并根据这些设备在平台上的布置位置，确定平台的结构尺寸。通常，为了使工艺设备的分布和平台结构之间配置合理，需经过反复研究比较才能确定。

对已经建成使用的平台，如要变更它的设备或设备位置，必须首先考虑平台的结构强度和稳定性是否允许。

通常在钻井平台的总体布置中，要选择确定的主要设施包括下述几个方面。

(1) 钻井机械设备包括井架、绞车、转盘、泥浆泵和制浆设备，"一筛三除"等泥浆净化设备，固井泵、气动下灰装置等固井设备和空压机等。

(2) 动力设备包括柴油机、发电机、电动机等钻井用动力设备和航行、动力定位、桩腿升降等专用动力设备，锚泊、起重等辅助动力设备及应急发电机组等。

(3) 器材物资包括钻头、钻杆、钻铤、方钻杆等钻具，套管、重晶石、泥浆、化学处理剂、水泥、燃油、滑油及生活给养物资等。

(4) 测井、试油设备包括测井仪、测斜仪、综合录井仪等测井设备和分离器、加热器、试油罐、燃烧器等成套试油设备。

(5) 起重设备、锚泊和靠船设施包括起重机和锚机、锚缆、大抓力锚等锚泊设备及护舷材等靠船设施。

(6) 安全消防和防污染设施包括耐火救生艇或救生球、工作艇、救生圈、救生衣等救生设施和水灭火系统、化学灭火系统以及废油、污水、废气的回收处理装置。

(7) 供水、供电、供气设备包括锅炉房、水泵房、海水淡化装置、配电室、空调设备、通风设备等。

(8) 通信联络设备和直升飞机降落台包括电报、电话、广播等各种对内、对外通信联络设备、无线电导航定位系统和直升飞机平台。

(9) 各种工作用房和生活设施主要有钻井值班房、泥浆化验室、库房、机修间、医务室、厨房、餐厅、食品库、娱乐室、更衣室、浴室、厕所、居住生活舱室等设施。

(10) 其他特殊设施如坐底式平台的抗滑桩设施、防吸附设施、防冲刷防淘空设施；自升式平台的桩腿升降装置、防吸附设施；半潜式平台和钻井船的水下器具、升沉补偿装置、潜水装置和钻杆排放装置等。

相应的是确定平台的结构形式、轮廓尺寸以及构件的尺寸、材料。

三、海上钻井工艺布置的基本原则

海上钻井工艺布置的基本原则有以下几方面。

1. 保证平台工作时安全可靠

各种工艺设施的布置要适合工艺作业的要求，各系统相对集中，便于操作和维修；配备的设备要能力大、性能可靠、使用寿命长，能在预定的工作环境条件下工作；对平台钻机工作有直接影响的主要机组必须配备应急设备。

2. 适应平台的结构强度和稳定性

各种工艺设施工作时的载荷要和平台的承载能力相适应。载荷大的设备应有局部加强结构，而且尽量对称布置，以使平台承载均匀。分层布置时，层数不宜过多，以防平台稳性降低。

3. 合理利用平台的面积空间

海上平台的面积和空间十分有限，因此要尽可能选用技术先进、体积小、质量轻、功率大、效率高的机械设备，尽量采用先进的工艺程序，提高机械化、自动化程度。所选定的设备，可按设备功能和工艺流程装在若干个组合模块里，以便平台的组装和改造。组成模块时要考虑模块的外形尺寸和质量能够满足现有起重船的起吊能力。

4. 必须有完备的安全消防和防污染的设施

它包括可燃气体和火灾的探测与报警系统，通风和灭火系统，应急进、出口设施，各种救生器具等。在敞露的甲板上要设栏杆、扶手和安全网，上下平台要有安全的移乘设备。平台上含油、含化学药剂的物品和各种污油、污水要经处理设备处理后再排放。

5. 要有良好的通信、靠船和直升飞机起降设施及生活设施

平台上设置先进的对内、对外通信联络设施，安全可靠的靠船设施，生活区要和作业区严格地分隔开，而且要离振动和噪音大的设备远些或有减振隔音的措施。另外还应有直升飞机起降设施。

6. 满足有关建造规范的要求

要满足《海上移动式钻井船入级与建造规范》中的相关要求，设备的选择和布置要尽量采用国际上通用的规范和标准，以提高平台的竞争力。

四、海上钻井平台总体布置的一般程序及形式

移动式钻井平台的总体布置，大致可以按下述程序进行：

（1）根据平台建造基地至平台工作海区的海洋水文、气象、地质、地貌等环境条件，初步确定平台能满足浮性、稳定性的主尺度。

（2）根据钻井工艺对钻探能力、自持能力和驱动方式等要求，选定钻井机械设备和动力设备的型号、数量，确定人员定额、应储备的物资量和应具备的设施种类。

（3）在所给出的平台主尺度范围内，确定钻井主要机械设备和动力设备的位置。

（4）按工艺布置的各项基本原则，分别布置其他各项工艺设施、物资储库和生活设施。

（5）按照平台在不同工作状态的需要，确定各部位的工艺载荷。

（6）综合在不同工作状态时，平台所承受的各方面载荷，确定平台结构的尺寸及其构件的规格型号。

五、船井及钻机的布置形式

1. 船井的布置形式

在考虑移动式钻井平台的工艺设施布置时，首先要确定船井的位置。船井是钻井平台的井口槽，也是布置钻台和井架的位置。船井位置与平台或船体的形状有关，主要有两种布置

形式。

(1) 船井布置在尾部。为了便于安装水上井口设备和退场,坐底式钻井平台和自升式钻井平台通常在浮体的尾端开一矩形槽,也有的悬臂在平台外侧,还有少数半潜式平台和双体钻井船的船井布置在尾部。这样的船井位置对平台或船体的结构强度影响不会太大,但平台或船体的承载可能不均匀,在钻井及航行时不方便。

(2) 船井布置在中央。半潜式平台和钻井船多数把船井设在中央,这样布置船井的优点是平台及船体的承载比较均匀,风浪条件下工作及航行均有利;缺点是平台及船体的强度减弱,完井后不能装水上井口装置。

2. 钻井设备的布置形式

归纳目前海上钻井平台钻井设备的布置形式主要有以下 3 种。

(1) 单层统一驱动的布置。这种布置形式是将全套钻机设备都布置在一层甲板上,由于绞车、转盘、泥浆泵组、动力机组都布置在同一层甲板上,故采用统一驱动方案。采用这种布置形式,钻井机械设备、动力设备布置集中,管理比较方便,而且钻机的各工作机组的动力还可互相调剂。由于只用单层结构,所以这种平台建造简单。但是,它要求有较大的甲板面积,而甲板面积的大小会影响到平台建造钢材耗量和平台造价。

(2) 双层分组驱动的布置。这种布置形式是将全套钻机设备分别布置在主甲板及下层舱室内,分组驱动。绞车、转盘和它们的动力机组布置在主甲板上,而泥浆泵和它的动力机组布置在下层甲板或下面浮体的舱室内。这样分组驱动,钻井机械设备在主甲板上所占面积小,井场的工作面积相对就大些,便于操作。分组传动的机构简单,平台建造所用钢材相对较少,造价低。但泵房与钻台分组驱动的动力不能互相调剂,因为这样管理较不便,平台结构较复杂。

(3) 三层分组驱动的布置。全套钻机设备分三层布置,分组驱动。上层主甲板布置井架及钻台的绞车、转盘;中间甲板布置电控制室及机械控制室、泥浆净化设备和制浆设备等;下层为机械甲板,布置动力机房、泥浆泵房、固井设备等。这样布置仅把井场放在主甲板上,因而钻井工作面积大,使用方便。泵房与机房分别集中管理,操作方便。这种布置的缺点是:由于层数多,平台稳定性降低;而钻台上的绞车、转盘和泵房、机房分开,管理不便,动力也不能互相调剂;平台结构复杂,造价较高。

六、钻井机械设备的布置

海洋石油钻机的井架高度一般为 40 余米,天车台的尺寸大多为 2m×2m,也有矩形的。钻台的尺寸至少是 9m×9m,大的为十几米见方或呈矩形。井架内一般可立放几千米的钻杆,即钻杆盒(立根盒)要承载 $1×10^3 \sim 2×10^3 kN$。井架自身的质量为 30~80t。井架工作时的最大承载能力或大钩的最大钩载可以为 $2×10^3 \sim 4×10^3 kN$,甚至达 $6.5×10^3 kN$ 以上。井架内装设天车、游车、大钩、水龙头等设备,其质量也由井架承受。

海洋钻机的井架底座为了在一个平台上打多口井和完钻退场时避开井口设备的障碍,常用双层并能前后左右移动的底座。底座的移动使用液压机构,上底座在下底座的滑轨上左右移动,下底座在平台的滑轨上前后移动。上底座的面积一般比井架底面积大一些,下底座又比上底座大些,上底座的高为 1~2m,下底座为 2~5m。底座除本身几十吨的质量外,井架的各种载荷通过井架腿也作用在底座上。如果绞车的变速联动机构和动力机的底座与井架底座是一体，则它们的载荷也由井架底座支撑。

海洋钻机的绞车一般采用直流电机驱动，因其易于调速，故传动挡数较少，传动效率较高。绞车控制台通常装设在司钻操作处，可同时控制转盘、泵和动力机的工作。绞车制动以手刹车为主，水刹车为辅。绞车滚筒上有螺旋槽，可防止钢丝绳缠绕。

钻井用的泵包括泥浆泵和固井泵。旧的泥浆泵大都是双缸双作用泵，现代海洋钻井则用三缸单作用泵。因为这种泵体积小，约为 5m×3m×2m，质量约为 19t，压力高，排量大，但吸入容积效率低。

泥浆泵的布置，在单层统一驱动时，常和动力设备布置在一起；分组驱动时，则设有泵舱。泵舱内布置泥浆泵组 2~3 台、造浆池、储浆池、配制泥浆的清水、黏土、加重剂、化学药品的储舱和泥浆管汇。

固井泵也大都用三缸单作用泵，其外形尺寸长为 6~7m，宽为 1.2m，与电动机组装后的质量为 10~20t。

固井泵组可以和泥浆泵布置在一起或专设固井泵舱，舱内布置固井泵 2 台、约几百立方米容积的灰罐、气动下灰用的压风机和几百平方米的袋装水泥储存场地。

泥浆净化设备通常布置在钻台下的一侧，包括泥浆振动筛、泥浆罐、搅拌器、除气器、除泥器、除沙器、泥沙泵、泥浆清洁器和离心机等。

井架大门前的场地为钻杆、套管等的堆场，尺寸约为 20m×12m，能排放钻杆及套管等钻具各 100~200t。

七、动力设备的布置

海洋钻机的动力机组很少用柴油机直接驱动，在钻探上多用柴油机—直流发电机组的驱动方式，即由柴油机拖动直流发电机发出的直流电供给直流电动机，驱动钻机的绞车、转盘和泥浆泵，这一形式称为 DC-DC 系统。这种动力设备的主机组是 2~4 组柴油机—直流发电机，供直流电动机用电，分别带动绞车、转盘和泥浆泵。辅机机组则是 1 或 2 组柴油机—交流发电机，供平台照明和其他交流电动机用电。还设有应急发电机组，为蓄电池启动的交流发电机组，供平台应急照明和生活用电。

第二节 海 洋 钻 机

一、钻井工艺对钻机的要求

钻机是实现钻井工作的综合性机组(图 3-2-1)。

钻井工艺对机械设备的基本要求：

（1）为有效破碎岩石形成井眼，钻具要有旋转钻进的能力，因此要求机械设备必须给钻具提供足够转矩和转速，并维持一定的钻压。

（2）为满足钻具送进、起下钻具、更换钻头、下套管和处理井下事故的需要，机械设备应有一定的起重能力及提升速度。

（3）为清洗井底、排出岩屑，要求洗井机械设备具有一定的泵压和排量。

图 3-2-1　海洋钻机

钻机的工作能力是根据以上 3 项基本要求而定的。钻机机组的技术参数有：转盘的功率与转速，井架大钩的提升质量及速度，泥浆泵的功率与泵压。

二、海洋环境对钻机的特殊要求

与陆上钻井相比，海洋钻井工艺条件有其特殊性，海洋钻机除必须达到陆上设备的要求外，还要满足一些特殊要求。因此，适应海洋特殊钻井条件和要求的海洋钻机必须达到如下特殊要求。

1. 安全性

海上钻井平台离岸较远，平台空间不大，设备布置无足够的安全距离，操作者的活动空间有限，平台常年处于风、浪、潮之中，一旦发生事故，救援困难，后果严重。因此，对海洋钻机的的安全性要求较高。

2. 可靠性

各类海洋钻井平台的造价都很高，若租用钻井平台，日租金也非常昂贵，如果钻机性能不佳导致经常停修，则停产损失和维修费用巨大。因此，要求钻机各部件的性能都要可靠性高，且经久耐用。一次性投入后，在足够长的规定使用周期内，不需要维修或只进行简单维修，直到失效更换。例如，防喷器在整个钻井周期内可靠度必须达到 100%，钻机的柴油发电机组的大修寿命必须大于 2×10^4h。

3. 冗余设计

海洋钻机的重要系统和部件必须配备应急设备，如柴油发电机组配有应急柴油发电机，转盘配有应急驱动链轮，泥浆泵配有应急泵。当主要机组出现故障时，相应的应急设备立即启动，避免卡钻等事故的发生。

4. 技术先进，效率高

海洋钻井平台的空间十分有限，因此，平台上所采用的海洋钻机零部件必须技术先进、体积小、质量轻、效率高。在同样技术性能的前提下，设备体积越小，钻井平台的建造费用也就越低。

5. 钻深能力配备

海上钻井远离后方基地，设备故障所造成的损失及修复所需要的时间均大大超过陆上，因此，海上钻井一般选用工作能力较大的设备以减少故障发生，即在相同井深条件下，海洋平台上配备的钻机能力一般比陆地上的大20%～25%。如移动式钻井平台多选用钻深能力为6000m、7600m、9000m和11000m，乃至更深的钻机。

6. 驱动动力的提供方式

海上钻井平台离岸较远，无工业电网供电，均是采用多台大功率柴油发电机组发电，供各电动机分别驱动钻井绞车、泥浆泵、转盘、顶部驱动装置等钻机的工作机。

7. 可钻多口井

由于海上钻井平台的费用较高，所以在一个平台上不能只钻一口井，而是要钻十几到几十口生产井。这种丛式钻井法，在狭小的范围内可钻很多油井以控制较大的油气藏面积，实际上也就是钻很多口定向斜井。因此，海洋钻机要能在平台上纵横移动，即从一个井位很快移到另一个井位。目前，世界上有的平台可钻多达96口井，一般的平台可钻几口至几十口井。

8. 设备模块化

为了节省时间和空间，海洋钻机大多加以模块化，以便于在海上迅速吊装联接。这些模块包括钻机主体(绞车、转盘)和具有x、y方向移动装置的底座模块、泥浆泵模块、泥浆处理模块、动力模块、马达控制中心(MCC)模块等。

三、海洋钻机的组成

根据钻井工艺中钻进、洗井、起下钻具各工序的需要，一套海洋钻机一般由以下各系统组成。

1. 起升(提升)系统

为了起下钻具、下套管、更换钻头及控制钻头送进等，钻机装有一套起升系统，主要包括井架、钻井绞车、大钩、天车游动滑车、立根运移机构、钻杆排放装置及起下钻作业的工具(如机械手)等。

2. 旋转系统

为了转功钻具、破碎岩石，钻机配有转盘、水龙头、钻头和钻杆柱等。

3. 泥浆循环系统

为了随时清洗井底已破碎的岩石，确保连续钻进，钻机配有泥浆循环系统。该系统包括泥浆池、泥浆泵、控制管汇、泥浆管线、泥浆振动筛、除泥器、除气器以及泥浆调节和配制设备等。

4. 动力系统

石油钻机的动力一般有机械驱动和电驱动两种，海上钻机的驱动形式多采用电驱动，即以柴油机为动力，带交流发电机，通过可控硅整流，以直流电动机驱动绞车、转盘和泥浆泵。

5. 防喷器系统

钻井时，为了防止起下钻或钻到高压油、气、水层时发生井喷，必须在井口装防喷设备。防喷器系统是在发生井喷时，能迅速把井封住的重要井口安全设备。防喷器系统主要包括防喷器组，压井、节流管汇，以及防喷器控制系统3个部分。

6. 控制系统

为了指挥各系统协调地工作,在整套钻机中还装备各种控制设备,如机械、气动、液压或电控制装置,以及集中控制台和观测记录仪表等。另外,还有钻机辅助系统(供气、供油、供水系统)、钻井仪表、钻井工具及钻井机械化设备等。对半潜式钻井平台和钻井船所用的钻机系统,除上述系统外还需再加升沉补偿装置,用于调整浮式钻井装置因波浪引起的位置偏离,保证钻井作业的正常进行。

四、海洋钻机与陆地钻机的区别

由于钻井环境条件的不同,海洋钻机与陆地钻机有一些区别,主要表现在下述几个方面。

1. 驱动形式不同

陆地钻机基本上采用柴油机联合机械驱动;而海洋钻机基本上采用 SCR 电驱动,即采用柴油机—交流发电机+可控硅整流输出直流电—直流电动机驱动各工作机。

2. 井架及底座

海洋钻机大多采用塔式井架,井架不用绷绳固定,底面积宽。在半潜式钻井平台和浮式钻井船上,为了安装升沉补偿装置及防止游车大钩摆动,井架上装有导轨。为适应拖航过程中的摇摆(周期为 10s,单面摇摆不超过 20°),要求井架结构强度高;为适应作业海域大风条件,要求井架抗风载能力高。为满足钻丛式井的要求,底座具有 x、y 方向移动的装置。

3. 转盘开口直径不同

因为要装大直径的水下器具,所以海洋钻机转盘的开口直径比陆上钻机的大,转盘的开口直径大多数选用 ϕ1257mm(49½in),最小也不小于 ϕ953mm(37½in)。

4. 绞车功率大

海洋钻井绞车采用电驱动,可实现无级调速,绞车驱动功率较大,最大功率可达 2200kW,比陆上同级别钻机绞车的功率约高 1 倍。为了节省空间,减少设备质量,绞车与转盘实现联合驱动。

5. 机组由司钻集中控制

由于海上作业人员精干,对钻机的自动监控和集中控制程度要求高。海上钻机的主工作机组采用分组或单独驱动。为了操作方便,由司钻集中控制。司钻控制台上除装有一般的控制手柄外,还装有指示、记录、报警等各种仪表。

6. 泥浆泵

海洋钻井平台上的泥浆泵一般采用三缸单作用泵,单泵功率为 950~1180kW。以前我国钻井平台大多选用 10-P-130 型三缸单作用泥浆泵,而现在大多选用两三台 12-P-160 型或 F-160 泥浆泵。

7. 采用五级泥浆净化设备

海上钻井作业的泥浆成本和弃置成本都很高,泥浆经净化处理循环使用可节省大量成本。海上钻井作业采用成套的泥浆净化设备,以便减少泥浆中的固相颗粒,保持泥浆稳定的性能,配有振动筛、除气器、除砂器、除泥器、离心机等泥浆净化设备。

8. 井口机械化设备

为了提高起下钻速度,减轻钻井工人的体力劳动,各类海上钻井平台上都安装有井口机械化设备，并且在浮式钻井船及半潜式钻井平台上装有自动化钻杆排放装置。目前钻井平台（船）上装设的钻杆排放装置主要有两类：

（1）立式钻杆排放装置。钻杆立根排放在钻台上的立根盒内，立着靠在井架内。

立式钻杆排放装置的优点：①可将起（下）空吊卡与上（卸）扣两项作业重叠进行，从而进一步加快了起下钻速度；②因为立根是立着排放的，故占甲板面积小。

立式钻杆排放装置的缺点：①井架承载过重，在有大风浪时，井架不仅承受很大风载，而且还有海浪引起的动载荷，再加上平台（船）的摇摆，钻杆靠在井架上，易发生事故；②由于仍有二层平台操作，故钻工不安全。

（2）卧式钻杆排放装置。钻杆立根水平卧放在钻台外侧的排放架上。当下钻操作时，再运送立根至钻台前，进行吊升。

卧式钻杆排放装置的优点：①设备重心低，有利于浮式平台（船）的稳定性；②因卧放，故井架承载情况大大改善；③适应性强，可用于起下钻、接单根和下套管等多种作业，并可适用于多种钻机；④不需二层平台操作，工作安全。

卧式钻杆排放装置的缺点：①占用甲板面积大；②甩立根时有弯曲变形。

远海使用的浮式钻井平台（船），一般选用卧式，例如中国自行设计与建造的“勘探一号”浮式钻井船采用的就是卧式钻杆排放装置。在中国南海海域，最大风速可达 50m/s，因此，建议也采用卧式。对于钻井平台（船），当其井架的承载能力能够满足要求时，可采用立式钻杆排放装置，例如美国的“发现二号”浮式钻井船就是采用立式，因其井架是专门设计的，故能在最大风速 16.5m/s、最大波高 7.8m、最大升沉 2.1m 条件下工作。

9. 高性能防喷器

钻井可能发生井涌（井喷），一旦发生井喷，必须迅速启动装在井口的防喷装置把井封住。常用的防喷器组主要由万能球型防喷器、单闸板防喷器、双闸板防喷器及钻井四通等组成。根据工作水深和钻深，选用不同通径和封井压力的井控系统、导流器及控制系统。如对于自升式平台，则选用通径为 φ346mm，封井压力选用 103.42MPa（海底至目的层深度大于等于 4000~5000m）或 137.89MPa（海底至目的层深度大于等于 5000m 或特殊高压油气层）；对于浮式钻井平台（半潜式平台或钻井船），则选用井控系统的通径为 φ476.3mm（工作水深一般在 600m 以内）或 φ425.5mm（工作水深大于 600m），选用封井压力为 68.95MPa、103.42MPa 或 137.89MPa（视工作水深、海底至目的层深度和是否为特殊高压的油气层而定）。为了适应欠平衡钻井的需要，井口防喷器组合要配置高压旋转防喷器，即随钻压力控制系统（pressure control while drilling，PCWD）。Shaffer 公司的产品主要技术性能为：

最大封井压力：静态时为 34.5MPa；动态（旋转）时为 21MPa；封零时为 17.5MPa。最高转速：200r/min。球形胶芯寿命：过钻杆 25900m。

10. 升沉补偿等装置

海上钻机比陆地钻机多了隔水管系统、张紧系统、升沉补偿等装置。隔水管系统也称水下器具，它是海上钻井装置不可缺少的，它的完善与否直接关系到深海钻井的成败。隔水管系统的功用主要是提供从海底井口到海上钻井装置的泥浆循环和起下钻具的通道，通常隔水管系统的部件有活节联接器、球节、伸缩节、张力器、分流器、运动补偿器、水下防喷设备、水下井口设备、挠性隔水管和防喷器连接器等。

钻井装置的隔水管系统必须依靠作用于隔水管系统顶部的轴向张力或向上的浮力来支

撑。在海上钻井作业中，张紧系统控制着隔水管系统的应力大小，并影响着隔水管系统的弯曲度。合理设计的张紧器运动行程必须超过钻井装置的升沉，还要考虑到潮汐作用，连接件的调整和钻井装置吃水深度的变化。张紧器一般由活塞缸、钢绳和控制装置组成。在海上钻井装置进行钻井作业时，为了减弱波浪引起的钻井装置上下起伏，必须设置升沉补偿器。升沉补偿器可使钻压基本保持均衡，提高机械钻速，延长钻头寿命。常用的升沉补偿器有游动滑车型和天车型两种。

11. 辅助系统的配备

海洋钻井需要额外配备：固井/灰罐系统、钻井水系统、钻井污水处理及排放系统等。钻井平台要有固井能力，配备的设备有：水泥、灰罐、下灰器、漏斗、混合器、泥浆罐、灌注泵、水泥泵。固井系统的排出管路是钻井平台各系统中工作压力最高的，因此，管系在制造安装时对质量要求最高，接头焊缝要100%探伤检验和压力试验。海上钻井的排污受到海洋钻井环境的限制，需要专门的分离、输送、储存装置。可直接排放的物体有专门的通道和位置进行排放。

第三节　海底钻井基盘

一、海底钻井基盘的概念

在确定海上油气田投入开发后，为了尽可能缩短油气田开发建设周期，在生产平台导管架平台上的生产及生活设施进行设计和建造的同时，先在井位上安装好海底钻井基盘，通过基盘上的井槽预钻部分或全部的开发井，完钻后临时弃井，撤离钻井船，待导管架和设备建造完成并经海上安装调试后，再从基盘上的海底井口回接各层套管到生产平台上。因此，海底钻井基盘的作用是导引钻井工具，承接并校准海底井口装置(有的还能够承接海底管汇装置)，按基盘上设计的井槽数进行预钻开发井。

二、海底钻井基盘的结构、规格及特点

海底钻井基盘的结构及规格主要根据油田设计需钻的开发井井数、作业区的水深和海况等因素来确定。基盘可分为定距式、整体式、组装式和悬挂式组合4种。

1. 定距式基盘

定距式基盘是用于与平台回接中最简单的一种基盘，图3-3-1所示是一种4口井的定距式基盘。基盘构架用管材焊接而成，其主要构件有井口套、桩管套及相应附件。基盘上每口井的井槽顶部有一个漏斗结构，其中可坐放一个可回收的导引构件，此种基盘安装有两个导引桩管套。

定距式基盘通常用于井数不大于6口井的情况，一般应用在勘探钻井期。定距式基盘设计成可接收半径为1.83m(6ft)的标准导向绳钻井设备和BOP装置，它不需要平台起重机，可直接通过月池或敞开的蜘蛛梁。由于基盘上安装有万向井孔套，因此，如果海底斜率大于3°时，此种基盘必须找平。

定距式基盘也可用于具有泥线悬挂设备的自升式平台。

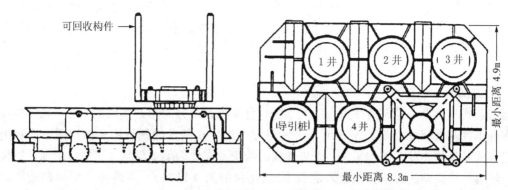

图 3-3-1　4 口井定距式底盘的侧视图和俯视图

2. 整体式基盘

整体式基盘的基本组件为：

（1）基盘构架，由不同规格的管材焊接而成。

（2）桩管找平孔套，桩管被导入内有卡瓦的孔套时则可使基盘找平。

（3）井孔套，它能与 762mm（30in）的海底井口装置配套。

（4）悬臂式桩管组件，用于导管架的定位和钻眼，导引桩管。

（5）可替换的导向杆。

一般海底钻井基盘都设计为若干平行井排，每一井排上布置若干个井孔，这些井孔均按一定的井距紧凑地布置在基盘构架中，井孔套与桩管套上端设计成喇叭口型，用以导引钻井工具。如果在海底有保留的井口，则该井孔套的下端设计成喇叭口型，以便将海底钻井基盘套入原来保留在海底的井口并坐放到海底。图 3-3-2 所示即为具有 4 行井排、每排设计有 6 口井的整体式基盘。

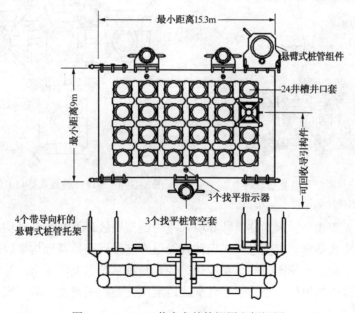

图 3-3-2　24 口井底盘的俯视图和侧视图

　　整体式基盘上的井孔数取决于开发井井数，加上一些不可预见的井数(比如可能出现的开发补充井或钻井作业引起的措施井)。较常用的基盘井数有 9、12、15、18、20、24 等。

　　整体式基盘主要用于油藏特性和开发井网的井数已知情况下的作业，特别适用于钻井数较多的区域。

　　3. 组装式基盘

　　组装式基盘是一种灵活性很大的基盘，这种基盘系统分为初始基础构架和可联锁的悬挂式多井组件两大部分。图 3-3-3 所示为两口井的组装式基盘的侧视图和俯视图。这种类型的组装式基盘的初始基础构架是一个单井式的构架，在此构架上仅悬挂了一口附加井组件。

　　还有一种类型的初始基础构架是多井式的(目前为 3 口井)，这两种类型的初始基础构架都具有向外悬挂的联接点，所联接的悬挂式多井组件都设计好了附加井眼的标准井距。

　　组装式基盘既可用于勘探井又可用于开发井。在钻井数未定时通常选用这种基盘。在产油可能性较高的构造打探井时，可用初始基础构架代替永久导向基座。如探井为干井，可回收基础构架；如为发现井，则可由初始基础构架向外悬臂组装式油井组件进行追加钻井。而增设的悬挂式油井组件还可再向外悬挂油井组件，最后形成一个以发现井为中心的、含有若干开发井的组装式基盘系统。图 3-3-4 所示是单井式构架 5 口井的组装式基盘的俯视图。

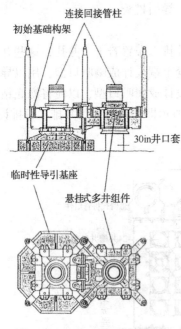

图 3-3-3　两口井组装基盘的
侧视图和俯视图

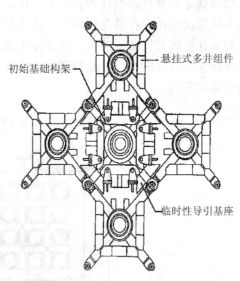

图 3-3-4　5 口井组装式基盘的俯视图

　　组装式基盘无须找平，因为临时性导引基座的锥型坐放环及初始基础构架的万向基座都有助于找平。组装式基盘可以把悬臂式出油管线组件连接到初始基础构架以外，用水下采油树进行采油，以缩短油井投产时间。在应用组装式基盘系统钻完所要求的井数后，可以向外悬挂采油平台定位桩的组件，把采油平台准确地定位安装到基盘上，对海底井口进行回接。

　　4. 悬挂式组合基盘

　　悬挂式组合基盘(hanger over subsea template, HOST)是 20 世纪 90 年代中叶研制开发出

来的新产品。1996 年年初在挪威北海某油田使用了第一套 3 口井的 HOST 基盘系统。目前在南海某深水油田正在使用第二套 5 口井的 HOST 基盘系统(图 3-3-5)。

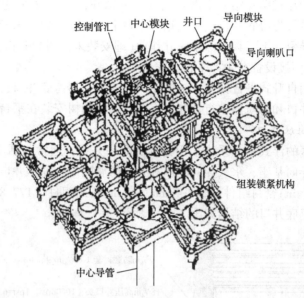

图 3-3-5　悬挂式组合底盘组装图

悬挂式组合基盘具有如下特点:

(1) 化整为零构思独特。

针对常规整体基盘在制造、运输、安装和生产过程中所表现出来的弊端,HOST 系统把整体式基盘分成中心模块和若干个井口导向模块(HOGS),导向模块的数量视油田规模而定,实现化整为零的构思。

(2) 体积较小有利运输。

由于 HOST 把基盘分成若干个小模块,并且是专门为常规的半潜式钻井平台 5.5m×6.0m 月池而设计的,因而可用船舶送到平台月池下方,再用钻机吊到月池上一起拖航到目的地再下放到井位,用于南海某油田的 HOST 系统中模块尺寸为 4.5m×5.8m×2.0m。

(3) 结构简单操作方便。

中心模块固定后再分别把井口导向模块逐一组装到中心模块周围,根据作业程序再相继把钻井用的井口和完井用的采油树通过导向柱分别安装到导向模块上,所有安装作业都能用常规钻井平台来实施。

(4) 节省钢材降低操作费。

据有关资料,同等井数的 HOST 系统比常规整体式基盘节约钢材等硬件25%,节约安装操作费用40%。

(5) 设计灵活适应性广。

HOST 系统能满足不同规模油田、不同井口数量的需要,适应性广,尤其适应深水海域中小油田的开发。

三、海底井口

海上预钻开发井的海底井口一般分为两种,即浮式平台海底井口(称为水下井口,

subsea wellhead systems)和自升式平台海底井口(称为泥线悬挂器, mudline casing suspension systems)。

海水较深时，采用浮式钻井船或半潜式钻井平台钻井，井口设备(包括防喷器)安装在海底井口上，用隔水导管将海底井口连接到钻井平台上。在隔水导管未安装以前用永久导向基座的导引绳向井口导引井下工具。深水完井作业(即安装采油树)可在海底完成(一般为水下采油树)，或者利用回接设备在生产平台上完成。

海水较浅时则采用自升式平台钻井，一般使用泥线悬挂器海底井口，用隔水导管从井口连到平台上，用平台井口和防喷器进行钻井。完井时将采油树安装在平台井口上。

1. 浮式钻井系统海底井口

目前我国深水地区的浮式钻井系统采用标准的海底井口，通常包括762mm（30in）导管头、高压井口头临时导向基座、永久导向基座和井口防腐帽等。高压井口头包括各种套管悬挂器和339.73mm（$13\frac{3}{8}$in）密封组件、244.48mm（$9\frac{5}{8}$in）密封组件、177.8mm（7in）密封组件及防腐补心等配件。海底井口的结构如图3-3-6所示。

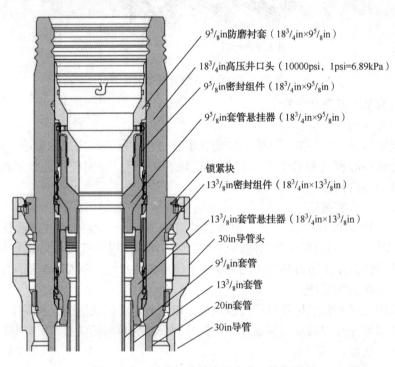

图3-3-6　浮式钻井系统海底井口结构图

476.3mm（$18\frac{3}{4}$in）高压井口头通径为476.3mm（$18\frac{3}{4}$in），工作压力有标准的68.9MPa和103.4MPa等。高压井口头坐入762mm（30in）导管头内，由锁紧块锁紧。各层套管挂悬挂器，其下端与相应的套管连接，上部内螺纹则连接下入工具，固水泥后用密封组件将套管环空封隔。钻井时高压井口头与海底防喷器下部的液压连接器相接，临时弃井时卸掉防喷器，接上井口防腐帽，挤入防腐液保护好井口。

浮式平台预钻开发井时一般都使用可回收的永久导向基座或一种特别的导向装置来导引海底防喷器等设备。可回收永久导向基座与762mm（30in）导管头连接后随762mm（30in）导管一起下入并坐于海底钻井基盘的井口套内。
可回收永久导向基座的结构如图 3-3-7 所示。
可用水下机械手（remotely operated vehicle,
ROV）将其打开，回收后则用于下一口井的
钻井。

2. 自升式平台海底井口

使用自升式钻井平台钻开发井时，为了
悬挂各层套管及回接生产管柱，在海底安装
一套泥线悬挂系统，作为自升式平台的海底
井口。各层套管的质量均悬挂于泥线悬挂系
统上。泥线悬挂系统的下端与相应的套管相
接，上部则有下入工具螺纹和回接工具螺纹，
最高工作压力为 103.4MPa。

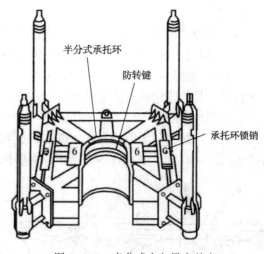

半分式承托环

防转键

承托环锁销

图 3-3-7 半分式永久导向基座

第四节 浮式钻井特殊装备

一、浮式钻井装置的钻井作业特点

处于漂浮状态的钻井装置，在风浪作用下，船体将产生升沉、摇摆、漂移 3 种运动，它
们对钻井作业会有不同程度的影响。

1. 升沉

在钻井时，船体的升沉会带动井下钻具也上下运动，因而钻头对井底的压力不能控制，
这不但影响钻进效率，而且钻具周期性地撞击井底会使钻杆不断弯曲，导致疲劳断裂。

浮式钻井装置开始钻井时，不在海底装插固定的隔水导管，因为水深，长隔水导管容易
弯曲，且船体运动易使固定隔水导管与船井口碰撞。为了使井筒和海水隔开，且使钻具重返
原井孔，同时又能使运动的船体和船井保持相对的位置，因而需要有独特的设备使钻具通向
井底，称为水下通道器具或通道立管（简称水下器具）。

2. 摇摆

船体的摇摆会使钻杆弯曲，同时，井架内的游动滑车，井场的钻杆、套管、井口返出的
泥浆等不断摇晃，都影响正常钻进。当摇摆的角度稍大时，转盘的方补心有从补心孔脱出的
危险。浮式钻井装置的摇摆影响钻井作业的正常进行，有时虽对钻井作业影响不大，但人体
却难以忍受。浮式钻井装置中，半潜式平台稳定性好，钻井船稳定性差些。

为了减少船体的摇摆，常用的减摇措施有：装设减摇舱，即在船体设水舱，利用水舱内
液体流动的反力矩来减轻船体的摇摆；装设减摇罐，通过改变罐内液面高度来调整船体的稳
心高度，这样就改变了摇摆的自然周期，从而减少船体对风浪的反应；装设抗摇器，抗摇器
是与船体无关的独立系统，由支船架、浮筒、连接件、抗摇筒组成（图 3-4-1），借助抗摇
筒对海水的反力矩来抵抗波浪运动对船体产生的不稳定力矩，从而减少船体的摇摆。现代的
钻井船逐渐向大型化发展，加大船宽，也有减摇的效果。

3. 漂移

船体的漂移也使钻具弯曲,特别是在起下钻具时,不能重新进入原井孔。

浮式钻井装置的漂移用各种定位系统来限制。为了控制住井口和水下通道器具,要求浮式钻井装置的漂移不超过水深的3%~6%。如能把漂移量限制在水深的3%,钻井效率就能大大提高。目前采用的方法主要有两个。

1) 锚泊定位

锚泊定位是一种常用的方法。锚泊定位系统主要由锚机、锚链(或锚缆)、导链轮、锚等组成(图3-4-2)。在水深300余米、中等风浪的海区能满足定位要求。

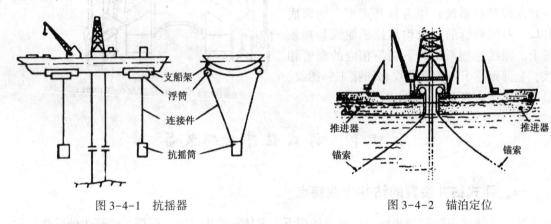

图 3-4-1　抗摇器　　　　　　　　　　　图 3-4-2　锚泊定位

2) 动力定位

为了在深水区钻井,浮式钻井装置需要采用动力定位。动力定位是不使用锚和锚索而直接用推进器来自动控制船位的方法。动力定位由3个主要系统构成:传感系统、控制系统和推进系统(图3-4-3)。

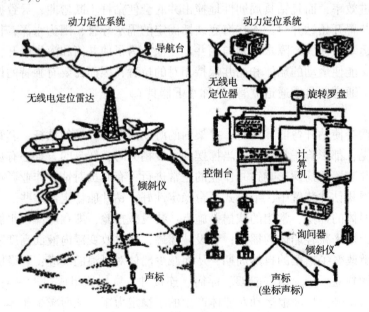

图 3-4-3　动力定位系统组成

（1）传感系统是测定船体相对海底井口位置变化的系统。目前大多采用声波传感系统，也叫声呐系统，即在海底一定位置放几个水听器或应答器，从船上的声波信号发生器向海底发出声波脉冲，海底的水听器或应答器收到声波脉冲后又以电信号发回，由船上的电台或水听器接收。因为声波传到海底水听器或应答器的时间和船体发出声波脉冲点与海底水听器或应答器的垂直距离成正比，所以根据各点发回信号的时间可以测出船体与各点所成的角度，从而算出船体位置的变化。另一种方法是在海底井口处设置固定的声呐信标（声波信号发生器），在船上安装询问器和 3～4 个接收水听器。海底信标被询问器激活后，每 2μs 发射 25kHz 的脉冲，这种脉冲由船上的水听器接收，脉冲的到达时差与水听器和信标间的距离成比例，这样就能精确地测定船位。也有的浮式钻井装置采用紧索测斜仪，它是在船体底部和海底某一固定重物间拉紧一绳索，当船体位置变化时，绳索的角度也改变，这个改变量通过电路传输给控制系统。

（2）控制系统的主要部件是电子计算机。它不间断地完成以下各项动作：触发声波脉冲；根据声呐测量或紧索测量的数据计算船位；算出要保持预定船位所需要的各方向推力；向每个推进器发出相应的指令，同时在控制台的荧光屏上显示出船位。根据需要还可执行其他动作。

（3）推进系统除了装有固定的纵向推进器和艏艉两侧的横向推进器外，还可有各种能改变方向或位置的推进器，它们的推力由改变转数或改变推进器本身的参数来实现。目前在浮式钻井装置上已经使用可变螺距推进器。

动力定位的优点是调整时间短，工作水深大，缺点是设备成本高，消耗燃料多。其最大工作水深取决于声波发生器的功率、噪音干扰等。目前，采用动力定位的钻井船工作水深已达到 2.5km。

为了防止游动滑车在井架内摇晃，在井架内从上到下竖立两根游车导轨，这样，游车两旁有滚轮限制，使其只能上下移动，而不能左右摆动。

为了安全可靠地排放钻杆，多采用自动化的钻杆排放装置，有在钻杆堆场的卧式钻杆排放装置，也有在井架内的立式钻杆排放装置。浮式钻井装置的泥浆净化系统多采用密闭式的强制净化系统。从井口返回的泥浆是通过离心式除泥器、除沙器、除气器来净化的。

二、浮式钻井装置的水下器具

浮式钻井装置到达工作海区用锚系或动力定位后，先要在井位往海底下水下器具。水下器具的主要作用是：隔开海水，形成泥浆循环，提供钻具下入和提出的通道；封闭井口、控制井喷、放喷和压井；补偿由于风、波、潮、流所引起的浮式钻井装置的漂移、升沉和摇摆；承托海底各类套管并保持密封；保持浮式钻井装置在升沉状态中各种水下张紧绳的恒定张力；便于下入和起出钻井工艺所要求的各种井下器具；紧急情况下，使浮式钻井装置迅速脱离与井口之间的连接，撤离到安全地方，需要时还可以帮助平台（船）寻找井口，重返井位；连接和脱开井口，给下一步采油作业打下基础。水下器具是浮式钻井装置在海上正常钻井作业和保证平台本身安全的必不可少的设备。虽然水下器具根据各个浮式钻井装置的设计要求不同而略有不同，但主要设备基本相同。水下器具主要包括海底井口装置、防喷器组、隔水管组、控制系统和辅助设备五大部分。图 3-4-4 是"南海二号"钻井平台水下器具组成方框图，图 3-4-5 是水下井口装置示意图。

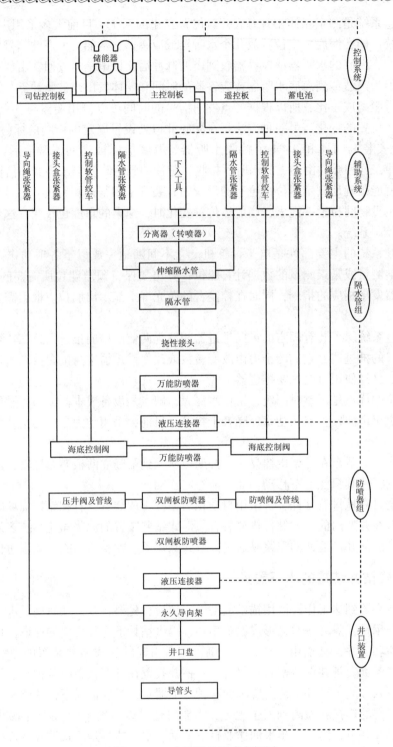

图 3-4-4 水下器具组成方框图

1. 海底井口装置

海底井口装置的作用是固定海底井位、悬挂套管、导引钻具及其他水下设备,主要包括井口盘、永久导向架、套管头组、专用连接器等。

井口盘通常是由 3m 见方或直径 3m 左右、高约 1m 的钢板和钢筋焊接而成。中心有直径约 1m 的通孔，孔内有钩销槽，盘上有两根临时导向绳连在船井上。井口盘的作用是确定井位，牵引临时导向绳并支撑永久导向架。导向架坐落于井口盘上，作为海底井口永久性的导向装置，它是由钢板焊成的四边形的架子，四角有 4 根高约 9m 的立柱，柱顶各有一根导向绳和船井口的张紧器相连接。导向架的侧面有电视架，通过电视导向绳可使水下电视监视器就位。

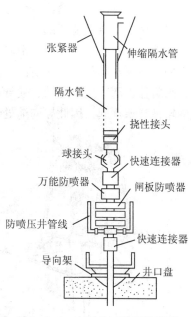

图 3-4-5　水下井口装置示意图

2. 防喷器组

防喷器组的作用是封闭井口、防止井喷，以及在紧急情况下切断钻杆，还可以放喷和压井。它由 3~5 个防喷器串联组成，还有放喷阀、压井阀及其管汇、专用液压连接器、海底电液控制阀及其控制软管插接器（接头盒）、框架以及安全阀、卡箍、接头等。各种防喷器可适应井眼内不同钻具的情况，以保证任何时候都能有效地使用。

3. 隔水管组

隔水管组的作用是隔离海水，引入钻具，导出泥浆，适应浮式钻井装置升沉和摇摆。其主要包括分流器（转喷器）、伸缩隔水管、浮性隔水管、挠性接头、液压连接器等。

伸缩隔水管用于隔水管与钻井平台之间的连接。它的内管与钻井平台连接，并随之运动，外管与隔水管柱连接，靠内、外管的滑动来补偿钻井平台的升沉运动。分流器安装在隔水管顶部，它的作用是分流对井眼具有少量回压的油流，让油流向钻井装置的两侧。这是在钻井初期遇到井喷时，封住钻具、保护井口的一种措施。

浮式隔水管是外层为浮室或浮性物质的隔水管。

挠性接头的作用是在防喷器组和隔水管组之间提供一定的转角（通常为 10°），以保证井口和防喷器组的稳定性，适应浮式钻井装置的漂移和摇摆。挠性接头有球形接头、万向接头等。

液压连接器用于隔水管组与防喷器组连接和防喷器组与井口装置的连接。

连接器不仅承压能力强，密封性能好，而且连接和脱离动作灵活、可靠，操作方便。常用的液压连接器主要有心轴式和爪形两种。

4. 控制系统

控制系统的作用是控制水下设备各部分的动作，如防喷器的开启，压井阀、防喷阀的开启，以及连接器的连接和脱离等。其主要组成包括主控制板、司钻控制板、遥控板、液压动力装置、储能器组、高压控制软管管汇、绞车、蓄电池及其充电装置等。

5. 辅助设备

辅助设备主要有导向绳张紧器、接头盒张紧器、隔水管张紧器，以及这些张紧器的储能器、气动绞车和专用空压机组等，此外，还有水下设备的各种下入工具和起吊工具等。

导向绳从海底经船井口的导向轮、张紧器的滑轮，缠在绞车上，图 3-4-6 所示为导向绳张紧器的布置图。张紧器的作用是使导向绳保持拉直状态。目前,隔水管及导向绳张紧系统普遍采用的是带储能器的气压—液压缸式张紧器,其组成和工作原理如图 3-4-7 所示。张紧器由缸套、活塞、拉杆、滑轮等组成。缸套下腔通气—液储能器,储能器中的油液在高压气的作用下对活塞产生一定的推力,使滑轮上顶拉紧导向绳。当浮式钻井装置作升沉运动时,张紧器也随着上下运动,使导向绳的拉力发生变化,拉力大时滑轮压活塞下行,拉力小时滑轮被活塞顶起,因此导向绳处于恒定的拉紧状态。

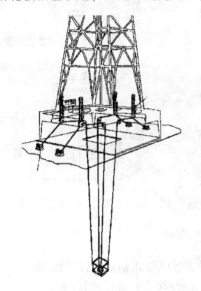

图 3-4-6　导向绳张紧器的布置图

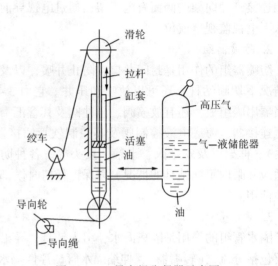

图 3-4-7　导向绳张紧器示意图

第五节　浮式钻井装置的升沉补偿装置

浮式钻井平台(船)作业时在海上处于漂浮状态,在风浪等海洋环境的作用下产生升沉、摇摆、漂移等运动。其与周围海水组成了多个自由度的流体力学体系。它在波浪下所产生的运动,简化后可以当作具有进退、横移、升沉、横摇、纵摇、平摇 6 个自由度的刚体来考虑(图 3-5-1)。这 6 种运动中,平摇对浮式船钻井作业的影响很小,可以不予考虑;纵摇和横摇通常统称为摇摆,它涉及浮式钻井平台的摇摆性,主要由配套减摇舱或防摇摆装置来解决;横移和进退属于水平移动,影响平台的定位,主要由平台配套的动力定位或锚泊定位系统进行解决;升沉属于上下运动,当在浮式平台上吊起重物、进行石油钻井或张紧固定于海底的物体(如钻井或采油隔水管等)时,由于船体的升沉运动,将引起井架及大钩悬挂着的整个钻杆也作周期性的上下运动,使大钩上的拉力增加或减小,并影响井底的钻压变化。这种周期性的升沉运动会使钻柱产生往复运动,引起井底钻压变化,甚至会使钻头脱离井底,影响钻进效率,降低钻头和钻杆的使用寿命,造成操作安全隐患,在恶劣气候条件下甚至会导致无法钻进和停工。为了减少停工期,降低钻井成

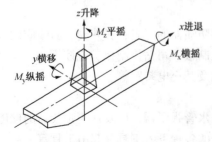

图 3-5-1　浮式钻井平台船体运动示意

本，必须对浮式钻井平台钻柱升沉运动采取适当的补偿措施。

海洋浮式钻井平台升沉补偿系统通常主要包括钻杆柱补偿和隔水管系统补偿两个方面。钻杆柱补偿根据安装位置和结构又可分为伸缩钻杆升沉补偿、游车大钩升沉补偿、天车升沉补偿、快绳(死绳)升沉补偿和绞车升沉补偿等几种形式。

一、伸缩钻杆

在钻进过程中，为了防止因船体升沉影响钻进效率，需要有消除钻具随船体升沉的设备。较简单的办法是用能伸缩的钻杆，将其安装在钻杆柱之间，对船体起落的距离进行补偿。伸缩钻杆是互相套着的钢管，内、外筒可伸缩滑动，两筒口端有密封圈。因为内、外筒间只能沿键槽作轴向滑动，所以能传递转矩。伸缩钻杆单根长度为 10m，伸缩行程约 2m，实际使用时往往要数个伸缩钻杆串联使用(图 3-5-2)。

伸缩钻杆的优点：

伸缩钻杆能传递转矩和承受高压，并可以由内、外筒间的伸缩补偿船体升沉而保持钻头不上下撞击井底，且结构简单，使用方便。

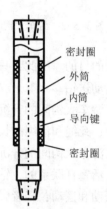

图 3-5-2　伸缩钻杆

伸缩钻杆的缺点：

(1) 钻压不能调节。增加伸缩钻杆后，钻压大小取决于伸缩钻杆以下的钻铤部分质量，因而不能随岩层的变化调节钻压。

(2) 承载条件恶劣。伸缩钻杆既承受泥浆的高压，传递钻柱的扭矩，又承受因内外管周期性轴向运动所引起的交变载荷，承载条件十分恶劣。

(3) 当不压井钻井时关防喷器后，由于伸缩钻杆以上的钻柱随船体升沉做周期性上下运动，会使防喷器的芯子反复摩擦，对作业不利。

(4) 使用伸缩钻杆不能随时知道准确的井深，取岩心有困难。

由于这种升沉补偿方法存在诸多不足，近年来已逐步被新型升沉补偿机构所代替。

二、游车大钩间的升沉补偿装置

游车大钩升沉补偿是在游车与大钩间装设的一种升沉补偿装置。此类型的升沉补偿自 1973 年研制成功后，已多次应用于实际工程。游车大钩升沉补偿主要由液缸、活塞、储能器、控制阀、液压站、PLC 控制系统、检测装置、锁紧装置等部分组成，主要组成如图 3-5-3 所示。

两个液缸上框架与游车相连，船体升沉时游车和液缸也随着上下运动。液缸中的活塞杆与固定在大钩上的下框架连接，当大钩上的载荷变化时，活塞在缸内上下移动，而大钩载荷由液缸下腔内的液体支撑。两个储能器通过软管各与一个液缸下腔相连。储能器上部为气体，下部为液体，气、液间有一活塞。储能器上部与储气罐相通，调节储气罐压力即可改变液缸内的液体压力。游车下的上框架和大钩上的下框架还可锁紧成一体，使大钩和游车一同起下。在起下钻时不使用升沉补偿装置。其工作原理是：当船体上升时，游车框架带缸体也随船上升，这时液缸内液体压力并没有变化，对活塞的上推力也没变化，因此大钩不可能提

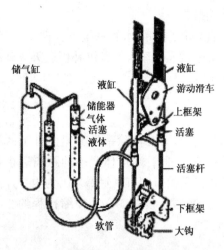

图 3-5-3　游车大钩间的升沉补偿装置

着钻具跟随平台一起上升，只能停留在原来位置，也就是说，大钩在空间的位置不受平台上升的影响。不过这时液缸下腔的体积变小，其中的液体就被压向储能器，使储能器中气体体积压缩。当船体下降时情况正好相反，游车框架带缸体随船体下降，储能器中气体膨胀，油又被压回到液缸。正常钻进时，一般使钻杆柱的悬重略大于液缸中活塞下面的液体压力，活塞杆稍伸出液缸外一段。钻井船升沉上下运动时，只要保持液缸内液体压力不变，液缸会伸长或缩短，就可以保证大钩位置基本不变，保证井底钻压稳定，达到升沉补偿的目的。在实际钻井中，可通过调节储能器中气体压力来改变液缸中的液体压力，达到调节钻头钻压的目的。因此，只要控制好行程(常常把活塞杆放到全长的中间位置)压力，还可以实现自动送钻。

游车大钩间的升沉补偿装置优点：克服了天车恒张力补偿的缺点，无需特制井架，结构简单；死绳和活绳的长度不再随着平台升沉而变化，因而在死绳固定端不再需要气液弹簧。

游车大钩间的升沉补偿装置缺点：在钻进过程中，由于上下框架之间是靠液缸缸体与活塞、活塞杆联系的，钻柱在破碎岩石时会产生剧烈的上下振动和横向摆动，引起活塞在液缸内振动和摆动，轻者影响活塞的密封，重者会使活塞在液缸内卡死。

三、软联系大钩恒张力补偿

软联系大钩恒张力补偿装置，是在硬联系大钩恒张力补偿的基础上改进而成的。上、下框架之间靠链条联系，钻柱的振动和摆动均被链条吸收，不会传到活塞和补偿液缸上，因而称为软联系。在起下钻过程中不需要升沉补偿时，可将上、下框架通过锁紧机构锁紧为一体。当平台向上升时，带动井架、大绳、天车、游车、上框架以及补偿液缸缸体一起向上升，则补偿液缸中的液压增大，液压油将向储能器中流动，保持液压不变，活塞不动。于是，与活塞相连的链轮、链条、大钩及大钩下的整个钻柱都将保持不动，不随平台的上升而上升。当平台向下降时，带动井架、大绳、天车、游车、上框架以及补偿液缸缸体一起向下降，则补偿液缸中的液压减小。此时储能器中液压油将向补偿液缸中流动，保持液压不变，活塞不动。于是，与活塞相连的链轮、链条、大钩及大钩以下的整个钻柱都将保持不动，不随平台的下降而下降。

软联系升沉补偿是目前最常用的补偿方法，其优点包括：

(1) 对活塞同步要求低，消除了硬联系补偿装置中两活塞不同步带来的问题。

(2) 避免了硬联系补偿装置中水龙头、大钩的摆动和转动对液缸工作的影响。

(3) 链条有调节余地，避免了硬联系补偿装置中固定件之间的严格公差要求。

(4) 避免了硬联系补偿装置中刚性连接传给液缸的侧向载荷。

四、天车上的升沉补偿装置

此装置的特点是具有可移动式的浮动天车，结构组成如图3-5-4所示。天车装在一个能浮动的框架内，有垂直轨道，天车可通过滚轮在轨道内上下移动。天车上绕的钢丝绳一端通过辅助滑轮缠到绞车滚筒上，另一端通过另一辅滑轮固定到井架底座上。两个辅滑轮轴与天车滑轮轴有连杆连接，一同上下，所以钢丝绳与轮间无相对运动，可提高钢丝绳使用寿命。天车由4个斜放的主气缸支撑，主气缸的气体由储能器供给。储能器也装在井架上，储能器的气体由甲板上的压气机供给。主气缸可以看作支撑天车的4个大型气动弹簧。两个直立的液缸虽与天车直接接触，但不起主要支撑作用，只作为液力缓冲用的安全液缸，也用来克服大钩上载荷的惯性影响，使天车在液力推动下做很小的位移。液缸由甲板上的油泵供油。储能器压力的调节阀和液缸压力调节阀都装在甲板上，便于调节。天车升沉补偿装置的工作原理是：当船体上升时，天车相对于井架沿轨道向下运动，压缩主气缸气体；船体下沉时，主气缸气体膨胀，推天车向上运动；起下钻时，有锁紧装置将天车锁住，不随起下钻而上下运动；正常钻进时，通过气动调节阀，控制储能器内气体压力，以保持井底钻压或调节钻压。天车的位置有行程指示器，当天车位于最低点时，可放松滚筒的钢丝绳使游车下放，继续钻进；当大钩载荷突变时，液缸就支撑天车，使其缓慢移动，以保证安全。在主气缸失效时，可由液缸支撑天车；正常状况下，可通过控制阀停止液缸的工作。应用这种天车上的升沉补偿装置，船体甲板上只有压气机、油泵、调节控制阀组和不太长的管线。

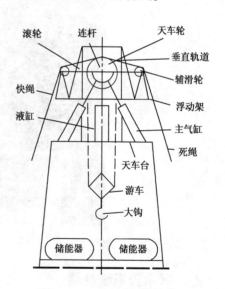

图3-5-4　天车升沉补偿装置

天车上的升沉补偿装置优点：占用钻井船甲板的面积及空间少；管线短，密封少，不需要高压柔性胶管；摩擦小，补偿精度高。

天车上的升沉补偿装置缺点：需要特制尺寸大、强度高的井架和结构复杂的天车。由于设备大，钻井装置的重心稍有升高，增加了结构高处的风载，导致钻井装置的风倾力矩增大；另外，升沉补偿装置在天车上，维修保养不方便，故目前应用的也不多。

五、死绳或快绳恒张力升沉补偿装置

死绳是天车和游车上所穿的钢丝绳固定在井架底座的一段，快绳是绕在绞车滚筒的一段。这种恒张力升沉补偿装置的特点是通过调节这两段钢丝绳的直线长度来补偿在波浪作用下游车与大钩随船体升沉的位移，从而保持和调节井底钻压。该装置是将死绳或快绳先通过一套恒张力滑轮系统固定到井架底座或缠在滚筒上，恒张力滑轮系统与导向绳张紧器的原理一样，可以保持和调节钢丝绳上的拉力(图3-5-5)。在船体上升时，拉力上升，补偿装置就放松钢丝绳，使拉力恒定；船体下沉时，则相反。这样，就使井下钻具不随升沉而上下移动，保证正常作业。

图 3-5-5　死绳(快绳)
升沉补偿

调节储能器内的压力，推动活塞产生位移，带动滑轮运动，以此调节钢丝绳的拉力，进而可随时调节钻压。这种补偿装置有一套电动自控系统传递钢丝绳上拉力的变化和调节储能器内的压力，比较复杂，而且对钢丝绳的磨损也比较严重，故实际应用不多。

六、绞车升沉补偿

绞车升沉补偿实际上是通过钻井绞车的正反转来控制和实现钢丝绳的恒张力控制，实现升沉补偿功能，可以省去升沉运动补偿器，增大钻台面空间。对于电驱动的钻井绞车，在原有绞车的基础上，增加升沉检测系统和 PLC 控制系统，根据检测系统检测到的船体运动信号，通过 PLC 控制电动机正反转，收紧或放松钢丝绳，从而实现恒张力控制，达到补偿的目的。对于液压驱动的绞车，该类升沉补偿主要由绞车主体、液压站、冷却器、阀组、PLC 控制系统等组成(图 3-5-6)。当船舶升沉时，启动绞车升沉补偿功能，利用 PLC 控制液压泵流量以及油源方向，驱动绞车马达工作，收紧或放松钢丝绳，满足升沉补偿需要。钢丝绳张力由连续张力测试传感器测定，并输入 PLC 控制系统作为主动波浪补偿控制信号。由于钢丝绳的磨损比较严重，故当前用于实际平台的实例较少，应用范围不广。

图 3-5-6　绞车升沉补偿装置

七、隔水管系统补偿

隔水管系统补偿主要由隔水管伸缩装置和隔水管张紧器组成。伸缩装置克服波浪上下周期性的升沉补偿功能，以保持隔水管系统工作时的稳定性；张紧器对隔水管系统提供恒张力控制。伸缩装置和张紧器相互配合使用，达到船舶在海洋作业环境下对隔水管系统升沉补偿的目的。隔水管伸缩装置主要由可以相对滑移的内外筒、限制内外管相对移动的液压锁紧机构、防止钻井液漏出的密封机构、为张紧环和辅助管线提供安装连接的支撑机构及辅助机构等部件构成。隔水管伸缩装置在船上吊装、BOP 安装送入或取出时，内管需要处于缩回位置和锁紧状态；隔水管处于工作状态时，必须通过锁紧机构对内外筒解锁，伸缩装置内外管之间随海浪产生相对滑动，满足隔水管系统在海洋环境中的升沉补偿工作需要。

隔水管张紧器主要由主体、控制架、固定滑轮组、空气压力容器、主控制台、惯性控制系统、蓄能器液体补充系统等部件组成。张紧器的主要作用是在钻井过程中保持恒定的张力。通过司钻控制室远程启动、设置、监控和关闭控制阀块，可以很好地调整压力和张力。当平台上下运动时，张紧器张紧缸收缩或伸长。当液缸伸长时，压缩空气将通过控制阀块进入压缩气罐；当液缸收缩时，压缩空气将沿相反方向通过控制阀块。

目前，深水和超深水钻井依然采用钻井液循环系统，由隔水管伸缩装置和张紧器联合作用实现隔水管的升沉补偿功能，是安全性和可靠性的重要保障。

隔水管伸缩装置技术比较成熟，均采用内外筒相对伸缩结构。隔水管张紧器应用较多的主要有钢丝绳式和液缸式两种，一般情况下，隔水管张紧器根据其承载能力配套有 4 个、6 个、8 个等多个单元组成一个张紧系统，均布在隔水管伸缩装置四周。钢丝绳式通常安装在船体主夹板上，而液缸式通过液压缸安装连接在钻井平台面下方的钢结构梁上。钢丝绳式的最大特点是经济性好、造价低，其不足是钢丝绳、滑轮等容易产生磨损；液缸式价格虽然比较昂贵，但优点是不需要占用船体台面空间，具有张紧力大、张紧控制性好、结构简单等特性。隔水管伸缩装置和张紧器补偿行程≥19.8m，最大张紧力≥1113kN。

第六节　自升式钻井平台悬臂梁

自升式钻井平台按有无悬臂梁分为井口槽式平台和悬臂梁式平台。前者在平台主体的尾端开有槽口，钻台及井架位于井口槽的上面，钻台上的钻杆向下通过井口槽到达海底。悬臂梁式平台不在主体结构上开槽，而在甲板上设有两道相互平行的钢梁，钻台及井架安置在钢梁上，钢梁可在滑轨上移动并连同钻台及井架一起伸向平台尾端舷外，成为悬臂式结构。悬臂式钻井平台不仅可以钻勘探井，而且由于其悬臂（连同钻台及井架）可以伸到小型导管架式生产平台的上面，因此既可以钻生产井，也可进行修井作业。相比之下，井口槽式平台很难在导管架式生产平台的上面进行钻生产井、修井等作业。

自升式钻井平台在发展初期是没有悬臂梁的，钻井作业基本是在平台甲板所覆盖的范围内进行，钻台只能在甲板内做一定的移位（如"勘探二号"），其功能主要是完成勘探井作业或部分生产开发的预钻井作业。

悬臂梁平台的设计建造，大大提升了自升式钻井平台的作业功能，它能实现在导管架生产平台上实施钻完井作业、修井作业和钻调整井作业，大大减轻井口导管架平台的设计承载量，减少导管架平台的成本投入。

近几年，自升式钻井平台的设计理念已经从传统的纯勘探钻井发展到勘探和开发钻井并举。为此，新建和待建的自升式钻井平台几乎均设计成悬臂梁式钻井平台，在用的也逐渐被升级改造成悬臂梁式钻井平台。

自升式钻井平台的悬臂梁设计已取得不断的改进和发展，主要表现在悬臂梁的移动形式上。根据移动形式的不同，悬臂梁可分为常规悬臂梁（图 3-6-1）、X-Y 型悬臂梁（图 3-6-2）和旋转型悬臂梁（图 3-6-3）。

图 3-6-1 常规悬臂梁自升式钻井平台

图 3-6-2 X-Y 型悬臂梁自升式钻井平台

图 3-6-3 旋转型悬臂梁自升式钻井平台

一、传统型悬臂梁

传统型悬臂梁的悬臂梁部分与钻台底座部分是分开的，钻台的移动方式为：悬臂梁外伸开始打纵向丛式井，然后悬臂梁固定，钻台底座在悬臂梁上做左右的水平移动，打水平丛式井，即悬臂梁只是做纵向的移动。目前在国际上使用这种形式悬臂梁比较典型的是 Super M2 系列自升式钻井平台。目前应用的这种悬臂梁的外伸范围在 22.86m（75ft）以内。钻台面的水平横移范围在+/−4.27m（15ft）以内，23 个井位。

它是由两个纵向的"悬臂梁"和两个横向梁组成，垂直方向有一个 BOP 设备台（下层）和排管甲板。

在承载能力方面，在极限井位，这种悬臂梁的钻台质量和组合悬臂梁载荷几乎完全由一根梁承担（图 3-6-4）。

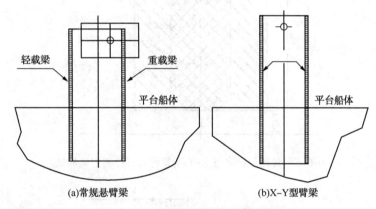

图 3-6-4　两种悬臂梁极限井位状态

常规悬臂梁的纵向移动是相对于平台船体的纵向伸缩，横向移动只是井口在悬臂梁上做相对于平台中心的左右移动；而 X−Y 型悬臂梁能实现纵横双向自由移动。常规悬臂梁与 X−Y 型悬臂梁在钻井覆盖区域、平台结构承载分布等多方面也都存在差异。

二、X−Y 型悬臂梁

X−Y 型悬臂梁把钻台和悬臂梁结构连接成为一个整体包，悬臂梁可以相对于船体纵向移动，也可以横向移动。目前，在国际上使用这种形式悬臂梁比较典型的是 CJ46、CJ70 系列自升式钻井平台。目前应用的这种悬臂梁的外伸范围在 24.38m（80ft）以内，水平横移范围在+/−10.67m（35ft）以内，56 个井位。

结构方面，X−Y 型悬臂梁是一个箱体结构，后端集成了钻台和钻台面下甲板，前方布置排管和设备。这种形式的悬臂梁的井架支撑点直接与悬臂梁的侧板对齐，纵向有三道壁。垂直有 3 层甲板：下设备甲板、中间设备甲板和顶部排管甲板。整个 X−Y 型悬臂梁由平台主甲板的一对横向滑轨支撑，后滑轨布置在船体尾端横舱壁上，前滑轨布置在稍前些的横舱壁上。

在极限井位，钻台质量和组合悬臂梁载荷均匀分布在两个纵向梁之间（图 3-6-4）。同时，X−Y 型悬臂梁的宽度稍小些，因为这个宽度取决于横移距离和 BOP 尺寸。在质量方面，X−Y 型悬臂梁质量要轻于传统悬臂梁。

图 3-6-5 所示为常规悬臂梁和 X-Y 型悬臂梁移位覆盖区域比较示意图，图 3-6-6 所示为常规悬臂梁与 X-Y 型悬臂梁井位布置图。比较表明，X-Y 型悬臂梁横向位移大 1 倍，所以覆盖的钻井区域面积比常规悬臂梁大 1 倍以上。由此可知，如果以 3m 为两口井之间的井距，那么 X-Y 型悬臂梁纵横移动 24m×18m，可覆盖 56 口井；而常规悬臂梁纵横移动 23m×9m，只能覆盖 28 口井以下。

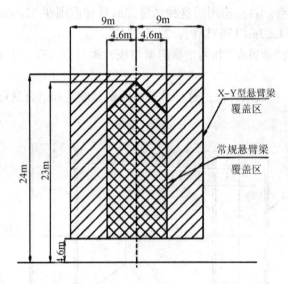

图 3-6-5　常规悬臂梁与 X-Y 型悬臂梁移位覆盖区域比较

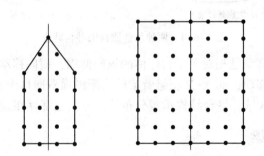

图 3-6-6　常规悬臂梁(左)与 X-Y 型悬臂梁(右)井位布置图

三、旋转型悬臂梁

旋转型悬臂梁的设计观念类似于 X-Y 型悬臂梁，也是将悬臂梁、钻台连成一个整体包。只是这种悬臂梁是围绕一个固定的点旋转，以达到钻丛式井。图 3-6-3 所示为旋转式悬臂梁示意图。

这种悬臂梁的特点是：

(1) 大的纵向和旋转横向钻井范围；

(2) 与船体交界简单；

(3) 集成钻台与悬臂梁于一体；

(4) 门吊在悬臂梁甲板上，多功能、可靠和安全操作；

(5) 钻台和悬臂梁之间无连接接头；

（6）质量和性能得到优化；

（7）由于使用了 Huisman 的井架，因而没有"V"字形井架大门限值；

（8）井架小，悬臂梁的体积小。

四、悬臂梁结构的载荷分布

图 3-6-4 所示为常规悬臂梁与 X-Y 型悬臂梁的承载比较。常规悬臂梁井口中心处于横向极限位置，钻台的质量和悬臂梁承受的载荷几乎全部施加在悬臂梁的一根梁上。而在 X-Y 型悬臂梁中，同样的质量和载荷总是均布在两根纵向梁上。由于载荷分布均匀，X-Y 型悬臂梁的宽度可以减小，也就是两根主梁可以布置得更为接近。另外，X-Y 型悬臂梁的防喷器组（BOP）相对井口不动，始终在井口纵向中心线上，因此，悬臂梁的宽度变化不会影响 BOP 纵向移动。总之，X-Y 型悬臂梁的钻台结构和井架支撑能设计得较为紧凑，从而减少了 X-Y 型悬臂梁自身的结构质量。

五、钻台和船井甲板的面积

由于 X-Y 型悬臂梁与钻台为一体结构，两者之间不需使用额外的电缆、管线等连接，这样可以在钻台下面及其周围增加许多工作空间。而常规悬臂梁由于钻台在悬臂梁上移动，因此必须考虑移动时电缆、管线的连接方式和占用空间。鉴于 X-Y 型悬臂梁拥有大的空间，而且 BOP 和井口中心相对于悬臂梁纵向梁总是在同一直线上，所以 BOP 移动、存放和测试作业更加容易，可以采用桁车（纵、横双向）或船井甲板滑撬来满足 BOP 移动的需要，而且 BOP 在移动时其控制软管能够始终保持连接状态。

另外，X-Y 型悬臂梁钻井平台的钻台相对于悬臂梁是固定的，所以钻台和悬臂梁之间的管子排放、布置都非常灵活。

六、主甲板覆盖区

图 3-6-7 所示为常规悬臂梁与 X-Y 型悬臂梁覆盖甲板面积的比较。常规悬臂梁会永久覆盖着一大块甲板面积，而 X-Y 型悬臂梁则不会。另外，X-Y 型悬臂梁的宽度可以根据实际情况减小，这样就能使更多的甲板面积改作他用。例如，当悬臂梁移位到一个井口时，其腾出的主甲板区域就可以临时安装容器、钻屑运送设备等。

七、气隙要求

在许多海上钻井中，自升式悬臂梁钻井平台的悬臂梁可跨入导管架井口生产平台。这时，在自升式钻井平台船体下方的气隙不是由海浪波峰高度决定，而是由跨入井口平台及其上部组块的高度来决定。由于平台船体的气隙较小，船体下面的桩腿长度减小，所以可以减轻自升式平台的总体质量。

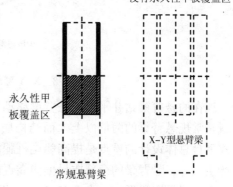

图 3-6-7 常规悬臂梁与
X-Y 型悬臂梁覆盖甲板面积比较

八、悬臂梁移位系统

悬臂梁均采用液压移位，只是常规悬臂梁仅需纵向移位机构，而 X-Y 型悬臂梁则需要纵、横双向移位机构。X-Y 型悬臂梁的移位机构由两部分组成：一部分在船体主甲板轨道上作业，另一部分在悬臂梁轨道上作业。

图3-6-8 所示为 X-Y 型悬臂梁移位系统中的一套滑动模块。模块由滑动箱和两只液压油缸组成，由轭连接在一起。轭上有销轴，销轴将一系列滑动轨道上的孔串接起来，然后通过液压装置推动。为了减少滑动箱和轨道之间的摩擦力，滑动箱中安装了液压推动滚筒。移位系统的操作动力由一台电动马达驱动的液压源(HPU)提供。液压源是一套集成模块，模块中还有另外两台马达，各驱动一台液压泵，以提高位移的可靠性。在一台电动马达或液压泵失效的情况下，悬臂梁移位作业能继续进行，只是移动速度减半。移位作业由可编程逻辑控制器(PLC)控制。纵横移动方向可以在移位控制台上选择。控制是半自动的，一旦选定了移动方向，后续的步骤即能自动完成。悬臂梁井口中心的位置实时显示在控制台上，并由移动油缸上的行程测量系统确认。行程测量系统还用于监测每条轨道的移位情况，以保证悬臂梁的平行移位。两条轨道位移不同并超过一定值时，各油缸的推进行程能自动调节以补偿位移差别。

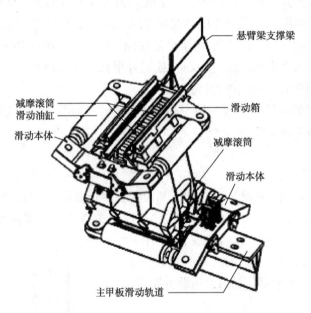

图 3-6-8　X-Y 型悬臂梁移位系统的全套滑动箱

现在的悬臂梁钻井平台，悬臂梁移动简单、易操作，尤其是 X-Y 型悬臂梁平台，钻井区域是常规悬臂梁的两倍以上，而结构质量却比常规悬臂梁减少约 20%。X-Y 型悬臂梁自升式平台总体设计的重点是提高船尾桩腿的承载力，因为悬臂梁在横向移动到一侧时，平台会产生偏心，悬臂梁的全部质量偏向靠近的桩腿，所以横向质量产生的桩腿力矩较大。但是相对于常规悬臂梁形式，由于 X-Y 型悬臂梁的总重下降，所以其对船尾桩腿产生的力矩增加不大。

第四章　海洋钻井工艺

第一节　海上移位作业

钻井平台完成海上一个工区的钻井任务后，钻井平台需要撤离井位，拖航或自航进入新的井位，这一过程称为"海上移位作业"。自升式钻井平台的这项工作一般分为 4 个阶段：①移位的准备工作；②撤离井位；③拖航；④进入新井位。也可划分为 12 道工序：①抛锚；②降船；③冲桩；④拔桩；⑤起锚；⑥拖航；⑦抛锚定位；⑧插桩；⑨升船；⑩压载；⑪升船调平；⑫起锚。

一、海上移位的准备工作

对新井位的海底浅地层进行物探和工程地质钻探，取全、取准地质资料，弄清海底地质、地貌。自升式钻井平台移位前，需查明海底确无能损坏桩腿、桩靴的障碍物；收集有关新井位工区有关水深、浪高、潮差、海流和台风等的水文气象资料；进行稳性计算；升降时船体作用在桩腿上的总可变荷载不得超过船的最大允许值；计算出载荷的分布和重心位置；检查设备处于良好状态；做好各种设备器材的固定工作。

二、撤离井位

由拖船分别将平台的几个锚抛好，然后给拖船带好拖缆。开动升降设备降船，使船体降入水中，注意吃水，然后进一步下降船体、拔桩。在拔桩前，用冲桩管线向沉箱底面喷水，以消除土壤吸附力。如果平台吃水开始减少，则意味着桩腿开始起升，停止冲桩，继续提升桩腿直到规定位置，拖船起锚。

三、拖航

所谓拖航，关键是拖航用的工作船与钻井平台的连接。由于平台的结构不同，其拖航的方法也不同，下面分别进行介绍。

1. 自升式钻井平台的拖航

注意安全性和天气变化，平台上的可变载荷一定要使平台的纵倾和横倾减少到最小限度。这时，至关重要的是把平台上的井架、桩腿和平台上的设备都固定好，绝不能产生移动、错位和滑移。

在一般情况下，如图 4-1-1 所示，自升式平台用一条拖航的工作船(拖航船)，按照要求的拖航速度，将平台拖走。平台与拖航船的连接如图 4-1-1 所示，把平台上的拖航专用三角缆放给工作船，将它与拖航船上的拖缆连接。连接好以后，即可用拖航船将平台拖走。

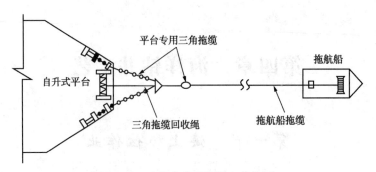

图 4-1-1　自升式钻井平台的拖航

2. 半潜式钻井平台的拖航

(1) 自航：有的半潜式钻井平台具备自航能力，因而可通过自航来移位。但是，由于自航速度一般比较慢，故通常是在短距离移位时采用自航，而移位距离较大时以拖航来辅助，从而达到提高航速及配合转向的目的。

(2) 常规拖航：如图 4-1-2 所示，同样采用上述自升式平台拖航时连接的方法，在半潜式钻井平台的前面连接一条拖航船，同时也启动平台本身的推进器，即可按要求航速拖航。

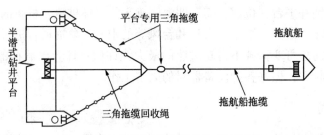

图 4-1-2　半潜式钻井平台的常规拖航

(3) 使用锚及锚链拖航：有时，对于短距离的移位，为了缩短作业时间，可以不使用专用的三角拖缆，而直接使用半潜式平台的锚及锚链来拖航。这种拖航方法如图 4-1-3 所示，使用平台前方的两个锚(1 号和 8 号锚)及锚链，将它们分别与拖航船上的拖缆相连接，即可

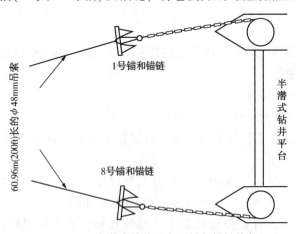

图 4-1-3　半潜式钻井平台用锚与锚链拖航

拖航。有时，也可用两条拖航船分别拖 1 号、8 号主锚，实行并拖，但这种并拖在远距离移位或大风浪海的情况下，因平台与两条拖航船之间不易协调，故不宜采用。使用锚与锚链拖航仍可与自航配合。

3. 浮式钻井船的移位

因浮式钻井船均具有较强的自航能力，且航速较高，故自航即可达到其移位及航速的要求。

四、钻井平台的海上就位

所谓就位是指使平台保持在预定的钻井位置。海上钻井平台的就位，对于后继钻井作业能否在恶劣的海洋环境中安全地进行是十分重要的。因此，在钻井作业前，必须要进行就位设计，它是钻前的一项重要准备工作。就位设计就是根据海底调查的资料、水深、天气和海况，设计出浮式钻井平台的艏向，最短出链长度、方位，锚张力试验要求及预张力值，自升式平台的艏向，插桩深度，压载量和气隙要求等。

1. 钻井平台的海上定位

1) 对就位误差的要求

随着定位技术的提高，对平台在设计井位上的就位误差的要求也越来越严格。目前，中国规定的允许误差是：以设计井位为中心，半径为 30m 的圆内。

2) 平台海上定位的方法

目前，海上定位常用的是 GPS 全球定位系统。拖航时输入设计的航线，就可以随时知道平台(船)的实际航线位置与确定航线的偏差及位置、速度和航向。

就位作业时，输入井位坐标和平台艏向，就可以随时显示出平台的实际位置与设计位置的误差。抛锚作业时，若抛锚工作船上安装有尾标跟踪设备，输入各个锚的方位和抛锚的距离，即可显示出抛锚的精度，以指导平台精确地就位与抛锚作业；若工作船未安装尾标跟踪设备，则抛锚工作船只能借助船上的雷达设备来确定抛锚方位，还可根据平台的出链长度或参考雷达的测距，来确定抛锚的距离是否达到设计要求。

2. 钻井平台艏向的确定

确定钻井平台(船)的艏向，首先应考虑来自海洋环境的各种力，主要是风力，其次是涌、浪、流等力，还要考虑供应船的停靠，直升机的起降和燃烧器的放喷燃烧，平台防爆区划分及人员在可燃气体警报时的逃生路径。一般情况下，均选择作业季节的主导风向和流向(顶风、顶流)作为艏向。

3. 浮式钻井平台的锚泊技术要求

半潜式钻井平台或钻井浮船均需采用锚泊系统来稳定定位，主要内容如下。

(1) 出链长度：通常是将出链长度视为锚链的悬链长度与锚前面水平卧在海床上的一段锚链长度的和再加上自锚机至下导链轮的一段长度的锚链总长。出链长度一般依水深而定，通常取水深的 8~11 倍，浅水作业时应取大值。当水深小于 100m 时，根据中国南海海域的经验，一般控制最短出链长度不小于 823m，而且应大于锚链承受极限张力时的悬链长度。当然，一般来说，出链长度越长，系泊力越好。初始出链长度一般均应比最短出链长度长一些，可根据海床土壤性质确定，通常约长 30~45m。

(2) 锚链张力(锚抓力)试验：浮式钻井平台(船)采用锚泊定位时，均应进行锚链张力试验, 即预计的最大锚张力的试验, 通常要求其不超过锚链破断张力的1/3。若张力试验达不到此要求, 则应调大锚爪角, 或增加串联锚。

(3) 锚链预张力: 一般是按照平台位移达到5%水深时, 锚链张力达到锚链的破断拉力强度的1/3来确定锚链的预张力。

4. 自升式钻井平台就位

根据风向、潮流决定进入井位的航线及平台的就位方向, 然后由拖船抛锚放松拖缆, 收紧锚缆。根据指令下降桩腿, 调整下降速度, 使桩腿同时插入海底。当平台吃水开始减少时, 放松锚缆, 使平台达到一定高度, 然后向压载舱内注水增加压力, 以保证在钻井过程中不会下陷。经过观察, 钻井平台桩腿停止下沉后, 将全部压载水放掉, 然后升台, 通常使船底离水面10m以上, 并把这个距离称为"气隙", 规范的叫法即从船底到海图基准面的距离, 通常其要考虑天文潮、风暴潮、浪高的总和再加上1.5m的余量, 即任何潮、浪均打不到上船体。移动井架和钻机到达钻井位置, 把船体调平、安装楔块、固定桩腿, 其他准备工作准备好之后, 就可进行钻井作业了。

海上就位作业是一项关系到整个平台和人员安全的重大作业项目。其中关键的两个作业程序尤为重要: 一个为插桩, 另一个为拔桩作业。插桩作业时, 3根桩腿必须同时、同步下插, 当桩靴接触到海底时, 更要小心谨慎, 不能一根桩腿已着地, 另两根桩腿还未到位, 因为不同步就会导致平台倾覆翻沉。即使3根桩腿全部接触海底, 插到泥线以下也要保持平台的平衡, 这是因为海床地质结构、岩性不同, 它们的承载力、泥土的摩擦力不同, 从而导致平台桩腿的插入深度不一样, 也会导致平台的不平衡。所以这个作业程序是非常重要的, 它涉及平台的安全。现在有的平台上配置了平衡监测系统, 在插桩过程中, 随时监测平台桩腿的下放高度, 一旦超过设计偏差, 就会报警, 提示指挥作业者注意高度差, 并进行处置。

第二节　钻前作业

钻井平台拖到井位, 完成锚泊就位后, 就进入钻井作业阶段, 本小节分阶段列出作业的详细步骤和每个步骤需要注意的事项。

钻井作业过程中, 当自然环境威胁到平台的正常作业安全时, 应暂停作业。

暂停作业的极限为:

(1) 各项作业的天气及海况作业极限见各自平台的操作手册。

(2) 浮式平台作业时, 还要根据隔水管球接头水平仪显示的平台位移确定: 低于4°时正常作业, 低于6°可起下钻, 超过6°应停止作业。

开钻之前, 根据设计要求, 做下述工作。

一、海底检查

开钻前, 为查清实际井口处是否有防碍钻井的障碍物, 井口周围70m内是否有不利于平台安全作业的物体, 需进行海底检查。

浮式钻井平台使用遥控潜水器下潜到海底, 通过摄象机和声呐系统检查海底。海底检查可提前进行, 也可在探海底时进行。

自升式钻井平台一般不使用遥控潜水器, 也不进行海底检查, 主要依据为井场调查获得的资料。

如果钻前要求检查海底，可雇用潜水员进行。

二、探海底及确定开钻井眼深度的方法

探测转盘面到海底的距离，是在准备好导管的条件下，确定当时的准确开钻井眼深度和水深的依据。开钻井眼深度和当时水深的计算公式分别如下：

$$H=L+C+R \qquad (4-2-1)$$

$$W=L-M \qquad (4-2-2)$$

式中 L——转盘面(或方补心面)到海底的距离，m；

H——开钻井眼深度(从转盘面计算)，m；

C——根据设计准备的导管入泥深度，m；

R——设计要求的导管鞋下方口袋长度，m(浮式平台作业时，$R=1\sim6$m；自升式平台作业时，$R=2\sim8$m。口袋确定的原则：地层含砂大，口袋要求长；反之，则短些；对于浮式平台，还要考虑钻进期间潮差的影响)；

W——测量时的水深(没排除潮差影响)，m；

M——转盘面的海拔高度，m。

对于浮式平台，只要平台压载到钻井平台吃水，则 M 值是一定的，如"南海二号"的 $M=25$m，"南海五号"的 $M=23.2$m；对于自升式平台，$M=$气隙+平台体底面到转盘面的高度。

1. 自升式钻井平台上探测水深

(1) 用开钻钻具接测深板(图4-2-1)或类似工具。

(2) 下测深板到达预计的海底上方5m，就要缓慢下放，注意观察指重表。

(3) 一旦指重表上有轻微遇阻显示，就必须停止下放钻具，在钻具上画上记号(转盘面处)。

(4) 继续下放钻具，如果刚才的遇阻显示越来越明显，证明海底已探到。

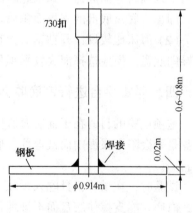

图4-2-1 测深板

(5) 计算所画记号到测深板的长度，就是转盘面到海底的距离。

(6) 根据式(4-2-1)和式(4-2-2)，就能计算出开钻井眼深度和水深(按要求进行潮汐校正)。

2. 浮式钻井平台上探测海底

有两种探测海底的情况：如果下临时导向底盘，则可在下底盘时探测海底；如果不下临时导向底盘，则可在开钻时用开钻钻具探测海底。后一种情况的操作步骤如下：

(1) 按设计的开钻钻具下钻。钻头及以上2m，刷上白色油漆，以便ROV观察。

(2) 下钻的同时，下入ROV。

(3) 当预计到达海底上方5m左右时，打开升沉补偿器，开始缓慢下放钻具，同时ROV注意观察钻头接触海底的情况。

（4）当 ROV 观察钻头接触到海底时，停放钻具，在转盘面处的钻具上画上记号。

（5）计算海底到转盘面的距离。

（6）应用式(4-2-1)和式(4-2-2)计算当时的开钻井眼深度和水深。需要注意的是，由于潮差的影响，探测到的深度是相对时间来说的。因此，探完海底就应该开钻。如开钻条件不成熟，开钻前还必须重探，根据新的数据计算此时的开钻井眼深度。

三、浮式平台下临时导向底盘的前提条件

浮式钻井平台作业，在正规情况下，开钻前下入海底的第一个装置是临时导向底盘。它是引导开钻钻头重新进入井眼和导管进入井眼的装置，也是将来支撑永久导向底盘的基座（自升式钻井平台作业时，不下底盘）。它由钢板和钢筋焊接而成，中间灌注混凝土，内壁有卡口沟槽，以便用钻柱及专用接头将其送至海底，其中央有孔，整个底盘外径 3m，内径约 3/4m，高 3/4m，底盘送入海底后，旋出接头，即可将其留于海底。下入的底盘，其倾斜不能超过 5°，且不能被埋住。但是，当海底较软时，临时导向底盘会陷在淤泥中，无法看清或发生倾斜等，造成开钻钻具或导管进入井眼很困难。因此，在一般情况下不下临时导向底盘，只有在下述情况时才考虑下临时导向底盘：

（1）当海流很大，或水很深，已证明钻头和导管在没有导引情况下不可能进入井眼时，必须下入临时导向底盘；如果此时的海底很软，支撑不住底盘，就要对临时导向底盘进行修改，即加大底盘底部的支撑面积后才能用。

（2）海床比较硬，开钻钻头会在海床上打转，钻不成垂直而且整齐的井眼时，要下入临时导向底盘。但应选择海底较平坦处安放底盘。

四、浮式平台进行海底吃入试验

这项试验的目的在于证实海底能否支撑住将要下入的临时导向底盘的质量，即临时导向底盘是否会陷入淤泥中而被埋住。临时导向底盘加上将要放入的重晶石(80kN)共重 129kN 左右。

试验时，在试验工具吃入海底不超过 0.5m 的情况下，吃入压力应达到 $20.19kN/m^2$ 以上，海底才能支撑住底盘而不被埋住，否则，必须相应加大底盘底部的支撑板面积。试验程序如下：

（1）组合试验工具(可以是如图 4-2-1 所示的测深板)，并在工具及以上 2m 涂上白色油漆，用黑色油漆标上等距离记号。

（2）在下钻的同时下入 ROV，工具下到海底前要打开升沉补偿器。

（3）接触到海底后，开始缓慢加压。如果试验工具是测深板，则加压不超过 13.24kN。

（4）用 ROV 观察试验工具入泥深度，以此确定海底支撑临时导向底盘的能力。

（5）回收试验工具。

为节约时间，这项试验可以在平台锚泊期间的适当时间内进行。

如果不下临时导向底盘，或已知作业海域的海底软硬情况，就不必做海底吃入试验；自升式平台作业时不做此项试验。

五、浮式平台下入临时导向底盘的程序

（1）完成临时导向底盘的下入准备工作。

（2）证实平台锚链张力已调好，井位误差已在设计允许范围内后，才能下入底盘。此时不应把工作船系缆在平台旁，以免影响将来水下井口与转盘井孔的同心度。

（3）将下入工具接到卸掉钻头的开钻钻具上，然后下放工具进入位于活动门上的临时导向底盘内，并接好底盘。

（4）在保持不转动钻具的情况下，下入底盘，同时松放井口导向绳。

（5）底盘接近海底前，要打开大钩补偿器，缓慢地将整座底盘（底盘质量加上内填重晶石质量）放在海底。

（6）用水下电视或 ROV 观察底盘坐放和吃入海底的情况：①底盘的倾斜情况（不超过5°）；②底盘吃入海底情况（不被埋住）；③底盘的方位（其舷向应与平台方向一致）和导向绳情况（不打扭）；④海床情况。

（7）如果安装了脉冲发生器，要检查应答情况（应正常）。

（8）如果一切情况均达到要求或正常，一般应把每根导向绳的张力调到绳重加上 8.5kN。

（9）回收下入工具，完成下临时导向底盘。回收时，记录转盘面到底盘的距离，同时在导向绳上涂上记号，作为坐放底盘时的潮汐参考点。起出工具时，不能转动。

六、浮式平台作业时，永久导向底盘的准备与 762mm 导管的连接程序

（1）临时底盘下好后，吊放永久导向底盘到活动门上，进行如下检查与准备：①测量对角导向柱的距离（标准为 3.65m），以防碰弯；②检查各活动部件是否缺少、损坏；③在水下电视易观察的底盘边上，安装并校对好水平仪；④如果设计上要求安装脉冲发生器，则应在安装前，将脉冲发生器充足电；⑤用油漆将底盘涂为白色，在导向柱上标上明显的数字编号和标记（以平台舷为起点，顺时针编号）。

（2）如果导管头送入工具还没组装好，则按图 4-2-2 所示进行组装。

（3）如果设计不要求下临时导向底盘，则将导向绳连接在永久导向底盘上。导向绳端的每个琵琶头，连接前要进行拉力试验到 95kN 或导向绳系统最小抗拉强度的 70%。

（4）如果不要求下临时导向底盘，则在拖航和锚泊过程中，当天气和平台载荷（稳性）允许时，按上述程序准备好永久导向底盘，并考虑组装连接导管坐放在永久底盘内并挂在活动门上。程序为：①下导管穿过永久导向底盘（底盘是否搬开取决于使用的底盘类型），浮鞋及以上 5m 涂上白色油漆，并作等距离标记，用海水检查

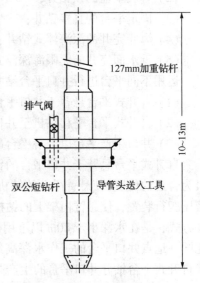

图 4-2-2　762mm 导管头送入工具组装示意图

（以 Cameron 公司 WS-1 476.25mm 68.95MPa 工作压力的井口为例）

浮阀是否畅通；②按设计要求连接导管，更换坏的密封圈，连接时一定要到位才打开吊卡；③连接导管头节；④将下入工具接到导管头上；⑤用127mm加重钻杆送导管坐入永久导向底盘内，上好夹盘或锁紧销钉；⑥起出送入工具立在井架上备用；⑦用盖板盖好导管头，以防杂物掉入导管内，移动活动门使底盘靠边并固定好，以不影响钻井为宜。

七、选择开钻时间

为保证开钻后，不因设备损坏、材料准备不足和开钻井眼不直而影响作业安全、顺利进行，必须满足以下条件才能开钻：

(1) 开钻前必须完成设备的检查、修理工作，所有设备应处于良好状态。

(2) 配足开钻钻井液，准备好其他需要的材料。

(3) 对浮式钻井平台，开钻时，应满足本节第五部分第(2)项的要求，以保证开钻井眼打直。

(4) 开钻前测量钻具漂斜情况(钻头接触海底)，大于0.5°不开钻。

(5) 尽可能选择在平流时开钻。

第三节　不同平台钻井方法

一、海洋石油生产井钻井方法

生产井钻井方法有以下5种：

(1) 井口平台钻井；

(2) 海底基盘的预钻井；

(3) 固定平台的直接钻井；

(4) 海底完井的深海浮式钻井；

(5) 近水面完井的无限海深浮式钻井。

运用不同平台进行井口平台钻井的方式目前主要有：

(1) 自升式平台悬臂于井口平台钻井；

(2) 自升式平台平移钻机至井口平台钻井；

(3) 井口生产平台以半潜平台(或钻井驳船)为辅助平台的钻井。

自升式平台悬臂于井口平台的钻井如图4-3-1所示。自升式钻井平台安置于井口平台最为合适的位置(使悬臂梁上的钻机可以伸于井口平台上便于钻丛式钻井的位置)，然后用液压爬行装置，使悬臂桁架上的钻机伸出，位于井口平台之上进行钻井。这种井口平台的钻井方式，是在水深小于80m以下用得较多的钻井方式(由于自升式钻井平台的工作水深通常比同一地点井口平台的工作水深高约8~10m)，也有少数用工作水深较深(≤150m)的悬臂式自升式平台钻井井口平台的生产井。

自升式平台平移钻机至井口平台钻井的主要优点是可以利用与井口平台基本相等工作水深的自升式平台钻井。它利用自升式平台的液压爬行装置，将钻机平移至井口平台进行钻井，避免使用大尺度工作水深的、租金昂贵的自升式平台进行如图4-3-1所示的钻井方式。此种平移钻机至井口平台的钻井方式如图4-3-2所示。

图 4-3-1 自升式平台悬臂于井口平台的钻井

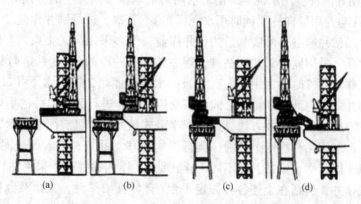

图 4-3-2 自升式平台平移钻机至井口平台的钻井

在图 4-3-2 的 4 张小图中，每张图的左方均为井口平台，右方均为自升式钻井平台。图中，(a)为自升式钻井平台接近井口平台位置的插桩状态；(b)为自升式平台向井口平台的平移过程中；(c)为自升式平台的钻机及井架已移至井口平台上；(d)为两平台间搭接上跳板，实施井口平台的钻井作业。这种滑移方法的钻井方式在 1989 年底，由美国 Rowan 公司设计开发了 4 套自升式平台滑移钻机，分别在莫比尔(Mobil)、森林(Forest)、泰勒(Taylor)等石油公司所属固定式平台上成功进行了钻井和完井作业。总的来说，这种方式应用不普遍。下面是井口生产平台以半潜平台(或钻井驳船)为辅助平台的钻井。

井口生产平台以半潜平台为辅助平台的钻井系统如图 4-3-3 所示。

软管系统 2 包括从半潜平台(或钻井驳船)泥浆泵至井口平台 3 的泥浆管线、动力电缆等。在井口平台 3 上仅有钻机绞车、转盘、井架和防喷器(BOP)系统，而将泥浆泵、泥浆储

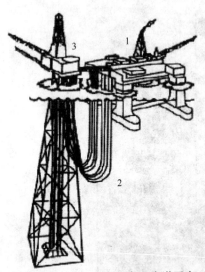

图 4-3-3　井口生产平台以半潜平台
（或钻井驳船）为辅助平台的钻井
1—半潜平台（或钻井驳船为辅）的辅助平台；
2—软管系统；3—井口平台

存处理系统、固井系统、泥浆泵的动力系统、黏土粉罐、水泥灰罐、重晶石存储装置等占用场地和空间大、荷重高的装置和器材置于半潜平台（或钻井驳船）为辅的辅助平台上，从而使井口平台成为尺寸小、负荷轻、造价低廉的经济型平台。而完成该井口平台生产井的钻井、完井后，半潜平台（或钻井驳船）为辅的辅助平台又可移作另一井口平台生产井的钻井和完井用。

在工厂建造导管架平台的同时，预先在海上预定井位钻井。海底基盘的钻井有如下两种方式：

（1）用半潜式平台或钻井船对具有海底基盘的钻井；

（2）自升式平台对具有海底基盘的钻井。

下面分别对这两类预钻井进行分析。

用半潜式钻井平台或钻井船、钻海底基盘的钻井，在下放钻井水下设备和钻井工艺方面，与海洋勘探钻井基本一样，所不同的是要预先下放安装预钻井的海底基盘和进行丛式井或水平井的钻井。程序简述如下：

首先下放安装钻井的海底基盘。通过对准海底基盘 4 个桩柱导向孔（孔径一般为 40in，1in = 0.0254m）的任一导向孔，分别钻孔（钻深 80～120m），下入专用导向柱，用水泥固井的方法将海底基盘导向孔中的专用导向柱与海底固定（海底基盘导向孔与专用导向柱也同时用水泥固牢）。其次，进行钻井作业。

半潜式平台或钻井船进行海底基盘的钻井作业，大多采用纵式集束钻井的方法（即对全部需要钻井的井孔，采用同一工艺和钻具，逐一钻同一井段的孔），钻定向井或水平井。当钻每口集束井在移动井位时，需用无人有缆遥控水下作业船，进行水下井口的观察、监视、摘取并安装新的井口头与液压联结器之间的密封钢圈后，进行另一口井的集束钻井作业。自升式平台对具有海底基盘的钻井方法，类似于半潜式钻井平台具有海底基盘的钻井。所不同的是：自升式平台利用钻台底座上的液压爬行机构来移动井位，下入的是泥线悬挂井口头；自升式平台类似于固定平台钻井，而不同于浮式钻井（浮式钻井必须采用钻柱升沉补偿器）。固定平台的直接钻井，包括在上述各种固定平台（含导管架平台、TLP 平台和 Spar 平台等）上的直接钻井（图 4-3-4、图 4-3-5）。

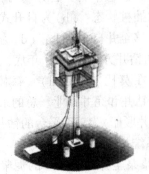

图 4-3-4　张力腿平台钻井

图 4-3-5　导管架固定平台钻井

由于钻井系统、泥浆循环和处理系统、井控系统、固井系统、灰罐等全部置于平台上，进行类似于陆地上的钻井和完井，故钻井和完井工艺不再重述。

海底完井的深海浮式钻井：

利用钻井浮式船进行深海浮式钻井，然后进行海底完井。深海浮式生产井的钻井工艺与深海浮式勘探钻井几乎完全相同，在此不再重述。

近水面完井的无限海深浮式钻井是利用半潜式平台或钻井浮船进行浮式钻井，所不同的是将深海海底的防喷器（以下简称 BOP）组安装在离水面约 200～300m 水深的人工浮筒上，在其上连接立管（Riser，亦称隔水管）系统、立管张紧系统等，它类似于一般的浮式钻井。在人工浮筒下部，安装立管及其内的各层套管（由浮筒的浮力张紧）并直接深入地层，其钻井工艺与一般的浮式钻井基本相同。

二、海洋钻井施工工艺

1. 导管井段的施工

使用自升式或坐底式钻井平台钻井，导管井段的施工一般有两种方法。

（1）用打桩机将导管打入海底。这种方法适用于海水较浅、导管较短的情况。

（2）在海水较深时，可以先下钻、用钻头钻出导管井段的井眼，然后下入导管，并注水泥封固。钻进时采用海水作为洗井液，钻屑随海水返至海底。

使用浮式钻井平台钻井时，导管井段的施工要复杂得多，也有两种做法。

第一种方法是"分步法"，按如下施工步骤进行：

第一步，下井口盘，建立海底井口。

将井口盘接上送入工具，然后接钻柱下放，钻柱上套有导向臂。井口盘上有 4 根临时导引绳，并穿过导向臂的导引孔，也随着下钻而下放。下钻到海底后，坐牢井口盘后，退出送入工具，起钻。

第二步，钻导管井段的井眼。

通过临时导引绳，下入带有钻头的钻柱，准确进入井口盘的内孔，并向海底钻进。钻进时采用海水作洗井液，有进无出，打进的海水带着钻屑返回到海底，钻达预定深度即可起钻。

第三步，下导管并注水泥。

通过临时导引绳，将导管下入，导管的上面接导管头，并装上导引架，导管头内接上送入工具，再接钻杆，用钻杆将导管及导引架送到海底，导管进入井眼，导引架坐在井口盘上。在钻台上通过钻柱向井内打入泥浆并循环洗井，然后即可注水泥固井，不仅封固导管，而且将多余的水泥浆返至海底，将井口盘和导引架牢牢地固定于海底。退出送入工具并起钻，并割断临时导引绳。

第四步，下入隔水管系统。

通过永久导引绳，将隔水管系统下入，并利用快速连接器与导管头连接。

另一种方法称为"一步法"：

首先，将分步法中的前三步合成一步。

在平台上先将导管下入水中，上部接导管头与导引架连接，导管头内接送入工具，再接钻柱。

如果海底地层较硬，则要使用钻入法。可以在钻柱下接钻头，并下入穿过导管，送入工具仍然接在导管头处。通过下钻即可将导管和导引架下入海底。当钻头接近海底时，用钻头钻出导管井段的井眼。当导引架接触海底时，停止钻进。然后即可进行注水泥固井，将导管外注水泥封固，多余的水泥浆返至海底，将导引架与海底牢牢地固定在一起，然后退出送入工具并起钻。下一步就是下入隔水管系统，与分步法的第四步相同。

一步法施工可以省去井口盘。当海底地层较软时，可以使用喷射法。在导管的最下端接有喷射头，当导管的最下端接近海底时，即可开泵用海水进行喷射，冲出导管井段的井眼。

2. 表层套管井段的施工

对自升式或坐底式钻井平台，导管井段施工之后，导管延长到平台上并起到隔水管的作用，以后各次开钻的施工基本与陆上钻井相同。

对浮动平台钻井，表层井段的施工工具有很突出的特点，可分为两种情况：一种是在表层地层中没有浅气层；另一种是有浅气层。

如果在表层地层中没有浅气层，则导管井段施工之后，可以不下隔水管系统，按如下步骤进行：

（1）通过永久导引绳下钻，带 660.4mm（26in）的钻头，进入导管内进行钻进，然后起钻。

（2）下入 508mm（20in）的套管。套管顶部接套管头，上接送入工具，再接钻杆，将套管送入到预定深度，套管头坐在导管头上。

（3）通过钻杆进行注水泥固井，然后退出送入工具，循环泥浆将多余的水泥浆冲走。

（4）起钻后，在表层套管头上安装防喷器系统和隔水管系统，进入下一次开钻。

如果表层地层中有浅气层，则较为复杂。由于此时还没有表层套管，所以无法安装防喷器系统，钻进浅气层是在没有防喷器的情况下进行的，具有一定的危险性。所以必须要有隔水管系统，能够进行循环，将地层流体有控制地引导到平台上进行处理。在隔水管的顶部要安装旋转防喷器，其实际上是一个可以边喷边转的防喷器，但是耐压较低。

为了补偿钻柱在井口处的摆动和弯曲，在旋转防喷器下面接了一个球接头。旋转防喷器的环形芯子依靠液压力抱紧钻柱，返出的泥浆从溢流口流出。

问题在于：隔水管的直径为 406.4~609.6mm（16~24in），一般多使用 508mm（20in）隔水管。而钻表层套管井段的钻头直径为 660.4mm（26in），不可能从隔水管内通过。为了解决此问题，可使用可张钻头。此类钻头的 3 个可张牙轮在张开之前直径较小，可以通过 508mm（20in）隔水管，张开之后直径可达 660.4mm（26in）。

3. 其余各层套管井段的施工

由于海上井口装置结构复杂，尺寸和质量巨大，需要占很大的空间，所以一个钻井平台上一般只具备一种尺寸的井口装置。这一种尺寸的井口装置要兼顾各层井眼的需要，常用的是与 508mm（20in）表层套管配合的 508mm（20in）防喷器和隔水管系统。

为了施工方便，节约平台面积，海上钻井的套管程序基本是不变的，即 762mm（30in）导管，508mm（20in）表层套管，339.7mm（13⅜in）和 244.5mm（9⅝in）技术套管，177.8mm（7in）生产套管。

钻进各层套管的钻头尺寸分别为：914.4mm（36in），660.4mm（26in），444.5mm（17½in），311.1mm（12¼in），215.9mm（8½in）。

表层套管井段施工完成后，整个井口装置已经完整安装。其余各层（技术和生产）套管井段的施工基本相同。

在井口装置安装方面还要注意以下事项：

（1）每层套管固井之后，要下入套管头密封总成，以封闭两层套管之间的环形空间。

（2）每层套管在固井之后重新开钻时，必须先在套管头内安放防磨补心，以保护套管头内的台肩免受钻头和钻具的碰撞。

（3）每层套管井段钻进完成后，在下入下一层套管之前，要先将上层套管头内的防磨补心取出。

（4）各层套管头的密封总成和防磨补心的安置或取出，均需要用专用工具并按照严格的施工程序进行。

如果地层压力层系较多，且可能有很高的产层压力，在钻完444.5mm（17½in）井眼之后，根据产层压力，确实需要更高压力的防喷器，可更换339.7mm（13⅜in）防喷器。但要注意这种更换是非常复杂且麻烦的。

浮式钻井装置使用水下器具的钻井工艺程序如下。

（1）下井口盘，当浮式钻井装置准备工作完成后，就把井口盘从船井下到海底。井口盘用钻杆（钻杆下端有送入接头）送下，达到海底后，钻杆右旋上提，从井口盘退出。井口盘坐到海底后，还需向其内空隙处填压重物或灌注混凝土，图4-3-6所示为下井口盘装置示意图。

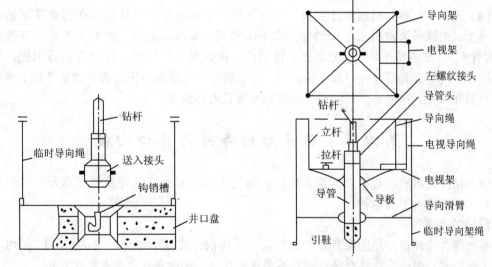

图4-3-6　下井口盘装置示意图

（2）钻导管段用临时导向绳穿在导向滑臂两端，导向滑臂中间抱住钻头，顺临时导向绳下入井口盘。钻进时，导向滑臂停在井口盘上，钻几十米后冲洗井孔起钻，带上导向滑臂。

（3）下导管及导向架，导管引鞋用临时导向滑臂抱住，导管头内有左螺纹同钻杆下端的接头相连。导管和导向架用钻杆随导向滑臂送入井口盘。导向架坐到井口盘上后，从钻杆内注入水泥浆，水泥浆返出井口盘进行固井，右旋钻杆左螺纹接头与导管头脱开，提出钻杆。临时导向绳上的导向滑臂永久留在海底，临时导向绳也可以拔掉。

（4）下隔水管组、钻表层，用导向滑架将隔水管组下到海底井口，用连接器和导管头连接。下好隔水管组，开始从隔水管内下钻，钻表土层，一般钻几百米，钻进时泥浆顺着隔水管组返回到钻台下。钻穿表土层后起钻，再起出隔水管组。

（5）下表层套管、固井，用钻杆及左螺纹接头将表层套管送入井孔。送入时，用导向滑架抱着套管引鞋导引。下完表层套管，套管头坐在导管头上。套管头下面有两个水泥塞，上塞的内孔比下塞的内孔大，两塞用销钉固定在套管内。循环洗井后，从钻杆顶所接的水泥头投球，将套管的下塞堵死，同时从水泥头注入水泥。下塞销钉被剪断，下塞被推下行，注完水泥后再投一个塞，将上塞堵死，同时改注泥浆，将上塞销钉剪断推上塞下行，挤水泥将下塞上的球从内孔挤下，水泥从套管底向四周上返，直到上塞被挤到下塞上。最后，提出钻杆，等候水泥凝固。

（6）下水下器具、继续钻进，防喷器组和隔水管组可依次接好，同时下入，也可先用钻杆下防喷器组，再下隔水管组。这两组要用液压连接器连接的原因是有时风浪太大，为避免隔水管损坏，就要把隔水管组和防喷器组脱开，将隔水管组提起悬挂在海中。装好水下器具，就可以继续钻进，钻到预定深度后进行电测，下技术套管，固井。这时从水下器具内下套管，套管头坐在表层套管头内的台阶上。以后每继续钻进一段，下的套管都坐在前一段套管头内的台阶上，除非改换钻杆尺寸要重换防喷器。水下器具一直要到下完油层套管完井时才起出。

（7）钻开目的层、测井、下油层套管，当钻井达到预定深度后，进行测井，然后下油层套管，固井。

（8）完井、试油，根据录井资料、电测数据决定试油层。射孔后，在套管里下钻杆试油。海上试油设备通常由水下采油树、水下防喷阀、地面试油树、数据头管汇、节流管汇（油嘴管汇）、加热器、油气水分离器、计量罐、输送泵、燃烧器、控制管汇等组成。根据试油结果，决定弃井或在井口加上保护罩。需要时，可以借助浮标或设在海底井口上的声学装置找到井口并回接油井。试油后，浮式钻井装置可移到新井位。

第四节　钻井后的弃井与井口回接

海上钻井完成后，若不立即投入生产，而是将钻井平台或钻井船撤走离开，则称为弃井。弃井的类别有下述两种。

1）永久性弃井

有些探井或评价井经勘探及评价后若无开采价值，或是钻出无油气的"干井"，均需要将海上钻井平台撤走，将井弃掉，而且不再重返井口，这种弃井称为永久性弃井。

2）临时性弃井

临时性弃井有两种情况：一种情况是在钻探井或评价井过程中遇到有开采价值的油气层，但尚未准备生产平台，或是钻完生产井而生产平台尚未建造好，都可以暂时撤走钻井平台，待生产平台建造好之后，再重返井口，使用建造的生产平台，投入采油生产；另一种情况是迫不得已地紧急撤走平台的暂时弃井，如遇台风、冬季冰情严重或发生地震、海啸预报等突发事件时的弃井，都属于临时性弃井。临时性弃井仍保留着井口，若钻井平台或采油平台重找到原来的井口，重返未完成全部钻井作业的井口或已完井的井口，继续完成钻井作业或是投产，都需要将原来的井口装置恢复起来，回接到能够进行采油生产或继续进行钻井作业的状态，这种作业称为回接。

一、井口保留方法

1. 水面井口保留法

在钻井船撤离以前，在井口隔水套管外打入一高出水面大直径的焊接圆管或混凝土管柱，封上口，装上航标。1990 年 11 月，辽河油田在 5.5m 水深处钻的第一口探井，采用在井口打入 914mm 的圆管作为临时井口保护。1974~1976 年期间，在渤海海域打的 9 口探井采用打入 φ1.2m、高出水面 10m 左右的井口保护管。这些井除一口井保留到 9 号平台回接外，其余的几口井均因经受不住风浪的作用而损坏。所以这种方法虽然简单，但受环境影响大，不能作为长期井口保护。

2. 水下井口保留法

在打完探井或用移动钻井平台打生产井时，在井口位置海底泥面上，下入支撑井口的水下井口基盘，将井内下入各层套管的质量支撑在泥面以上，为确保井口保留的质量及回接成功，可在井内下入泥线悬挂器，接上隔水套管快速接头和遥控接头，安上隔水导管防护帽。水下井口通常高出泥面 2.5~10m（图 4-4-1）。由于井口处于水下，避开了风浪、流冰的袭击，因此安全可靠，据渤海油田使用实践，该方法回接成功率达 100%。水下井口保留法保留期长、适用面广、操作方便，是目前国内外普遍采用的井口保留方法。

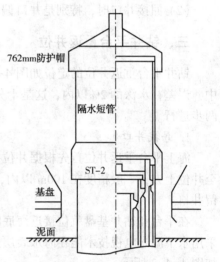

图 4-4-1　水下保留井口示意图

二、井口保留技术设施

为了确保水下井口保留的安全和平台重返井位的定位，便于保留井口水下回接的操作，常采用水下井口基盘、泥线悬挂器、隔水导管快速接头等技术设施。

1. 水下井口基盘

水下井口基盘的主要作用是当用移动式钻井平台打生产井和丛式井时，便于平台重返井口的定位和回接。根据设计的井数、井位所在的水深、海底地质情况和安装要求，水下井口基盘可选用标准件或自行设计。

2. 泥线悬挂器

泥线悬挂器是一种多功能的管接头，主要功能有：

（1）泥线悬挂器可将每层套管的质量支撑在海底泥面上，从而减轻钻井平台的载荷；

（2）固井后能将海底泥面以上环形空间中的水泥浆冲洗干净，并能确保套管重新密封；

（3）暂时弃井或保留井口时，各层套管可以在泥面以上卸开，起出来；

（4）可将各层套管在泥面以上接头处回接到平台上。

3. 隔水导管快速连接接头

在海底泥面以上的隔水导管采用 ALT-2 型接头。它用机械自锁密封，不需要旋转就可将φ762mm隔水导管快速连接起来。当需要卸开时，可用特制螺丝将涨圈顶到槽口内，上提管子即可。在暂时弃井和回接管柱时用起来都很方便。在海底泥面以下的隔水导管采用RL-4型接头，它采用了特殊的四头螺纹，不但上、卸扣速度快，而且有自动找正的功能，性能比用电焊连接隔水导管优越得多。

4. 遥控接头(RRC)

遥控接头的上部接头有一个喇叭口，可以套在下部接头上，内部有一个锁紧螺套。锁紧螺套上部带键槽，下部是外螺纹，可以在接头内自由转动。用钻杆连接拧紧工具，插入锁紧螺套的键槽内，反转时，它可以带动锁紧螺套旋转，镶入下部接头螺纹内，使接头连接起来；正转时，可以把接头卸开。一般把遥控接头连接在水下保留井口管柱的顶部。其优点是：

(1) 当暂时弃井或回接井口时，不需要潜水员下水作业；

(2) 回接井口时，特别是井口偏斜较大的情况下，它比用快速接头回接方便。

三、钻井平台重返井位

钻井平台重返井位的定位如图4-4-2所示，要求钻井平台上的转盘中心与水下井口对中，误差在水深的2%以内，这是十分困难的作业。这项作业一般分为寻找井口及平台对中两步进行。

1. 寻找井口

海上平台重返井位首先根据井位坐标，用钻井平台或拖航船舶的导航设备，将平台拖航至井位上方，一般精度在100m以内，然后100m范围内用声呐扫描及水下激光电视找到保留井口。

在平台和钻井基盘就位接近海底时，水质往往变浑，采用水下摄像监控作业效果不好，采用水下激光电视技术能在海水表层透明度1~1.3m的条件下取得很好的效果，其工作原理如图4-4-3所示。

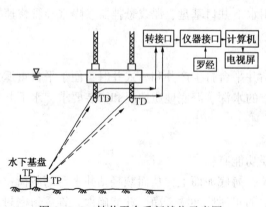

图4-4-2　钻井平台重新就位示意图

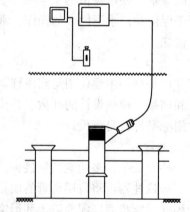

图4-4-3　水下激光电视技术作业原理示意图

2. 平台定位

找到井口后，将平台移至井口上方，使平台转盘的中心与水下井口对中，然后采用水下电视或激光电视监控平台下沉定位，要求误差在水深2%以内。

3. 井口回接

平台对中就位后，进行井口回接，回接时首先卸开井口防护帽，先回接隔水导管，由大至小依次将下入井内的套管回接平台，安上防喷器、井口头，然后进行完井作业。

井口回接是在平台钻井、下基盘保留井口及平台重返井位或导管架平台安装3道工序之后进行的。井口对中时，每道工序都会产生误差，误差将影响回接作业，所以每道工序必须保证质量。

四、导管架平台的井口回接

在钻井过程中，可以在工厂同时建造导管架平台，一般钻3~4口井甚至超过10口井的时间需要3~12个月，这样，平台建造也可完成。因此，待平台建造完成后，即可将平台运输安装在钻井的海底基板上，然后用各层套管将海底井口与导管架平台井口头进行联接。用自升式平台钻井的海底井口是泥线悬挂系统，其简要程序是：

（1）当钻井完钻、将海底泥线以上各层套管回收至自升式平台上，且盖好井口防腐帽后，移走自升式平台；利用钻井海底基盘上的导向桩孔，使导管架平台通过其导向桩导入海底基盘就位，安装好管架平台。

（2）取出海底泥线井口上的防腐帽，用508mm（20in）套管与508mm（20in）泥线的螺纹联接，在平台上将508mm（20in）套管与平台井口头（BOP底座四通）相联接。

（3）用340mm（13in）套管与340mm（13in）泥线悬挂螺纹联接，上部坐入导管架平台井口头的锥面并密封，安装并调试好平台13inBOP组。

（4）再进行244.5mm（9in）套管与平台BOP组悬挂的联接，进行平台BOP组的动作和密封试验。泥线悬挂系统与导管架平台的回接如图4-4-4所示。

浮式钻井完钻后，海底套管头组与导管架平台回接，它利用浮式钻井后留在海底的476.3mm（18in）井口头（套管头），将340mm（20in）和244.5mm（13in）套管逐一下放至海底，与井口头各层套管螺纹丝扣旋紧，回接至平台上。采用类似陆地装采油树的方法进行水面完井作业。典型的浮式钻井与导管架平台回接的海底套管头组如图4-4-5所示。

浮式钻井完钻后，海底套管头组与导管架平台的回接图（图4-4-5）中，右侧为钻井状态的联接，左侧为海底井口头组与导管架平台套管联接的完井回接状态。其回接简要程序为：

（1）导管架平台在钻井基盘上安装就位后，从平台上用钻机（或修井机）的升降系统下入专用工具，取回井口头的防腐帽和护套，送入间隔套。

（2）将套管连同与其相连的套管回接适配器、锁紧短节、回接锁环下放送入井口头上坐定；再将转矩工具送入插在套管回接锁环的齿状槽内，从平台上旋动转矩工具，向下旋紧，迫使锁紧短节带环状凸出部分卡入井口头的环槽内，即完成了套管与海底井口头的回接联接。

（3）用专用送入工具从井口头护套的J型槽内取回护套，下入回接短节、金属密封和套管柱，使回接短节的螺纹与井口头的螺纹相联，并迫使金属密封与锁紧短节之间保持密封，从而完成了管柱的回接。

（4）将组合密封、内外衬套连同套管送入到位，然后下入回接工具和转矩工具，从平台上旋动转矩工具，使内外衬套下部螺纹与套管头内244.5mm螺纹相联接，并将组合密封压紧后取出转矩工具，完成套管(9⅝in)的回接。

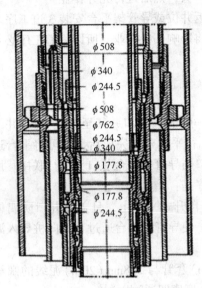

图 4-4-4　泥线悬挂系统与
导管架平台的回接(单位：m)

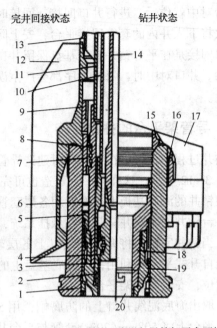

图 4-4-5　浮式钻井海底井口头组与导管架平台回接图
1—井口头；2—组合密封；3—内外衬套；4—回接工具；5—间隔套；
6—回接短节；7—锁紧短节；8—金属密封；9—回接锁环；10—套管；
11—套管柱；12—回接适配器；13—套管；14—转矩工具；15—锁块；
16—密封组件；17—导管头；18—防腐帽；19—井口头；20—护套

第五节　海上完井技术

海洋石油天然气勘探钻井完钻后，经储量证实确有开采价值，制定总体开发方案(ODP)并经批准，便可以进行油气田以开发为目的的钻井，称为生产井钻井。生产井钻井完钻后，为开采该井中的油气，采用将井中替换为完井液、射孔、下入井内生产管柱(或安装电潜泵等)以及安装井口采油树的方法，达到开启采油树阀门后，即可采出石油天然气，这整个过程称为完井。完井是从下完套管、固井结束时开始(包括射孔、防砂、下生产管柱或大修、增产作业等)，直至投产正常后交付生产的整个过程。通常钻完井作业实行一体化，采用批钻批完的方式。

海上油气田完井是海上油气田开发中的一个重要环节，它是衔接海上钻井、工程和采油采气工艺，而又相对独立的系统工程。它涉及油藏、钻井、海洋工程、采油采气等诸多专业，涵盖上述各个专业的有关内容。作为油气井投产前的最后一道工序，完井工作的优劣直接影响到海上油气田开发的经济效益。

一、完井方式

海洋石油天然气井完井的方式主要有 5 种：

第一种主要是先用自升式或半潜式平台通过海底基盘钻井，完钻后建立导管架平台，进行导管和各层套管回接，在平台上进行完井。

第二种是直接在导管架平台或其他固定式平台钻井，完钻后直接在平台上进行完井。

第三种是用自升式平台的悬臂，骑在井口平台上钻生产井、或在井口平台上仅装钻机，其余的泥浆系统等均置于辅助平台(船)上钻生产井。

第四种是浮式钻井(用半潜式平台或钻井船)，完钻后进行海底完井作业。

第五种是近水面钻井和完井。

二、完井设计

1. 完井设计遵循的基本原则

(1)满足开发、采油工程方案的要求。应满足海上油气田开发方案中各类井开采层位、开采方式和动态监测等方面要求，满足各种采油工艺的要求。

(2) 配合钻井、海洋工程方案的需要。应满足钻井工程对生产套管、固井质量和油层保护的要求，配合水下井口装置、导管架平台的协调以及生产后修井等作业的需要。

(3) 满足安全、高效、环保的要求。

(4) 符合油层保护及改造措施的要求。

2. 完井类型

现有的海上油井完井类型如图 4-5-1 所示。

- 完井方式
  - 裸眼完井
    - 合采完井
    - 水平井及分支多底井完井
  - 套管完井
    - 分采完井
    - 水平井及分支多底井完井
    - 防砂完井
    - 热采完井
  - 混合完井

图 4-5-1　现有海上油井完井类型

完井类型的选择原则：

(1) 裸眼完井适用于产层和夹层岩石较硬且不易破碎的情况，如石灰岩、白云岩和花岗岩等缝洞型油藏或胶结坚固的砂岩。

(2) 除上述较硬岩石及坚固的砂岩外，均应选用套管完井方式，而且若产层出砂，则应采用防砂完井方式，如应用衬管完井法或砾石充填完井法等应在衬管与井壁之间充填一定尺寸的砾石。

(3) 生产过程中若采用生产层位调整、生产测井以及增产措施等工艺措施时，应选用能满足合采改为分采、分采改为合采以及卡封堵层等工艺要求的完井方式。

(4) 特殊钻井工艺，如水平井、多底井及超大位移井等，则应研究、采用特殊的完井方式。

三、海上完井新技术

在海上油气田开发过程中，由于受环境、气象、海况等因素的影响，海上作业费用高于陆地作业费用，仅钻井船的日费就高于陆地数十倍，因此，高成本、高风险成为海上石油开发的特点。为使海上石油开发达到预期价值，就必须尽可能采用节约作业时间、降低作业成本、提高最终采收率的新技术、新工艺。完井作业作为油气田投产前的最后一道工序，直接影响着产量与开发效益，合理选择最佳的完井方式是充分发挥油井潜力、有效开发油田的一项重要工作。我国的海上油气开发通过对外合作和自营开发，在引进、吸收先进技术的基础上，积极探索了适合国内海上油田的新型完井技术。

（1）优化选用多种防砂技术改善了采油环境：

① 套管内多层压裂充填技术；

② 多分支井优质筛管防砂技术；

③ 水平井裸眼砾石充填技术；

④ 适度防砂技术；

⑤ 一次多层防砂（STMZ）技术。

（2）射孔新技术和复合射孔合理沟通井筒与储层：

① 负压射孔和高能气体压裂联作技术；

② 射孔和大负压反涌联作技术；

③ 长井段射孔隔板传爆技术；

④ 小枪身射孔技术。

（3）储层保护和油藏改造技术：

① 隐形酸完井液技术；

② 压力控制完井液技术；

③ 酸压技术；

④ 水力压裂技术。

（4）高效、安全的智能完井技术：

智能完井即井下永久监测控制系统，是一种多功能的系统完井方式，允许操作者通过远程操作的完井系统来监测、控制和生产原油。在不起出油管的情况下，可以进行连续、实时的油层管理，采集实时的井下压力和温度等参数。

目前在 SZ36-1、LD4-2 等油田使用的智能完井系统，能够根据井下采集的实时数据，预测产能情况，自动调整潜油电泵的运行参数，使油井生产处于合理的平衡状态，达到提高生产效率和采收率、延长电机使用寿命、减轻操作人员的劳动强度和减小成本的目的。同时，将油井及平台生产状态传送到陆地，由陆地的专家对油井生产进行指导，变平台生产的委托式管理为指导式管理，提高油田的整体管理水平。

由于原油价格的逐步上涨，为了最大限度地开发油气资源，国内外完井技术取得了较快的发展。依靠引进先进国际技术的海上油田，将完井与油气井的产能情况紧密联系，在完井技术的掌握上始终处于国内前列。

海上油气田完井技术的发展，依据海上开发趋势的要求，近年来将注重以下几个方面的技术发展：

（1）边际小油田开发的完井技术；

（2）稠油热采的海上完井技术；

（3）高温高压井的完井技术；

（4）深水油气田开发对完井技术提出的新要求。

第五章　海洋油气生产设施

　　一个多世纪以来，世界海洋油气开发经历了几个阶段。早期阶段：1887~1947年。1887年，在墨西哥湾架起了第一个木质采油井架，揭开了人类开发海洋石油的序幕。1887~1947年的60年间，全世界只有少数几个滩海油田，大多是结构简单的木质平台，技术落后和成本高昂困扰着海洋石油的开发。起步阶段：1947~1973年。1947年是海洋石油开发的划时代开端，美国在墨西哥湾成功地建造了世界上第一个钢制固定平台。此后，钢平台很快取代了木结构平台，并在钻井设备上取得了突破性进展。到20世纪70年代初，海上石油开采已遍及世界各大洋。发展阶段：1973年至今。1973年全球石油价格猛涨，进一步推进了海洋石油开发的历史进程，特别是为了应对环境恶劣的北海和深水油气开发的需要，人们不断采用更先进的海工技术，建造能够抵御更大风浪并适用于深水的海洋平台，如张力腿平台（TLP）、浮式圆柱型平台（SPAR）等。海洋石油开发从此进入大规模开发阶段。

　　海洋石油工程建设的目的是为油气田生产提供必要的生产设施，主要有海上生产设施、油气储运设施及陆地终端3个部分。

　　（1）海上生产设施。指建立在海上的建筑物。由于海上设施是用于海底油气开采工作，加之海洋水深及海况的差异，油气藏类型和储量的不同，开采年限不一，因此，海上生产平台类型众多。基本可以分为海上固定式生产设施（导管架式平台、重力式平台和人工岛及顺应塔型平台）、浮式生产设施（潜式平台、TLP、SPAR及FPSO等）、水下生产设施三大类。

　　（2）油气储运设施。海上油田原油的储存和运输，基本上有两种——储油设施安装在海上，采用运输油轮将原油直接运往用户；利用安装海底输油管道将原油从海上输送到岸上的中转储油库，然后再用其他运输方式运往用户。海上气田的气一般采用海底长输管线进行外输到岸上终端，然后再通过其他运输方式运往用户。

　　（3）陆地终端。陆上终端是建造在陆地上，通过海底管线接收和处理海上油气田或油气田群开采出来的油、气、水或其混合物的油气初加工厂，是海上终端的延伸。它一般设有原油或轻油脱水与稳定、天然气脱水、轻烃回收和污水处理以及原油、轻油、液化石油气储运等生产设施，并有供热、供排水、供变电、通讯等配套的辅助设施与生活设施。因此，它具有大规模集中处理和储存油气，且几乎不受气候影响的优点。

第一节　海上生产设施

　　固定平台生产系统目前被广泛采用，主要用桩基、座底式基础或其他方法固定在海底，具有一定稳定性和承载能力。

　　典型的固定平台生产系统主要包括平台（采油树安装于甲板上）、单点系泊系统、回接到平台的采油立管系统、水下底盘、水下管汇、油轮（储油轮和穿梭油轮）、海底管线和底盘井等。从位于水下底盘上的油气井生产出来的流体，经采油立管上升到平台，计量和处理后再经采油立管和输油管线流往单点系泊，由单点系泊流入系于其上的油轮，通过穿梭油轮运走。

一、海上固定式生产设施

1. 导管架式平台

导管架平台是通过打桩的方法将钢质导管架式平台固定于海底的一种固定式平台。导管架平台是最早使用的，也是目前技术最成熟的一种海上平台。迄今世界上建成的大、中型导管架式海洋平台已超过 2000 座。

1) 导管架式平台的结构

导管架式平台(图 5-1-1)主要由 4 个部分组成：导管架、桩、导管架帽和甲板模块。但在许多情况下，导管架帽和甲板模块合二为一，所以此时仅为 3 个部分。

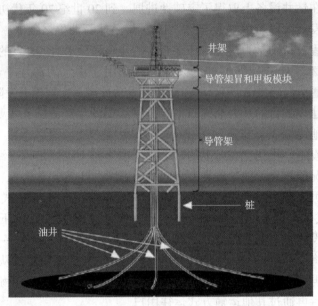

图 5-1-1　导管架式平台模拟图

(1) 导管架。系钢质桁架结构，由大直径、厚壁的低合金钢管焊接而成。钢桁架的主柱(也称大腿)作为打桩时的导向管，故称导管架。其主管可以是 3 根的塔式导管架，也有四柱式、六柱式、八柱式等，视平台上部模块尺寸大小和水深而定。导管架腿之间由水平横撑与斜撑、立向斜撑作为拉筋，以起传递负荷及加强导管架强度的作用。

(2) 桩。导管架依靠桩固定于海底，它有主桩式，即所有的桩均由主腿内打入；也有裙桩式，即在导管架底部四周布置桩，裙桩一般是水下桩。

(3) 导管架帽。导管架帽是指导管架以上，模块以下带有甲板的这部分结构。它是导管架与模块之间的过渡结构。

(4) 模块。也称组块，由各种组块组成平台甲板。平台可以是一个多层甲板组成的结构，也可以是单层甲板组成的结构，视平台规模大小而定。如钻井区可称为钻井模块，采油生产处理区称为生产模块，机械动力区可称为动力模块，生活区称为生活模块，等等。

2) 导管架平台的技术特点

(1) 导管架平台主要由杆件组成。各杆件相交处形成了杆结点结构，由于结点的几何形状复杂并受焊接影响，故其应力集中系数很高，容易发生各种形式的破坏。对杆节点的校核是导管架分析的重要环节，API等规范对管节点的设计都有明确要求。

（2）导管架是刚性结构，是靠自身的结构刚性来抵制外部载荷的，一般要求导管架不能随着波浪的冲击而大幅摆动。所以当水深越深时，要达到结构要求的刚性，就必须增加材料，以致成本成指数级增长。所以，导管架结构不适合在较深的海域使用。

（3）随着工程技术水平的发展，导管架形式越来越多。

（4）导管架平台的分析计算一般包括就位、装船、运输、吊装、地震、疲劳等，需根据这一系列工况的分析和计算，最终确定结构形式及构件尺寸。

（5）导管架的形式很大程度上取决于当地的运输及海上安装能力及设备。如果海上吊装能力足够大，则导管架设计成吊装下水形式；如果吊装能力不够，则导管架必须设计成滑移下水形式，需要专用的带滑道的下水驳船。

3）导管架式平台的优缺点

导管架平台的优点：技术成熟、可靠；在浅海和中深海区使用较为经济，尤其在浅海的边际油田，导管架平台有较强的成本优势；海上作业平稳、安全。

导管架平台的缺点：随着水深的增加，导管架平台的造价成指数级增长，所以不能继续向深水发展，一般适用于水深200m以内的油气田；海上安装工作量大，制造和安装周期长；当油田预测产量发生变化时，对油田开发方案调整的灵活性较差。

2. 重力式平台

重力式平台不需要用插入海底的桩去承担垂直荷载和水平荷载，完全依靠本身的质量直接稳定在海底。根据建造材料的不同，分为混凝土重力式平台和钢重力式平台两大类。

1）混凝土重力式平台

把混凝土重力式结构物用于岸边和浅水地带已有悠久的历史，而用于外海却是在20世纪70年代以后。混凝土重力式平台由沉垫、甲板和立柱3部分组成。已建成和正在研究、设计的混凝土平台种类繁多，有把底座做成六角形、正方形、圆形的，也有把立柱做成三腿、四腿、独腿的等各种形式(图5-1-2)。

（1）建造过程(图5-1-3)：

① 在干坞内建造底座的下半部分。

② 在干坞内建造至预定高度后，注入海水和海平面一致(向底座内注压载水使其固定)，打开船坞闸，排除压载水，使底座上浮，用拖船把底座从干坞内拖出。

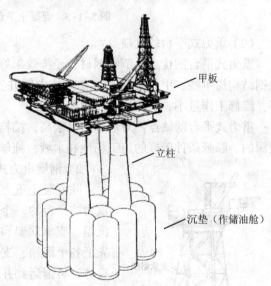

图5-1-2　重力式混凝土平台

③ 把底座拖至岸边比较深的、隐蔽较好的施工水域，在海面上锚泊，采用滑动施工法建造底座上部。

④ 用滑动施工法继续浇注立柱。

⑤ 用拖轮把结构物拖至深水海域，以便安装甲板。

⑥ 向底座注入压载水，使结构物下沉到海水没至立柱上部左右，再安装甲板。

⑦ 在甲板上安装各种模块。

⑧ 排出压载水，使结构物上浮，用拖轮拖至预定地点。

⑨ 平台位置确定后，注入压载水，边下沉边调节，使之准确安装在海底。

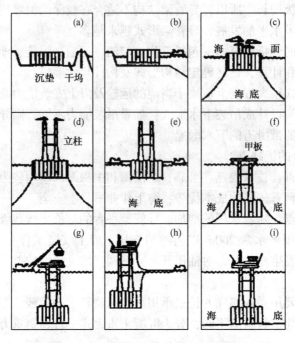

图 5-1-3　混凝土平台建造过程示意图

（2）重力式平台的优缺点：

重力式平台的优点：节省钢材，经济效果好，海上现场安装的工作量小，海上安装工艺比钢结构简单些；甲板负荷大，在立柱中钻井安全可靠，防海水腐蚀、防火、防爆性能都好，维修工作量小，费用低，使用寿命长。

重力式平台的缺点：对地基的要求高，结构分析比较复杂，制造工艺复杂，岸边需要有较深的、隐蔽条件较好的施工场地和水域，拖航时阻力大，冰区工作性能差。

2）钢质重力式平台

图 5-1-4　钢质重力式平台

除混凝土重力式平台外，钢质重力式平台（图 5-1-4）也是重力式平台的一个重要分支。如图 5-1-4 所示，整个平台由沉箱、支承框架和甲板 3 部分组成，沉箱兼作储罐。建造时，先把各个沉箱、支承框架、甲板分别预制，而后在岸边组装成整体，再拖运到井位下沉安放。

与混凝土平台相比，钢质重力式平台的储油量虽小，但在对储量要求不大的情况下，钢质重力式平台反而有较高的经济效益。又由于它比混凝土平台轻得多，所以预制过程中不需要较深的施工水域，拖航时要求的拖航马力小，使用中对地基承载力的要求也不高。

钢质重力式平台避免了混凝土平台的许多缺点，但在省钢材、耐腐蚀、储油量、隔热等方面，都不如混凝土平台，这又是它的缺点。

3. 顺应塔式平台

所谓顺应塔式平台(图5-1-5)是指在海洋环境载荷作用下，围绕支点可发生允许范围内某一角度摆动的深水采油平台。

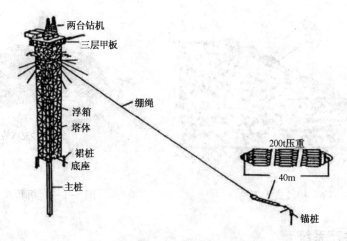

图 5-1-5　顺应塔式平台结构示意图

顺应塔平台与固定平台相似，二者均具有支撑水面设施的导管架钢制结构。不同的是，顺应塔平台会随水流或风载荷移动，与浮式结构类似。类似于固定平台，顺应塔平台通过桩固定于海底，其导管架小于固定平台导管架，可能包括两个或更多的部分。上部的导管架内还可能有浮式部分，系泊链由导管架至海底，或者二者的组合。固定地点的水深亦即平台的高度。下部的导管架固接于海底，作为顺应塔上部导管架与水上设施的基础。放置驳船的大型起重机确定导管架位置安全可靠，并安装水上设施模块。顺应塔平台应用水深可达1000m，这个水深范围一般对于固定式导管架平台很不经济。

塔式部分为水上设施，包括钻井、生产以及生活楼模块。顺应塔尺寸由生产处理、钻井操作及全体工作人员的住宿状况决定。顺应塔平台由于导管架尺寸的减少，其水上设施部分一般小于固定式平台。顺应塔平台的支撑结构可能由下部与上部两部分组成。一般地，顺应塔导管架由四条管腿构成，管腿直径1~2m不等，与管柱焊接在一起形成具有间隔的框架结构。下部导管架借助重力，通过2~6个插入泥面以下数百英尺的桩固定于海底。下部与上部导管架在一侧的尺寸可达到100m。结构可以稳定的水深也是导管架的高度。

导管架上部设有一组浮箱(最多12个)，浮箱可以提供张力，以降低结构基础的负荷。浮箱直径约6.5m，长度最大可达40m。浮力大小由电脑控制，以保持随风载与波浪运动时结构具有合适的张力。浮力系统也可以与其他设计相结合，以使尺寸最小，并使浮箱的布置最合理。

4. 人工岛

人工岛是在海上建造的人工陆域，在人工岛上可以设置钻机、油气处理设备、公用设施、储罐以及卸油码头。

人工岛按岸壁形式可以分为护坡式人工岛和沉箱式人工岛。护坡式人工岛由砾石筑成，砂袋或砌石护坡(图5-1-6)。先由底部开口的驳船向岛的四周抛填砾石,接着码放砂袋,稍高出水面形成水下围堤,然后填充岛体。

　　沉箱式人工岛是由一个整体沉箱或多个钢或钢筋混凝土沉箱围成,中间回填砂土。沉箱可在陆上预制,然后自浮拖至现场安装就位,通过调节水下砂基床的高度以使沉箱适用于不同的水深,人工岛不再使用时,可排除压载,起浮后拖到其他地点再用(图5-1-7)。

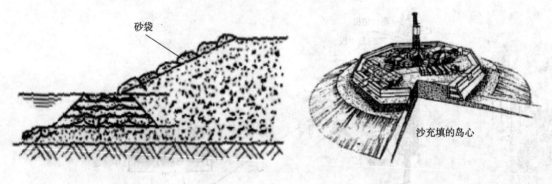

　　　　图5-1-6　护坡式人工岛　　　　　　　　　　　图5-1-7　沉箱式人工岛

二、浮式生产系统

　　典型的浮式生产系统是指利用改装(或专建的)半潜式钻井平台、张力腿平台、自升式平台或油轮放置采油设备、生产和处理设备以及储油设施的生产系统。

　　浮式生产系统的主要类型包括以油轮为主体的浮式生产系统、以半潜式钻井船为主体的浮式生产系统、以自升式钻井船为主体的浮式生产系统和以张力腿平台为主体的浮式生产系统。

　　浮式生产系统最大的特点是可实现油田的全海式开发。由于其可重复使用,因此被广泛用于早期生产、延长测试和边际油田的开发过程中,我国大部分海上油田都采用浮式生产系统。

　　1. 油轮浮式生产系统

　　以油轮为主体的浮式生产系统分为浮式生产储卸油装置(FPSO)和浮式储油船(FSO)两种。

　　1) 浮式生产储卸油装置(FPSO)

　　浮式生产储卸油装置(FPSO)如图5-1-8所示。随着水下井口的出现,20世纪70年代后期,FPSO最先由Shell和Petrobras公司用于近海油田开发。1994年起,FPSO的数量开始快速增长,目前已超过148艘,占所有浮式生产系统总和的一半以上,被广泛应用于北海、巴西沿海、中国沿海、东南亚海域、地中海、澳大利亚沿海和非洲西海岸等世界各大海域,成为海上油气浮式生产的主流设施。

　　(1) FPSO的结构。

　　FPSO主要是由上部模块、船体和系泊系统3部分组成。

　　上部模块:FPSO的上部模块由生产模块和生活模块组成,设在主甲板之上。一般上甲板尾部布置用于穿梭油船串靠的系泊设备及卸油系统。生活模块布置在上甲板首部或尾部。在上甲板上布置生产工艺、热介质、计量、发电、变压器室和控制室模块。在上甲板或顶层甲板上设置一定高度的火炬塔。

图 5-1-8　FPSO 的结构图

船体：典型的 FPSO 外壳是船形的，也有建成圆形浮筒式或平板驳等形式的。FPSO 的船体很大部分舱室用来储存经处理合格的原油，其储油能力一般由油田的产量和穿梭邮轮的往返周期决定。其他还有压载水舱、燃油舱、淡水舱、机泵舱、工艺舱室等。

系泊系统：FPSO 的设计关键问题之一就是如何选择经济有效的系泊系统来满足特定的操作要求，尤其是在深水和超深水中。主要考虑以下几点因素：最大波高、风速和流速、船体尺寸、水深、立管系统对船体运动的要求。现有的 FPSO 系泊系统有固定系泊系统（使用锚和锚链）和动力定位系统（借助推进器、卫星和 GPS 等定位技术）两大类。

固定系泊系统可以分为可解脱系统和永久系泊系统。目前，大多数 FPSO 采用的是永久系泊方式，通过设计使其可以抵御在服役期间可能出现的各种环境工况。

固定系泊系统通常又被分为多点系泊系统（Spread Mooring）和单点系泊系统（Single Point Mooring）。

多点系泊系统允许 FPSO 系泊在固定位置，与单点系泊相比，该系统的系泊和立管系统不是一个整体，而是各自独立的。系泊链直接与 FPSO 相连，立管则通常悬挂在船体舷侧与管汇连接。该种系泊方案不具有完全风向标效应，即围着系泊做 360°旋转，但可以通过对锚链的张紧和放松控制形成一定角度的风标效应。多点锚泊系统主要用于环境条件温和、风浪方向比较固定的海域，例如西非和东南亚，而在环境条件比较恶劣的海域，如北海、西设得兰群岛、中国南海等，都采用单点系泊的 FPSO 来减少环境因素产生的荷载。

单点系泊就是允许 FPSO 绕着某一个基点产生风标效应而旋转，允许旋转 360°，使船体受力达到最小。单点系泊装置（简称"单点"）作为浮式储油装置的系泊点具有双重作用：其一是保证浮式生产储油装置围绕单点 360°自由转动；其二是作为浮式生产储油装置油、气、水进出的通道。

（2）FPSO 的优缺点。

FPSO 的优点：项目进展快、可采用旧油轮改造（初始投资低）、可储油、可海上卸油（不需要海底管线）。

FPSO 的缺点：目前只能使用于油田，用于气田开发的 LNG-FPSO 现在处于论证阶段；

必须是湿式采油树，修井作业费用高；某些海域旋转塔投资费用高。

2）浮式储油船(FSO)

浮式储油船是一种具有油船或驳船形状的海上浮式结构物，只有储存原油的船舱和卸油设备，无油、气、水处理生产设施，故而自油井采出的石油经储存后，可通过卸油设备用穿梭油轮运走。

2. 半潜式钻井船浮式生产系统

半潜式钻井船浮式生产系统的主要特点是把采油设备(采油树等)、注水(气)设备和油气水处理等设备，安装在一艘经改装(或专建)的半潜式钻井船上。

油气从海底井经采油立管(刚性管或柔性管)流至半潜式钻井船(常用锚链系泊)的处理设施，分离处理合格后的原油经海底输油管线和单点系泊系统，再经穿梭油轮运走。

1）半潜式钻井船浮式生产系统的构成

浮式生产系统所用的半潜式平台，目前大多是用半潜式钻井船经改装而成。这种平台主要由平台甲板、立柱和下船体构成。

(1）平台甲板：提供海上工作面，安放生产和油、气、水处理等设备，平台本体高出水面一定高度，以避免波浪的冲击。

(2）立柱：连接平台甲板和下船体，用于支撑平台。立柱与立柱之间相隔适当的距离，以提供良好的稳定性能。

(3）下船体：提供主要浮力，沉没于水下以减少波浪的扰动力。

2）半潜式钻井船浮式生产系统的类型

半潜式平台根据下船体的式样，大体可分为沉箱式和下体式两类。

(1）沉箱式。沉箱式即将几根立柱布置在同一个圆周上，每一根立柱下方有一个沉箱(或称浮箱、沉垫)。沉箱的剖面有圆形、矩形和靴形。沉箱的数目(即立柱的数目)有3根、4根、5根、6根和10根不等。

(2）下体式。最常见的是两极鱼雷形的下体分列左右，每根下体上的立柱数有2根、3根和4根。下体的剖面有圆形、矩形或四角有圆弧的矩形。为减少拖航(或自航)时的阻力，下体的首尾两端也有做成流线形的。

3. 半潜式钻井船浮式生产系统的优缺点

半潜式钻井船浮式生产系统的优点：稳定性好，可适用于恶劣的海况条件；具有一定的储油能力；可利用船上的钻机进行钻井、完井和修井作业。

半潜式钻井船浮式生产系统的缺点：要另建系泊系统以便穿梭油轮卸油作业；改装时间长，成本高；如果储油能力不足，油田可能停产。

4. 自升式钻井船浮式生产系统

自升式钻井船浮式生产系统是利用自升式钻井船改装的(图5-1-9)，其上可放置生产与处理设备。工作时，桩腿或桩腿和沉垫下降着地，支承于海底。移位时，平台下降浮于水面，桩腿或桩腿和沉垫从海底升起，被拖至新的井位。自海底油井出来的油气流经自升式平台分离处理后，再经海底管线和系泊系统输至油轮运走。自升式钻井船浮式生产系统主要用在浅水海域，常用于油田延长测试及边际油田的开发。

1）自升式钻井船浮式生产系统的构成

自升式平台主要由平台结构、桩腿、升降机构、钻井装置(包括动力设备和起重设备)

及生活楼(包括直升机平台)等组成。自升式钻井平台如图 5-1-10 所示。

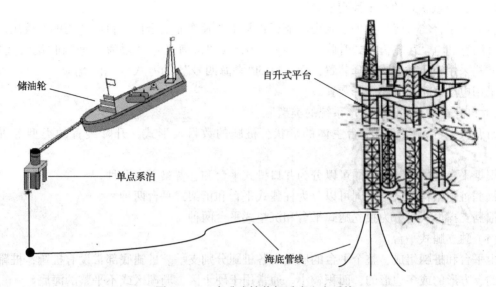

储油轮

单点系泊

自升式平台

海底管线

图 5-1-9　自升式钻井船浮式生产系统

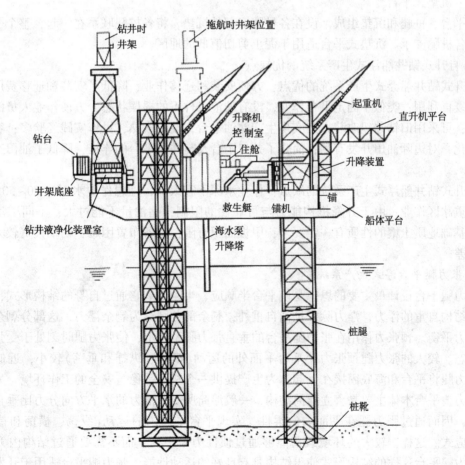

钻井时井架

拖航时井架位置

起重机

直升机平台

升降机控制室

住舱

升降装置

钻台

井架底座

救生艇

锚机

锚

船体平台

钻井液净化装置室

海水泵升降塔

桩腿

桩靴

图 5-1-10　自升式钻井平台示意图

桩腿是自升式钻井平台的关键。当作业水深加大时，桩腿的长度、尺寸和质量迅速增加，作业和拖航状态的稳定性则变差。

自升式平台的升降机构关系到设施能否正常工作及作业安全性，目前常用的有液压插销式升降装置和电动齿轮齿条式升降装置两种。国产的"渤海五号""渤海七号"和"渤海九号"等钻井船采用液压插销式升降装置，而进口的"渤海四号""渤海八号"和"渤海十二号"等钻井船采用电动齿轮齿条式升降装置。

2）自升式钻井船浮式生产系统的类型

自升式平台可以按照平台主体的形状、桩腿的数目及形式、升降装置的类型等进行分类。

根据平台主体形状的不同可以分为井口槽式平台和悬臂梁平台两种。

根据桩腿结构形式的不同可以分为柱腿式平台和桁架式平台两种。

根据支撑形式可分为独立腿式平台和沉垫式平台两种。

（1）独立腿式平台。

由平台和桩腿组成，整个平台的质量由各桩腿分别支承。桩腿底部常设有桩靴，桩靴有圆形的、方形的或多边形的，面积较小。通常用于硬土区、珊瑚区或不平整的海底。

（2）沉垫式平台。

由平台、桩腿和沉垫组成。设在各桩腿底部的沉垫，将各桩腿联系在一起，整个平台的质量由各桩腿支承。沉垫式平台适用于泥土剪切值低的地区。

3）自升式钻井船浮式生产系统的优缺点

自升式钻井船浮式生产系统的优点：方便安装和迁移作业，降低了安装和迁移费用，设施可重复再利用；类似于固定平台作业，没有波浪条件下的摇摆状态，方便作业人员的操作与生活；可采用旧钻井船改装方案实现生产储油平台；技术成熟，操作实践经验多；容易实现国产化，对边际油田开发有利；简化了井口平台及与井口平台的连接，降低了油田工程的造价。

自升式钻井船浮式生产系统的缺点：作业水深不宜太深，理想作业水深为 20~50m；不能在严重冰区作业；由于升降机构能力与可靠性的限制，储油量不能过大；不同于浮式系统，对基础地质土壤的性质有一定要求；甲板面积有限，设备布置困难；初期投资较大，经济性较差。

5. 张力腿平台浮式生产系统

张力腿平台设计最主要的思想是使平台半顺应、半刚性。它通过自身的结构形式，产生远大于结构自重的浮力，浮力除了抵消自重外，剩余部分则称为剩余浮力，这部分剩余浮力与预张力平衡。预张力作用在张力腿平台的垂直张力腿系统上，使张力腿时刻处于受张拉的绷紧状态。较大的张力腿预张力使平台平面外的运动（横摇、纵摇和垂荡）较小，近似于刚性。张力腿将平台和海底固接在一起，为生产提供一个相对平稳、安全的工作环境。另一方面，张力腿平台本体主要是直立浮筒结构，一般浮筒所受波浪力的水平方向分力比垂直方向分力大，因而通过张力腿在平面内的柔性，实现平台平面内的运动（纵荡、横荡和首摇），即为顺应式。这样，较大的环境载荷能够通过惯性力来平衡，而不需要通过结构内力来平衡。张力腿平台这样的结构形式使得结构具有良好的运动性能。张力腿平台适用于开发深水油田。

张力腿平台是半潜式平台的延拓，船体通过由钢管组成的张力腿与固定于海底的锚桩相连。船体的浮力使得张力腿始终处于张紧状态，从而使平台保持垂直方向的稳定（图5-1-11）。

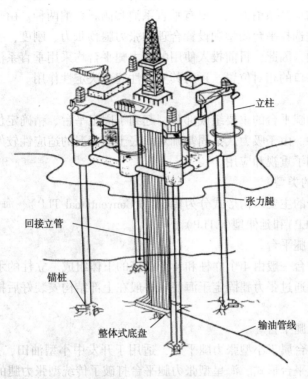

图5-1-11　张力腿平台

1）张力腿平台的构成

张力腿平台按结构可分为5个部分：平台上部结构、立柱（含横撑、斜撑）、下体（含沉箱）、张力腿、锚固基础。

（1）平台上部结构。

平台上部结构是指底甲板以上的部分，是提供设备放置、钻井和采油的工作场所。平台上部结构的形状主要有三角形、四边形、五边形。实践证明，三角形结构上体安全性较差，五边形结构施工建造过于复杂，因而目前投入使用的张力腿平台上体大多为四边形。

（2）立柱。

立柱支承整个平台的质量，为平台提供部分浮力并保证平台足够的稳定性。立柱有1根、3根、4根、5根、6根和8根不等。平台立柱多采用较大直径的柱体，一般在十几米左右，立柱的数目取决于平台上体的形状。为了保证强度，有的立柱间还设有横撑和斜撑。

（3）下体（含沉箱）。

平台下体主要由沉箱组成，按沉箱的形式可以将其分为整体式、组合式、沉淀式三大类。下体的作用是为平台提供大部分浮力，其剩余浮力为张力腿系统提供预张力，与立柱一起保证平台的稳定性和浮态。

（4）张力腿。

张力腿由多组张紧的钢管或钢质缆索组成，其组数与平台上部结构的形状有关，每组张力腿又由若干根钢管或钢索构成,下端直接固定在锚固基础上,其内产生的张力与平台的剩余浮力相平衡。

张力腿的作用是把上部平台拉紧固定在海底的锚固基础上,使平台在环境力作用下的运动处于允许的范围内。其系泊方式主要有垂直系泊和倾斜系泊两种。由于垂直系泊方式施工方便,而且通过合理选择平台船型和设置合理的张力腿预张力、刚度,就可以将平台的运动控制在允许的范围内,因此,目前投入使用的张力腿平台均采用垂直系泊方式。张力腿系统不仅控制着平台与井口的相对位置,还对其安全性起着决定性作用。

(5)锚固基础。

锚固基础是张力腿平台的重要组成部分,起到了固定平台、精确定位的作用,主要分为重力式和吸力式两种。由于吸力式锚固基础对海底土层状况的适应性较好,因而近年来在张力腿平台建设中得到了重视和应用。

2)张力腿平台的类型

目前张力腿平台的主要结构形式分为传统型(Conventional TLP)、海星型(Seastar TLP)、MOSES 型(MOSES TLP)和延伸型(ETLP)。

(1)传统型张力腿平台。

传统型张力腿平台一般由 4 个立柱和 4 个链接的下体组成。立柱的水切面较大,自由浮动时稳定性较好,并通过张力腿固定于海底。一般在上部结构安装好后拖到预定安装场地并连接到张力腿上。

(2)海星型张力腿平台。

海星型张力腿平台属于小型张力腿平台,适用于开发中小型油田,是一种安全、可靠、稳定、经济的张力腿平台形式。海星型张力腿平台打破了传统型张力腿的三柱式或四柱式结构,其主体采用了一种非常独特的单柱式设计,这一圆柱体结构称为中央柱,中央柱穿过水平面,上端支撑平台甲板,在接近下端的部位,连接固定了 3 根矩形截面的浮筒,各浮筒向外延伸成悬臂梁结构,彼此在水平面上的夹角为 120°,呈辐射状,且浮筒的末端截面逐渐缩小。这 3 根浮筒向平台本体提供浮力,并且在外端与张力腿系统连接。中央柱中开有中央井,立管系统通过中央井与上体管道相接。

(3)MOSES 型张力腿平台。

MOSES 型张力腿平台也属于小型张力腿平台,MOSES 是“最小化深海水面设备结构(minimum offshore surface equipment structure)”的简称。

MOSES 型张力腿平台继承了传统张力腿平台的各项主要优点(如小垂荡运动等),同时又对传统张力腿平台的结构进行了全方位的改进,创新性地利用各项现有技术,从而以更低的造价提供与传统张力腿平台同样的功能。

(4)延伸型张力腿平台。

ETLP 是“extended tension leg platform”的简称,相对于传统类型的张力腿平台,延伸型张力腿平台主要是在平台主体结构上做了改进,其主体由立柱和浮箱两大部分组成。按照立柱数目的不同可以分为三柱式和四立柱式延伸型张力腿平台。立柱有方柱和圆柱两种形式,上端穿出水面支撑着平台上体,下端与浮箱结构相连。浮箱截面的形状为矩形,首尾相接形成环状基座结构,在环状基座的每一个边角上,都有一部分浮箱向外延伸形成悬臂梁,悬臂梁的顶端与张力腿相连接。

3）张力腿平台的优缺点

张力腿平台的优点：可采用干式采油树，钻井、完井、修井等作业和井口操作简单，且便于维修；就位状态稳定，浮体几乎没有升沉、横摇和纵摇运动；完全在水面以上作业，采油操作费用低；简化了钢制悬链式立管的连接，可同时采用张紧式立管和刚性悬链立管；技术成熟，可应用于大型和小型油气田，适用水深为几百米到二千米左右。

张力腿平台的缺点：无储油功能，需海底管线或 FPSO 配套；对上部结构的质量非常敏感；载重的增加需要排水量增加，因此又会增加张力腿的预张力和尺寸；整个系统刚度较强，对高频波动力比较敏感；由于张力腿长度与水深成线性关系，而张力腿费用较高，因此水深一般限制在 2000m 以内。

6. SPAR 平台浮式生产系统

1987 年，Edward E. Horton 首先提出一种专门用于深海钻井和采油的浮式圆柱形 R 平台（SPAR）并获得专利。1996 年，第一座 SPAR 深海采油平台建成投产，工作水深 588m，取得了良好的经济效益。目前，全世界共有 13 座 SPAR 平台，继张力腿平台之后，SPAR 已经成为当今世界上深海油气开采的第二大主力平台类型。目前世界上最深的 SPAR 平台是位于墨西哥湾的 Devils Truss SPAR 平台，水深 1710m，是桁架式单柱平台。按其发展的时间顺序，SPAR 平台可分为 4 代，分别是传统式 SPAR（Classic SPAR）、桁架式 SPAR（Truss SPAR）、蜂巢式 SPAR（Cell SPAR）以及属于第四代的最新设计的湿式采油树式 SPAR（Wet Tree SPAR）。

以 Truss SPAR 为例对 SPAR 平台的各个组成部分进行具体分析。

1）SPAR 平台的组成结构

（1）顶部甲板模块。

SPAR 平台甲板模块通常由 2~4 层矩形甲板结构组成，用来进行钻探、油井维修、产品处理或其他组合作业，井口布置在中部。一般设有油气处理设备、生活区、直升机甲板以及公共设施等，根据作业要求，也可在顶层甲板上安装重型或轻型钻塔以完成平台的钻探、完井和修井作业。

（2）主体结构。

平台主体提供主要浮力，并保证平台作业安全。从上到下主要分为硬舱、中段、软舱（图 5-1-12）。硬舱是一个大直径的圆柱体结构，中央井贯穿其中，设置固定浮舱和可变压载舱，为平台提供大部分浮力，并对平台浮态进行调整。中段为桁架结构，在桁架结构中设置 2~4 层垂挡板，增加平台的附加质量和附加阻尼，减少平台在波浪中的运动，提高稳性。软舱主要设置固定压载舱，降低平台重心，同时为 SPAR 平台"自行竖立"过程提供扶正力矩。此外，主体外壳上还安装 2~3 列螺旋侧板结构，减少平台的涡激振动，改善平台在涡流中的性能。

（3）立管系统。

SPAR 的立管系统主要由生产立管、钻探立管、输出立管及输送管线等部分组成。由于 SPAR 的垂荡运动很小，可以支持顶端张紧立管，每个立管通过自带的浮力罐或甲板上的张紧器提供张力支持。浮力罐从接近水表面一直延伸到水下一定深度，甚至超出硬舱底部。在中心井内部，由弹簧导向承座提供这些浮罐的横向支持。柔性海底管线（包括柔性输出立管）可以附着在 SPAR 的硬舱和软舱的外部，也可以通过导向管拉进桁架内部，继而进入硬舱的中心井中。由于立管系统位于中央井内，因此在主体的屏障作用下不受表面波和海流的影响。

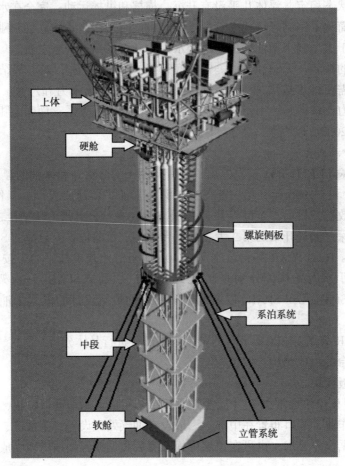

图 5-1-12　SPAR 平台组成

（4）系泊系统。

系泊系统采用的是半张紧悬链线系泊系统，下桩点在水平距离上远离平台主体，由多条系泊索组成的缆索系统覆盖了很宽阔的区域。系泊索包括海底桩链，锚链由钢缆或聚酯纤维组成。导缆器安装在平台主体重心附近的外壁上，目的是减少系泊索的动力载荷。起链机是对系泊系统进行操控的重要设备，分为数组，分布在主体顶甲板边缘的各个方向上，锚所承受的上拔载荷由打桩或负压法安装的吸力锚来承担。

2）SPAR 平台的种类

传统式 SPAR 平台，其主体为封闭式单柱圆筒结构，主体长度一般在 200m 以上，直径在 20m 以上。主体主要由 3 个舱组成，从上向下依次为：硬舱、中段、软舱。

桁架式 SPAR 平台：上部浮力系统和下部压载系统与传统式相似。中段为开放式的框架结构，采用垂荡板，分为数层。桁架部分是一个类似于导管架结构的空间钢架，相比传统SPAR 平台的中段结构，可以节省约 50% 的钢材，同时也减少了水流阻力。

蜂巢式 SPAR 平台(又称多柱式 SPAR 平台)：主体结构是由几个直径较小的筒体(约 6~

7m)组成，形成一个大浮筒支撑上部结构，再由很多在它们空隙间的水平的和垂直的结构单元将整个结构连接起来。

湿式采油树式 SPAR 平台：与桁架式 SPAR 平台不同，采用湿式采油树，可以适应更恶劣的海洋环境，目前这种 SPAR 仍然在研究和设计过程中。

3）SPAR 平台的优缺点

SPAR 平台的优点：具有可迁移性；对上部质量不敏感；通常主体结构的增加会导致主体部分的增加，但对锚固系统的影响不敏感；可同时采用张紧式立管和刚性悬链式立管；升沉运动比张力腿式平台大得多，但和半潜式平台相比较仍然很小；与 TLP 平台相比，在更深水域的开发投资费用低；由于其浮心高于重心，因此能保证无条件稳定；立管等钻井设备能装置在 SPAR 内部，从而得到有效的保护；机动性较大；通过调节系泊系统可在一定范围内移动进行钻井，重新定位比较容易；可支持水上干式采油树，直接进行井口作业，便于维修。

SPAR 平台的缺点：顶端张紧立管(TTR)、支撑及筒体底部的立管容易产生疲劳；筒体易产生涡激振动，使浮筒、立管和系泊系统产生疲劳。

三、水下生产系统

随着海洋石油工业技术的发展，海洋石油技术从海面发展到了水下，从单井水下采油树发展到多井水下采油树，甚至将全部油气集输系统都放到水下。

水下生产系统是 20 世纪 60 年代发展起来的，它利用水下完井技术结合固定式平台、浮式生产平台等设施组成不同的海上油田开发形式。由于水下生产系统可以避免建造昂贵的海上采油平台，节省大量建设投资，受灾害天气影响较小，可靠性强，随着海上深水油气田及边际油气田的开发，水下生产系统在结合固定平台、浮式生产设施组成完整的油气田开发方式方面得到了广泛应用。

典型的水下生产系统由水下设备及水面控制设施组成(图 5-1-13)。水下设备主要包括水下采油树、水下基盘、水下管汇、海底管线及立管、水下控制系统、水下处理系统(多相流量计、水下多相增压泵、水下分离器等)及配套的水下作业工具等。水面控制系统放置在浮式生产系统上，通过脐带缆对水下设备进行远程控制和维修作业。

水下生产系统将采油树放到海床上，油气混合物从水下出油管线进入(或直接进入)巨大的水下管汇底盘，完成单井井液计量、汇集、增压后通过海底管线输送到浮式生产系统上进行处理和储运。水面控制系统通过水下管汇中心对水下井口进行控制、关断、注水、注化学药剂及维护作业。

水下采油具有如下特点：

(1)水下采油树避开了如风、浪、流、冰山、浮冰和航船等恶劣的海面条件的影响，采油设备处于条件相对稳定的海底。

(2)水下采油设备能和各种平台甚至油轮组合成不同类型的早期生产系统，以适应不同类型和不同海况油田开发的需要。

(3)水下采油能充分利用勘探井、探边井，使其成为生产系统的卫星井，或短期内进行早期生产，这不仅可为后期开发收集油层资料，还可以尽快回收初期投资。

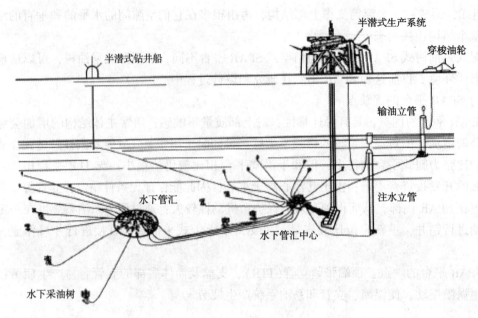

图 5-1-13　水下生产系统

（4）可以不钻定向井就开发浅油层。在浅油层上钻出若干垂直井，在其中央建立平台，进行集中处理、输送。

（5）由于不再使用价格昂贵的海上平台，尤其对于深水区，极大地节省了油田开发总投资。

（6）由于省去了平台操作人员，较多地节省了生产管理、操作费用。

1. 水下生产系统的主要设备

1）水下采油树

水下采油树(图 5-1-14)是连接到海底井口装置上的全套设备，目的是用来控制和管理采油或采气作业，或者注气和注水作业，也允许进行井下修井作业。可以从采油平台或完井钻井船上进行遥控。

（1）水下采油树的分类。

① 从其使用条件和要求上来说，水下采油树分为干式、湿式、干/湿式和沉箱式 4 种形式。

a. 干式水下采油树。它是指不直接放置在海水中的采油树(图 5-1-15)。它是把采油树置于一个封闭的常压、常温舱里，该舱通常称为水下井口舱。水下井口舱通过上部的法兰与运送人员和设备的服务舱连接，打开法兰下面起密封作用的舱孔，通过舱孔操作人员和井口设

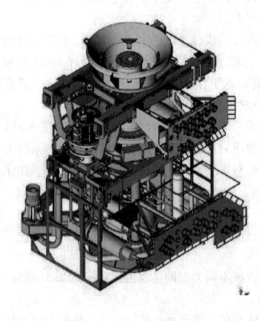

图 5-1-14　水下采油树

备可以进入水下井口舱工作，水下井口舱能够容纳 2~3 人。干式采油树的最大优点是操作人员可以近距离观察并控制其采油作业；其不足是存在人身危险。且由于结构复杂、设备仪器繁多和成本高等原因，干式采油树目前已逐渐被其他形式所取代。

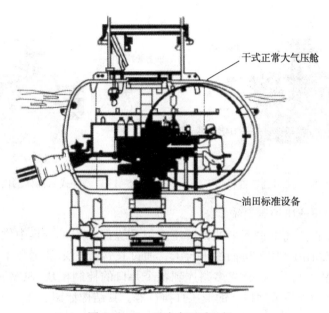

干式正常大气压舱

油田标准设备

图 5-1-15　干式水下采油树

　　b. 湿式水下采油树。它是当前最流行的一种采油方式。整套采油树完全放置于海水中，毋需操作人员在水下工作，主要采用远程遥控等进行操作监控。所有湿式采油树的结构、基本部件及其功能都相同，主要包括采油树体、采油树与海底管线连接器、采油树阀件、永久导向基础、采油树内外帽和控制系统等。

　　c. 干/湿式水下采油树。干/湿式水下采油树的特点是可以干、湿转换，当正常生产时，采油树呈湿式状态，当进行维修时，由一个服务舱与水下采油树连接，排空海水，使其变成常温常压的干式采油树。干/湿式采油树主要由低压外壳、水下生产设备、输油管连接器和干/湿式转换接头组成。

　　d. 沉箱式水下采油树。也称插入式水下采油树，就是把整个采油树包括主阀、连接器和水下井口全部置于海床以下一定深度的导管内，这样采油树受外界冲击而造成损坏的机会大大减少。沉箱式水下采油树分为上、下两个部分：上部系统主要包括采油树下入系统、控制系统、永久导向基础、出油管线及阀门、采油树帽、输油管线连接器和采油树保护罩等；下部系统主要包括主阀、连接器和水下井口等。该采油树的最大缺点是价格高，比同规格湿式采油树高 40% 左右；另外，受适用范围等因素影响，使其应用受到一定程度的限制。

　　② 按照安装方式不同，水下采油树分为立式采油树和卧式采油树两种。

　　立式采油树的阀组通常垂直放置在油管悬挂器顶部，卧式采油树生产管线一般从油管悬挂器及采油树阀组合的一侧引出。

(2) 采油树的结构。

本书仅对卧式采油树的结构进行介绍。卧式采油树(图5-1-16)由采油树导向基盘、采油树本体、采油树帽、油管悬挂器、H4连接器、主阀、翼阀和管道等部件组成,其内部结构如图5-1-17所示。

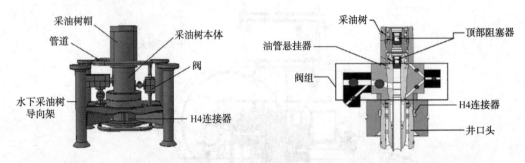

图5-1-16　卧式采油树的三维模型　　　　图5-1-17　卧式采油树的内部结构示意图

(3) 水下采油树液压控制系统。

绝大多数的深水油气田水下采油树液压控制系统都采用平台集中供油、海底分配的结构。液压动力单元(HPU)位于海面的平台上,通过长达数千米甚至数十千米的脐带管连到海底的分配单元(SDU),一路分成多路连到各个井口的控制模块(SCM),最后再从控制模块分出多路管线驱动水下采油树上的液压缸执行器,其结构如图5-1-18所示。

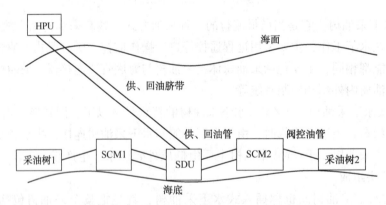

图5-1-18　水下采油树液压驱动系统结构图

出于安全性的考虑,水下采油树上的执行器带有两级自动关闭保护功能:第一级位于SCM的控制阀上,该控制阀是一个电磁先导式的液动阀,当SCM的入口压力降低到一定值时,液动阀在弹簧作用下复位,关闭水下阀门执行器;第二级则位于执行器上,控制执行器的液压缸是一个弹簧缸,当SCM上的控制阀控制执行器开启时,高压油克服弹簧力推动活塞打开水下阀门,而当SCM上的控制阀不能提供高压油时,活塞在弹簧力作用下自动复位,关闭阀门。

一套完整的水下井口和采油装备主要由水下井口、水下采油树和中间连接器(也称水下连接器)这3种相互独立并具有不同功能的设备构成,水下井口装置与套管连接,安放在井口上部的海床上,水下采油树通过中间连接器与水下井口装置连接在一起。

2) 水下连接器

水下连接器应用范围比较广泛，不仅用于水下井口和水下采油树之间的定位和连接，而且也用于海洋隔水管与水下防喷器等设备之间的快速、有效连接等。水下连接器目前有一体式和分体式两种大的结构形式：一体式是将连接器与采油树等设备设计为一个整体，不作为一个独立设备；而分体式则把连接器设计为一个相对独立的单元装备，专门用于水下装备之间的连接或脱开，具体结构如图 5-1-19 所示。

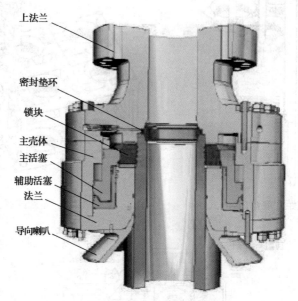

上法兰
密封垫环
锁块
主壳体
主活塞
辅助活塞
法兰
导向喇叭

图 5-1-19　水下连接器

3) 水下底盘

（1）水下底盘的作用：提供合适的井距，为钻井设备提供导引；减少钻井与开发之间的时间，使油田能较早投产；底盘井比较集中，节省管线，操作简便，容易保护，操作费用低；底盘适用于固定式采油平台、浮式采油平台、张力腿平台，还可用于钻井和采油，灵活方便，能使钻井速度加快。

（2）水下底盘的类型。

a. 定距式底盘。

定距式底盘是一种井口座间距固定的小型底盘。它的结构简单，在管线焊接的框架上有几个插座，供钻井导向用。定距式底盘又分为自升式(图 5-1-20)和浮式(图 5-1-21)两种形式。

定距式底盘仅有一个调平永久导向底座为各井调平，要求海床坡度小于 5°，一般适用于井数不多(少于 6 口井)、水深小 60m 的浅水海域。因此，除了回接到平台上这种生产系统外，其他生产系统不推荐使用。

b. 组合式底盘。

当装卸底盘需要通过钻井船的"月槽"，且油田特性和钻井数未知时，通常选用组合式底盘(图 5-1-22)，这是一个"积木式"系统，一般能钻 2~6 口井，井口的多少取决于底盘组合的数量。组合式底盘的优点是构造尺寸不大，灵活方便，投资费用低，加上悬臂底盘就可增加井数。

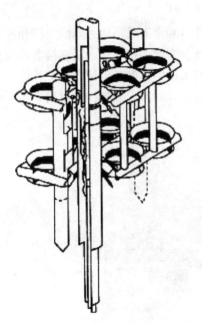

图 5-1-20　定距式底盘(自升式)

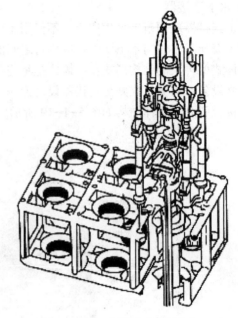

图 5-1-21　定距式底盘(浮式)

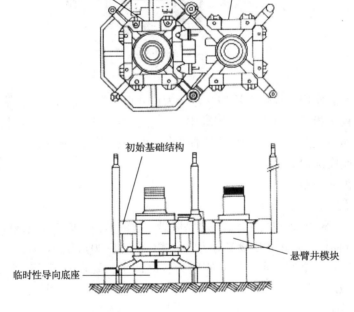

图 5-1-22　组合式底盘

c. 整体式底盘。

整体式底盘是一种大型的、整体的、具有固定尺寸的底盘(图 5-1-23)。当水深超过 61m,油藏特性和井数已知,海底条件不允许用组合式底盘时,可采用这种底盘。

整体式底盘由直径大于 76cm 的管线制成,包括井槽、调平装置(液压调平千斤顶、调平底座等)、井口插座、导向索孔眼、支承桩、定位桩等。

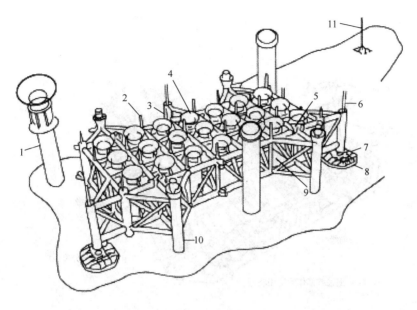

图 5-1-23　整体式底盘

1—定位桩；2—钻井导向柱；3—导向索孔眼；4—井口插座；5—井口底架提升孔眼；6—液压调平千斤顶；

7—锁紧装置；8—调平底座；9—井口底盘结构；10—支撑桩套筒；11—挖出泥水平指示器

这种底盘允许调整井距，使其与要求的平台开口相遇，可以采用最经济的底盘和平台。它的井数固定，可适用于大数量的井(多达 20 口以上)。其优点是可一次安装，节省时间。

4) 水下管汇中心

水下管汇中心(图 5-1-24)也是水下生产系统的一种主要设备，其功能与一座固定平台相似，可在恶劣海区和深海区安全、可靠地进行油气田开发，也可与浮式生产系统配合开发边际油田，以及对远离中心平台的卫星油田进行开发。水下管汇中心主要具有的功能有：可以通过底盘钻海底丛式井和连接卫星井；汇集和控制底盘井和卫星井产出的井液，通过海底管线输往附近的平台进行油气处理；将来自附近平台经过处理的海水注入注水井中，保持地层压力；输送来自水面的气体至各井口，实现气举；从上部设施通过 UMC 向各井泵送；向各井注入化学药剂；通过管汇对单井的产液特性进行测试和计量；实现从平台进行的遥控操作等。

水下管汇中心主要由以下部分组成：

(1) 底盘。底盘一般主要由大管径制成的结构框架组成，一方面为 UMC 下入海底提供浮力；另一方面也是钻井导向和设备支撑基座及其保护架。

(2) 管汇系统和保护盖。从底盘井和卫星井产出的井液，在管汇聚集后通过海底管线输往平台，平台上经过处理的海水经管汇分配至各注水井，除此之外，管汇系统还具备油水井测试、压井、化学药剂注入、修井时的通道及管线清洗等功能。

管汇根据油田不同的生产要求配置一定数量的管线，分别负责井液的测试和计量、注水分配、化学药剂注入及修井等。控制各系统通往各单井的阀门组沿相应的管线布置。

(3) 电液控制与分配系统。控制系统设备是永久性地安装在水下管汇中心的结构上的，易损坏的控制系统电液元件安装于可取式控制模块中，该控制模块可以是一个阀门组，控制

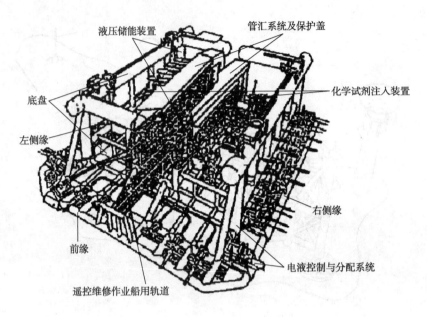

图 5-1-24　水下管汇中心

模块的安装位置使 ROV（水下机器人）可以很方便的进行维修和操作。由于电液分配系统不可替换且不易维修，因此一般都会留出较大的余量。

（4）液压储能装置。液压储能装置与供液设备和回路管线相连接，以提供液压储能防止回压的过分波动，且当平台上的液压泵出现问题时，储能器至少在 24h（或一定时间）内可维持足够的液体压力使管汇正常工作。

（5）化学药剂注入装置。

（6）ROV 轨道。为便于维修，可以用 ROV 拆卸水下管汇中心和控制系统的所用组件，因此，在各阀门组和控制系统模块旁设置了 ROV 作业轨道（沿轨道两边布置），轨道置于水下管汇中心的中部，ROV 将从作业船释放下来并沿此轨道到达工作位置。

（7）连接卫星井输油管线和控制管线用的"侧缘"。卫星井到管汇中心的输油管线和控制管线用的连接设备，沿着底盘结构的每一侧分布。在入口端，输油管线与安装在四边的相配连接件相连，控制管线和液压管线也连接在相应的四边上。

通往管汇中心的输油管线和控制管线在钻井船上用遥控操作工具拉入或连接，操作工具一般用钻杆下入，采用液压驱动方式完成拉入和锁定动作。

（8）前缘。水下管汇中心的前缘用来把输油管线、控制管线、液压管线和化学药剂注入管线与平台连接起来。前缘上还包括其余的供电管线、通讯电缆、液压管线、化学药剂注入软管束、TFL 服务管线等。

5）无人遥控潜水器

（1）无人遥控潜水器的组成。

无人遥控潜水器（remote operated vehicles，ROV）也称水下机器人（图 5-1-25），是一种工作于水下的极限作业机器人，能潜入水中代替人完成某些操作，又称潜水器。水下环境恶劣危险，人的潜水深度有限，所以水下机器人已成为开发海洋的重要工具。它的工作方式是由水面母船上的工作人员通过连接潜水器的脐带提供动力，操纵或控制潜水器，通过水下电视、声呐等专用设备进行观察，还能通过机械手，进行水下作业。无人遥控潜水器主要分为有缆遥控潜水器和无缆遥控潜水器两种，其中有缆遥控潜水器又分为水中自航式、拖航式和能在海底结构物上爬行式 3 种。

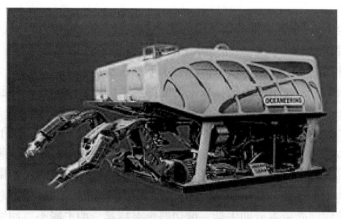

图 5-1-25　ROV 实景图

ROV 可分为水上控制设备、水下控制设备和脐带缆 3 个部分。水上控制设备的功能是监视和操作水下的载体，并向水下载体提供所需的动力；水下控制设备的功能则是执行水面的命令，产生需要的运动以完成给定的作业使命；脐带缆是水下通讯的桥梁，主要用来传递信息和输送动力。具体说来，ROV 系统由水下潜器(有的还带有中继器件 TMS)、脐带缆、收放系统(包括 A 吊、绞车等)、控制系统和动力系统组成。

a. 潜器。

潜器是携带观察和作业工具设备的运动载体，一般都采用了模块化结构。它主要包括水密耐压壳体和动力推进、探测识别与传感、通讯与导航、电子控制及执行机构等分系统。在开式框架结构件上方是浮材，潜器对材料和工艺要求较高，水密耐压壳体主要由防腐蚀性好、强度高的材料制造而成，为水下机器人等设备提供安装平台及浮力。耐压壳体要求线性流畅，结构紧凑，保证潜器全负荷时水中浮力基本为零。在水平、侧向和垂直方向都装有推进器，从而可实现三维空间的运动。框架前部或必要的地方安置云台，在其上装有视频摄像头和照明灯。根据工作需要，潜器上还装有常规的传感器，包括成像声呐、罗盘、深度计、高度计等。潜器上有水下电子单元，包括水下计算机、驱动器、控制模块等，安装在常压的密封仓内。系统监视所需要的传感元件包括动力、压力、温度、漏水等传感元件，一旦系统出现问题时(如温度过高等)，系统自动为用户提供报警功能，确保系统稳定和安全。

b. 收放系统(launch and recovery system)。

收放系统主要由 A 吊(A-frame)和绞车(winch)组成，用以下放、回收潜器。它由底架、U 型门架(悬臂吊架)、滑轮、锁栓机构、绞车、导电滑环及液压动力系统组成，吊放系统要求具有良好的工作可靠性，足够的结构强度，施放过程中的制动能力和缓冲能力。吊放系统通常采用门形结构、液压驱动，并设有消摆机构并可储存脐带电缆。

c. 脐带缆(umbilical)。

脐带缆是联接水上、水下两部分的纽带，是能源馈送和信息传输的渠道。由于海上作业受海况、工作母船体本身，还有周边建筑(如导管架等)及其他多种因素的干扰，在下放、回收及作业过程中必然会对脐带造成拉伸、扭曲等损伤，所以在材料上，要求有较强的硬度和防水抗压性能，能抗冲击力、小水流阻力的干扰。同时，缆内有系统光线通讯线路和为潜器提供超 3000V 的高压电，这就要求它具有较强的绝缘性和抗伸缩性。

d. 观察作业设备。

水下观察主要由 ROV 所携带的水下摄像头和声呐设备完成。在运动载体上安装摄像头、旁扫声呐，构成载体的基本系统。ROV 可完成的具体任务包括水下搜索、水下观察、清除水下障碍、带缆挂钩、水下切割、水下清洗、水下打孔和水下连接等。

同时，随着水下工程技术的发展，单一功能的水下机械手及作业机具已不能满足人们的要求了。为提高作业能力及作业水平，要求机械手能够搭配多种作业机，这就需要 ROV 带有包含多种作业工具的工具包。水下作业工具分为通用水下工具和专用水下工具两种：通用水下工具是指适应多种作业任务的水下工具，一般指的是机械手，作为一些专用水下工具及采样器具的安装基座，机械手的运用扩展了水下作业系统的工作空间；专用水下工具主要用于完成一些特定的水下作业，可用来扩大水下机械手的作业能力和效率，常见的专用水下作业工具主要有清洗刷、砂轮锯、冲击钻、剪切器、夹持器、冲击搬手、冲洗枪等。

e. 控制系统和动力系统。

控制系统和动力系统包括控制间（control room）、维修间（workshop）和发电机（generator）。控制间是水下载体的驾驶、监视、操作、指挥中心，包括监视系统和监控系统。监视系统指用于水下机器人水下搜索和水下观察的设备，一般包括水下摄像头、云台及水下照明灯、成像声呐、声学测深测高仪和磁学定位系统等。监控系统主要指介入水下机器人运动控制和保障系统正常运行所需的传感设备，一般包括深度计、高度计、方向罗盘、温度、压力、电压表、电流表等。

维修间是日常设备维修的主要场所，通常用于存放专业维修器材、工具及一些备件和耗材，保证作业的顺利进行。

动力单元主要是由发电机提供，经变压为系统提供不同强度的电压，动力系统为水上设备（水上控制单元、控制间、维修间和其他的水上设备）和水下设备（中继器、潜器等）提供动力分配及保护措施，所有电气设备都需满足船用电气设备的规范要求。考虑到实际作业过程中船电的不稳定性，ROV 在实际工作中一般都配备专用的发电机，并根据 ROV 的工作条件，给发电机设置适当的参数，确保 ROV 工作的安全性和稳定性。

（2）ROV 在导管架施工中的用途。

① ROV 在导管架安装项目中的作业内容。

a. 地貌调查。施工前期，对导管架即将安放的区域内海床进行地貌检测，为导管架入海作好充分的准备工作。

b. 导管架扶正支持。导管架下水后，必须对它的姿态进行矫正，导管架扶正时，测量导管架泥面板与海床面的距离、接触情况，将 ROV 检测结果上报项目组，以便采取进一步措施。

c. 导管架定位。导管架入水后，位置如何，必须进行确认，因此，必须利用 ROV 至导管架立管口处，标记深度、艏向、坐标。

d. 引导插桩。桩腿入水后，要确保桩能顺利地进入喇叭口，离不开 ROV 的水下作业。套桩时，ROV 潜至桩末端，ROV 引导桩下放至喇叭口插桩，并引导吊桩器泄压回收。

e. 监控打桩。在打桩作业时，必须利用 ROV 引导打桩锤套桩，套桩成功后，还应监测打桩情况，将打桩进度和打桩状况提供给项目组。

f. 灌浆作业。为保证导管架的稳定，根据施工程序，桩腿进入套筒后，导管架要灌浆固定。ROV 监控氮气、淡水清洗桩脚内壁与桩外壁夹缝过程，同时，在灌浆过程中，应利用 ROV 对该过程进行跟踪监控，将信息反馈给项目组。

g. 后调查。插桩、打桩、灌浆结束后，施工的效果如何，在安装结束后必须做进一步的考察，调查灌浆结束后桩脚底部与海床接触处的情况，只有这样，出现问题时才能及时采取必要的措施，确保工程顺利进行。

② ROV 在导管架安装项目中的作业方法。

ROV 一般置于船的尾部，ROV 人员在作业船控制 ROV 作业，摄像信号由 ROV 的脐带传送到控制间的显示屏上，操作人员根据视频上的录象显示，以及声呐扫描图象，观察水下情况，引导各个阶段作业。在得到工作任务后，要根据当时的海流、海况等及时制定工作方案。作业时，根据作业海区流向、流速、工作母船的走向及 ROV 可能工作的区域范围绘制工作平面草图，用于导航员通过声呐图形准确判断 ROV 与工作目标的相对位置，并通过图象随时确定 ROV 在水中的姿态及相对位置。每次下水前要充分考虑 ROV 在水下可能出现的各种风险，制定好风险应急措施，明确每个成员在风险出现后所要做的工作。

③ ROV 在导管架安装项目中的作业设备。

a. 作业船：作业船甲板上放有 ROV 释放/回收装置、ROV 控制间和维修间、发电机等。

b. ROV 系统：ROV 系统包括收放系统、潜器、绞车、控制间、维修间、发电机。

c. 定位系统：包括实时差分 GPS 系统、水声定位系统。

④ ROV 在导管架安装项目中的作业报告。

导管架安装项目中的 ROV 作业报告包括水下目视检查报告、录像带和摄影照片。作业报告须经 ROV 总监签字，提交业主代表。

（3）ROV 在海底管线铺设项目中的应用。

ROV 携带水下测量设备完成海底管线的位置、埋深、悬跨、异物、损伤、电位等检测工作，通常情况下，进行海底管线检测时，由于 ROV 携带设备较多，作业的连续性较高，要求使用作业型 ROV 进行检测作业，并且采用 free swimming 形式的 ROV。

① ROV 在海底管线铺设项目中的工作内容。

水下目视检测：对管线的损伤情况、废物堆积、管线悬跨、牺牲阳极以及管线的支撑、膨胀环、注水装置和连接软管等进行巡航检测。电位测量、测量每一根管线的阴极保护电位。管线悬跨测量：使用声呐测量管线悬跨的长度。水下摄影：对发现的缺陷、异常和管线的重要部位进行水下摄影记录。

② ROV 在海底管线铺设项目中的检测方法。

采用 ROV 对海底管线进行巡航检测。ROV 人员在工作船上控制 ROV 的航行，测量信号由 ROV 的脐带电缆传送到工作船上的计算机处理中心，检测人员在监视器上得到测量信号的显示，观察管线沿线的总体情况。ROV 巡航检测中遇阳极块时，安装在 ROV 机械手的 CP 探头刺入阳极块，测量布置在管线上的阳极块电位。

工作船采用实时差分 GPS 定位系统进行水面定位，ROV 采用水声定位系统进行水下定位，通过计算机处理，得到 ROV 与工作船之间的绝对坐标。

③ ROV 在海底管线铺设项目中的检测设备。

工作船。工作船甲板上布置有 ROV 释放回收系统、ROV 控制室和 ROV 检测室。它们之间安装有 ROV 闭路电视终端和 GNS 航海系统终端。

ROV 系统。ROV 具有 7 只液压推进器和两只多功能机械手。ROV 装有下列设备：左/右舷悬臂摄像头、转动/倾斜摄像头、测深传感器、扫描声呐、电罗经、管线跟踪器、CP 电位测量探头等。

定位系统。包括实时差分 GPS 系统、水声定位系统。

④ ROV 在海底管线铺设项目中的检测程序。

系统准备。对 ROV、各种传感器和相关设备进行检查和校准。

ROV 释放。ROV 由工作船舷侧释放入水，调节扫描声呐，控制 ROV 的航行，在发现管线后，ROV 骑坐在管线上的指定点，对系统作进一步的检查，保证系统运行正常。

ROV 巡航检测。ROV 人员控制 ROV 沿预定的管线巡航，工作船随 ROV 航行。ROV 人员调节 ROV 上的左/右舷悬臂摄像头的角度，以便检测人员从管线的两侧清晰地观察管线和管线周围的情况，确定管线损伤、废弃物、支承、悬跨、阳极块等的状况和位置，近观检测并摄像记录。ROV 人员调节扫描声呐，显示管线和海底断面的情况，测量管线悬跨的长度和高度。ROV 巡航检测时要做好录像记录。

电位测量。ROV 巡航检测中发现阳极块或油管的注水装置时，ROV 停止巡航，工作船原位待命。ROV 人员降下捏握 CP 探头的机械手，将探头刺入阳极块或注水装置，测量阳极块或注水装置的阳极电位，电位测量结束后 ROV 恢复巡航。

ROV 回收。巡航检测结束后，将 ROV 回收到甲板。在巡航检测中，如发生故障，及时将 ROV 回收至甲板，并在 GNS 航海系统上作上标记。

⑤ ROV 在海底管线铺设项目中的检测报告。

ROV 检测报告经 ROV 监督签字后，提交业主代表和验船师签字。

海底管线的 ROV 检测报告通常包括：ROV 作业记录，电位测量报告，管线悬跨测量报告，录像带，等等。

2. 水下设备的控制系统

水下设备的控制系统一般安装在附近水面的设施上，如半潜式钻井船、FPSO 等浮式生产系统，并通过海底管缆对水下设备进行遥控操作。

1) 控制系统的主要组成

控制系统主要由水面(平台)控制装置、水下控制装置、控制管束组成。水面(平台)控制装置包括动力装置(液压泵、液罐和储能器)、控制板(控制阀、指示器和控制线路)、阀件(压力调节阀和导向阀)、微处理机。水下控制装置包括导向阀、程序阀、控制板、储能器、微处理机和开关。控制管束由液压管线、金属电线组成。

2) 控制系统的主要功能

(1) 开关水下采油树上的阀门。

(2) 开关井下安全阀。

(3) 传递井口的各种数据(如油管压力、套管压力、阀板的开度等)。

3) 控制系统的类型

(1) 直接液压控制。

（2）导向液压控制。

（3）程序液压控制。

（4）电动液压控制。

（5）复合电动液压控制。

（6）声波控制系统。

四、海上油气田生产设施的选择

海上生产系统各有其特点和适用条件，在选择时应根据油田采油作业的需要、作业区域的水深、海况等具体情况，按照投资少的原则，综合考虑平台的建造成本等经济因素，对每种生产系统进行可行性研究。经过对比分析，最后选择一种较为合理的方案。考虑的主要因素包括：水深、油田地理位置及规模、海底地形、开发油田所需的井数、海况条件、修井的要求、生产介质和采油工艺要求等。

1. 水深

水深对海上生产系统的选择影响较大，水深和采油平台的选择关系如图 5-1-26 所示。

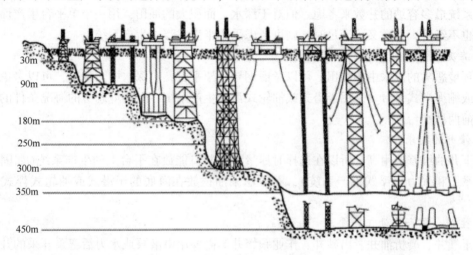

图 5-1-26　水深和采油平台的选择方式

在浅水海区，一般选用桩基导管架式采油平台，也可以采用自升式钻井平台改装的采油平台或人工岛。

在较深的水域，宜选用较大型的桩基导管架式平台或混凝土重力式平台。

在更大的水深区域，宜选用顺应式平台，包括牵索塔式平台、浮力塔式平台和张力腿式平台。

在深水海区，宜选用浮式生产系统，既可选用半潜式平台改装的采油平台，也可选用生产储油轮的方式，还可采用水下（海底）采油系统。

另外，在浅海区产量不高的油田，应该使用单功能的海上平台，而不宜建造综合性的大型平台，以利于加快油田开发和降低费用。在较深海区的中小油田，则应采用轻型自足式平台或微型自足式平台。开采年限很短（4~5 年内即采完）的油田或在早期生产阶段则采用移动式平台较为经济。

2. 油田地理位置及规模

如果油田离岸较近，可考虑管输上岸，在陆上建油气处理厂，进行油气分离、储运或采用人工岛方案。如果油田离岸较远，而且是产量较低的边际油田，则可考虑选用浮式生产系统，充分利用浮式生产系统可重复利用的特点。如果油田产量较大，水深较浅(小于10m)，可考虑采用人工岛方案。

对于面积较大的油田，用一个固定平台难以开发，则可以在平台以外控制不到的地方钻一些卫星井，采用水下完井，再连接到平台上，或建若干卫星平台，或采用两个、多个平台的生产系统。

3. 海底地形

对于海底地形平坦、土质坚硬的海域，可以考虑采用混凝土重力式平台；对于土质松软、海底不平坦的海域，则考虑采用固定平台或其他形式的设施。

4. 开发油田所需的井数

根据每种生产系统的平台或浮体最多所能容纳的井数不同，选用不同的生产系统。固定平台生产系统所容纳的井数最多，浮式生产系统所容纳的井数最少，所以在选用时应根据每种生产系统最多容纳的井数来考虑。但对于深水、面积大的油田，用一个单平台生产面积又稍小，也不经济，井数又可满足时，则可考虑采用半潜式浮式生产系统。

5. 海况条件

对环境恶劣的浅水中小油田，可以考虑钢导管架平台；对深水中大油田，可以考虑张力腿平台或绷绳塔式平台。采用半潜式或油轮式浮式生产系统，对环境恶劣的海况条件的适应性不如前两种平台。

6. 修井的要求

水下井的维修费用高，所以在选择时尽量考虑井口能放在平台上的生产系统(如固定平台生产系统和张力腿浮式生产系统)，不考虑采油树放在海底的半潜式或油轮式浮式生产系统。

7. 生产介质和采油工艺要求

对于气井、凝析油井、出砂井、作业频繁井等需要用电潜泵或水力活塞泵开采的井，尽量不考虑选用浮式生产系统，应采用水下完井。

第二节　海上油气储运设施

海上油田的储存和运输通常有两种基本方式：一种是把储油设备放在海上，原油用油轮来外运；另一种是用海底管道把原油输送到岸上的中转储库，再用其他运输方式运往用户。

一、海上储油系统

海上油田油气储运方式的选择是否合理，对于海上油田开发项目的投资和油田生产操作费有重大影响。

海上储油没施是全海式油田不可缺少的工程，它为油田连续、稳定生产提供足够的缓冲容量。海上储油设备的容量取决于油田产量和运输油轮的数量、大小、往返时间及装油作业受海况的限制情况。

目前海上油田储油设施主要包括：浮式生产储油轮、平台储油罐、海底储油罐、垂力式平台支腿储油罐、储油/系泊联合装置。

1. 浮式生产储油轮

油轮储油容量大，不受水深条件限制，可停泊在平台附近，亦可用单点系泊或多点系泊锚定。油轮不仅可以作为储油设施，而且可以作为油田的生产设施。

浮式生产储油轮与单点系泊相连接形成海上石油终端，是一种具备多种功能的浮式采油生产系统，它是最常用的一种海上储油方式。

浮式生产储油轮可以专门设计建造，也可以购置旧油轮并进行改造而建成，它一般具备3种功能：油、气、水处理功能，原油储存功能，卸油外输功能。有些海上油田的开发，把油、气、水处理功能放在平台上，因此，有些浮式生产储油轮只有后面两种功能，简称为储油轮。

生产储油轮要接收油田各油井开采出来的油井液，并进行油气计量、油气分离，使原油经过油气处理达到商品原油质最标准后储存待运。因此，用作储油的油轮，应满足装油作业的要求并配有下述设施：

（1）油舱，是油轮用来装油的部分，用单层舱壁将油舱分隔成若干个独立的舱室。当油轮摇动时，可减少油品的水力冲击，增加油轮的稳定性。油轮四周边部舱室可用作海水压载舱室。通过注入或抽出海水来调节装油作业时的平衡。

（2）各种管路系统和设备，主要有进油和装油管系，装油泵组，出售原油的计量和标定装置，装油生产作业的仪表监测和控制系统，用于舱室密封气的生产装置和管系，油舱清洗设备和管系，储油舱加热保温热力系统等。此外，还有齐全的安全探测、消防灭火、人员救生设备，适应海上永久性作业的住房设施，直升机停机坪和与单点系泊连接的系泊设施。

2. 平台储油罐

对于油田产量小、离岸远或浅水海区，铺设海底管线不经济，或者油田虽大，离岸也不太远，但处于开发初期，海底管线尚未铺设，这时就需要在平台上设储油罐临时储油，然后再用油轮装运上岸或直接运送给用户。

所谓平台储油罐是指在固定式钢结构物上建造的金属储油罐(图 5-2-1)，这种储油方式一般都建在浅水区。平台储油罐的结构及其附件，跟陆上储油罐基本相同，多半采用立式圆筒形钢质储油罐。

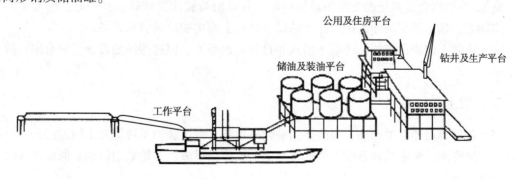

图 5-2-1　平台储油罐

由于受固定平台甲板面积和承载能力的限制，储油容量不可能很大，因为过大的储油罐容量受风浪影响较大，安全上就会有问题；同时，建支撑平台要增加投资，不经济，故目前采用较少。

3. 海底储油罐

海底储油罐使用在水深小于100m的近海区，其容积小的为几千立方米，大的达几十万立方米。油罐使用的材料有金属、钢筋混凝土和其他非金属材料。罐的形状有圆筒形、长方形、椭圆抛物面形、球形或其他组合壳体。由于长期浸泡于海水中，因此要特别注意防腐处理。

海底储油罐的优点：由于它位于水面以下，同火源、雷电隔离，不仅油气损耗小、不易着火、使用安全，而且在天气恶劣时，油井可以继续生产；油罐置于水下，受波浪力小；与水上储油方式相比，可以节省昂贵的平台建造费用，而且罐容量不受限制，具有巨大的储油能力。

设计海底油罐的结构型式时，要考虑海流、波浪、潮汐等作用力及水深、海底土质条件等诸多因素。因此，其形状和结构往往彼此不同。

水下储油是采用油水置换原理将储油罐稳定在海床上。油水置换工艺是利用油水密度差的原理，在水下油罐就位后，立即向罐内充满水。当储油时，原油注入油罐，将海水置换出来；输油时，向油罐注入海水将油置换出来，使油罐始终处于允满液体状态，以保持罐体在水下的重力稳定，罐壁内、外压力保持基本平衡。由于罐内始终充满液体(油和水)，而无气相空间，罐外海水和罐内液体的静压差小，从而减小了罐壁厚度和压载重力，大大节约了建造费用。水下储油罐可以储存轻质原油及高凝固点、高黏度原油。水下储油罐内的原油可以通过外部循环加热系统或罐内盘管热介质加热系统来加热。

4. 重力式平台支腿储油罐

巨大的混凝土和钢结构重力平台提供了能满足储油需要的空间。垂力式平台需要稳定的压载物，这种结构物的压载舱可以设计成储油罐。混凝土平台支腿油罐可以整体拖运至现场，甲板能事先安装在下部结构上，从而省去海上吊装的工作量。同时，竖井可设置在混凝土结构中，使得立管和设备能够在一个干燥的环境中进行安装和操作，并能防止由于水下环境造成的腐蚀。

5. 储油/系泊联合装置

储油/系泊联合装置把海上油田设施和油轮的系泊与装油设施联合在一起，因而紧凑实用。实际上，这是把系泊浮筒扩大作为储罐，并在上面增加原油装卸设备。

除上述海上储油设施外，还有半潜式和自升式油罐等，但这些储油设施容量有限，故采用不多。

二、海上装油系统

海上各种容器储存的原油，最终要用油轮来运走。海上装油系统即海上输油码头，也称作海上石油终端。海上装油系统主要提供海上油轮停靠设施、油轮系泊设施、原油及压舱水装卸设施。

常用的海上装油系统为固定码头、多浮筒系泊系统、塔式系泊系统和单点系泊系统。

1. 固定码头

海上固定码头有混凝土式和钢平台式两种结构，它是采用钢结构或预应力混凝土基础作支撑而建成的码头平台(图5-2-2)。

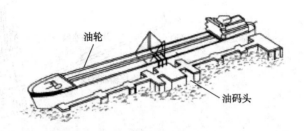

图5-2-2 固定码头

固定码头适用于浅水区域。随着水深和油轮吨位的增加，码头的造价显著增加。这种码头操作条件好、维修费用低，但建造周期长、投资费用高、适应性差。

2. 多浮筒系泊系统

多浮筒系泊系统又称多点系泊，它通常是一种临时性生产油轮系泊的方式。穿梭油轮用缆绳或锚链系泊到几个专用浮筒上，每个浮筒用锚链固定到海床上(图5-2-3)。海上储油设施通过一条海底管线并借助一段软管与穿梭油轮的进油管汇相连。待穿梭油轮装满原油后，解掉浮筒上的系缆再开走。

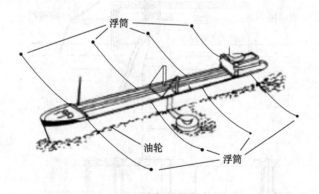

图5-2-3 多浮筒系泊系统

3. 塔式系泊系统

南海北部湾某油田采用的固定塔式单点系泊是一个固定在水深37.5m海床上的柱状结构物，它通过一条缆绳系泊一艘17.4t的浮式生产储油轮(FPSO)，如图5-2-4所示。

这种类型的系泊装置主要由上、下两部分结构组成，其结构形式如图5-2-5所示。

上部结构由固定部分和旋转部分组成：固定部分是一个直径为2.3m的圆柱体，是下部结构的延长部分，焊装有转台轴承座和3层固定平台，分别支承着流体旋转头、电仪设备、管线系统、阀门、清管器收发装置和通道设施等。

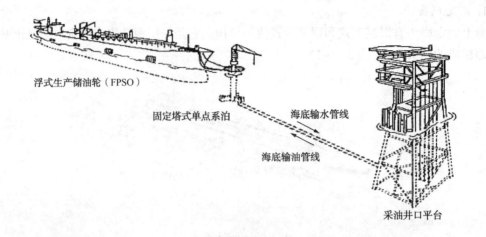

图 5-2-4　南海北部湾某油田设施布置图

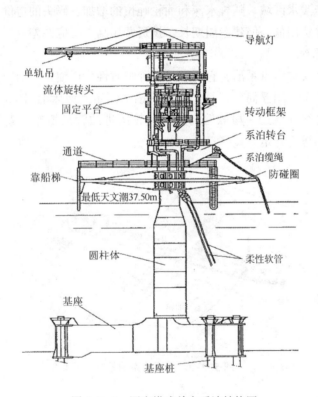

图 5-2-5　固定塔式单点系泊结构图

流体旋转头是连通固定部分和旋转部分之间各种流体管道的关键设备(图 5-2-6),现由输油模块和输水模块组成,将来可以加装输气模块,均由不锈钢材料制成。

旋转部分包括系泊转台、防碰圈和转动框架。系泊转台是由一个环形的箱形梁制成,其凸出部分的系泊臂,用于连接缆绳,系泊 FPSO 油轮。防碰圈是个外径为 29m 的"自行车轮圈",直接焊接在转台下面,与转台同步转动,重约 90t;它吸收 FPSO 油轮偶然碰撞的动能,最大为 900t·m,反作用力低于 400t。转动框架上支承有起重设备、刚性管线、导航灯、雾笛等。

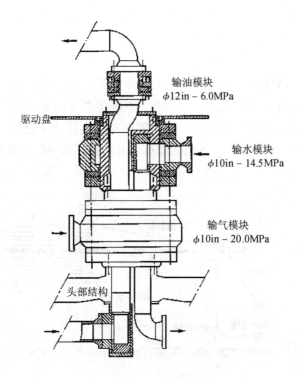

图 5-2-6 流体旋转头总成

下部结构是一个直径为 5.7m 的圆柱体焊接在基座上，该基座由 3 个各成 120°的径向箱形梁构成，用 6 根桩固定在海底，每根桩长 60m，直径 1219.2mm(48in)，6 根桩总重约 400t。圆柱体内安装有 3 根用于输送油、水、气的刚性立管，采用法兰跟海底管线连接。

系泊 FPSO 油轮的缆绳，实际上由下列部分组成：一段耐磨链，通过挂钩连接在单点系泊臂上；一条周径 685.8mm(27in)、长 60m 的尼龙缆绳，其最小破坏载荷为 1700t。一段耐磨链，通过快速连接/解脱装置(即止链器)与 FPSO 油轮连接。

在单点系泊和 FPSO 油轮之间，连接着两条悬垂的柔性软管；在油轮船头配有可以迅速连接或解脱的接头装置，解脱后软管末端的球阀会自动关闭，防止原油溢出。

4. 单点系泊系统

单点系泊系统主要有两种基本类型，即悬链式浮筒系泊系统和单锚腿系泊系统。根据海上油田开发的需要和海况条件的要求，在这两种基本类型的基础上，单点系泊技术不断改进，逐步发展为多种类型的系泊系统。目前，在我国海上油田采用的单点系泊系统大概有 4 种：固定塔式单点系泊系统、导管架塔式刚性臂系泊系统、可解脱式转塔浮筒系泊系统和永久式转塔系泊系统。

1）悬链式浮筒系泊系统

悬链式浮筒系泊系统(图 5-2-7)是单点系泊系统中最早出现的一种型式，也是数量最多的一种。它使用一个大直径(约 10~17m)的圆柱形浮筒作为主体，以 4 条以上的长垂曲线锚链固定在海底基座上。浮筒是具有弹性的(即能吸收外力冲击能量)，能在一定范围内漂移。浮筒上部是一个装有轴承可旋转360°的转台，上面配有系泊桩柱、输油管线、阀门、流体旋转头、航标灯以及必要的起重设备等。中心部位的流体旋转头，下面连接着水下软管和海底输油管汇，上面连接着漂浮软管并通向油轮。油轮用缆绳系泊在浮筒转台的桩柱上，在风、浪、潮、流的影响下，油轮能围绕系泊点漂移转动，使之处在最小受力位置，这就是该系泊系统独特的系泊弹性——风标性。它大大降低了系泊负荷，缓冲了风浪对系统的冲击，也是单点系泊系统的主要特点之一。总之，它的主要优点是结构简单，便于制造和安装。它的组成部件除旋转头和软管之外，都是常规产品，设计、制造、安装简便、造价低廉。它的缺点是要求海底地貌平坦，浮筒的漂移、升沉随环境条件的恶化而加剧，这将使水下软管过度挠曲而容易损坏。在持续摇荡期间，工作艇难于靠近，给维修保养工作带来不便。

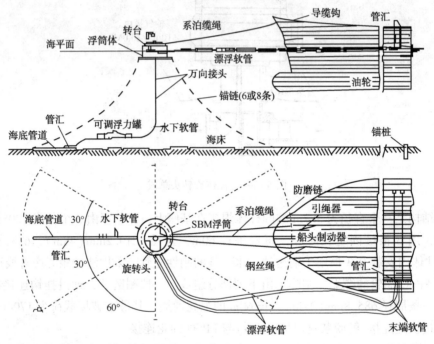

图 5-2-7　悬链式浮筒系泊系统

2) 单锚腿系泊系统

单锚腿系泊系统的结构如图 5-2-8 所示。它有一个细长的圆柱形浮筒，通常直径约为 6~7m，高度约为 15m。浮筒下面用锚链拉住，锚链的下端固定在海底基座上。由于浮筒具有正的剩余浮力，所以锚链始终保持一定的张力。海底基座是以承受浮筒的正浮力和最大系泊载荷为条件的。锚链与浮筒之间、锚链与海底基座之间，都用万向接头相连接；这种结构能使整个浮筒和油轮围绕系泊中心转动，而无需在浮筒上面安装轴承和转台。输油管路不通过浮筒，水下软管与漂浮软管合为一条，直通油轮。这种系泊系统既适用于浅水区，又适用于深水区，如果用于深水区，则锚链下端需连接一段内有输油管的立管，立管上头与锚链铰接，下头铰接在海底基座上。立管可在任意方向摆动。流体旋转头安装在立管顶部。流体旋转头以上的所有部件都可以转动(图 5-2-9)。

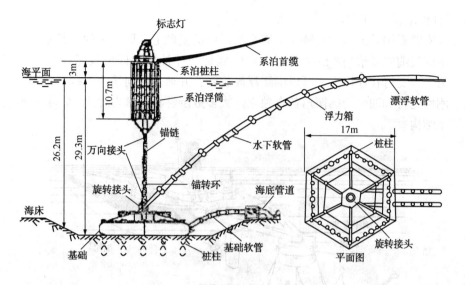

图 5-2-8　单锚腿系泊系统

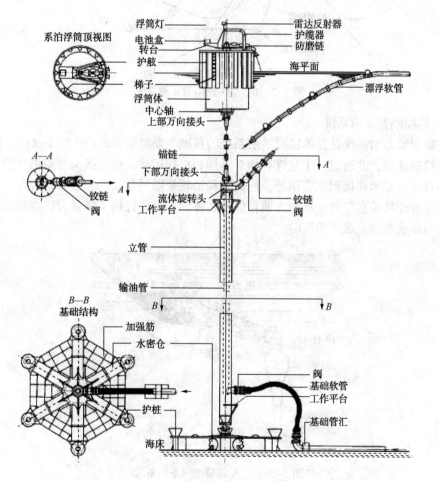

图 5-2-9　单锚腿系泊系统(带立管)

3）单浮筒刚臂系泊系统

单浮筒刚臂系泊系统是在悬链式浮筒系泊系统的基础上发展起来的，其主要差别是用刚性轭臂系泊取代缆绳系泊（图 5-2-10）。刚性轭臂与储油轮之间的铰链连接，允许产生纵摇；它的另一端支持在浮筒上，可以围绕浮筒旋转，并通过万向接头连接在一起，这样就可使浮筒、刚性轭臂和油轮的摇摆角各自独立。大多数刚性轭臂都设计成"A"字架形式，采用封闭的箱型结构。

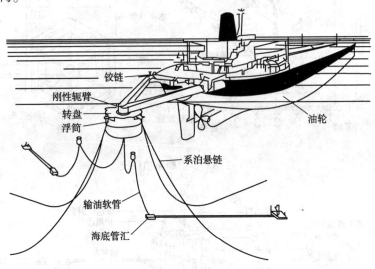

图 5-2-10　单浮筒刚臂系泊系统

4）单锚腿刚臂系泊系统

单锚腿刚臂系泊系统是在单锚腿系泊系统的基础上发展起来的（图 5-2-11）。刚性轭臂与油轮是铰链连接，并通过一个允许有相对纵摇和横摇运动的铰链接头与系泊立管相连。铰链接头通过滚柱轴承连接到立管顶部，使轭臂和油轮能随风摆动。与立管组合在一起的浮力舱趋于使立管保持垂直位置，从而为油轮保持在停泊点位置提供了恢复力。立管底部是通过万向接头与海底的锚定底座相连的。

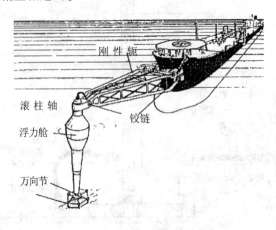

图 5-2-11　单锚腿刚臂系泊系统

这两种类型的系泊系统使用的刚性轭结构，可以减少油轮的自由度，改善其作业状况，使整个系泊系统的性能更为稳定。系泊油轮与单点系泊之间的刚性连接，可以避免在较恶劣海况下，油轮对浮筒的碰撞和失控漂移以及油轮和浮筒之间的激烈振荡。油轮无需倒车推进器或拖轮控制，作业比较安全可靠。

5）露体单浮筒系泊系统和桅式单浮筒储油系泊系统

如图5-2-12和图5-2-13所示，这两种形式的单点系泊系统具有一个共同特点，即由一个大而长的垂直浮筒构成，类似半潜式浮筒体。前者具有固定压载和压载水舱，后者具有储油舱和生产处理设备。它们均通过数根定位锚链固定，在波浪中比较稳定，无论是在海上纵荡、升沉还是横摇，都比悬链式浮筒系泊系统稳定得多。它们适用于恶劣海况条件，现分别用于北海水深90m和110m的奥克油田和布伦特油田。

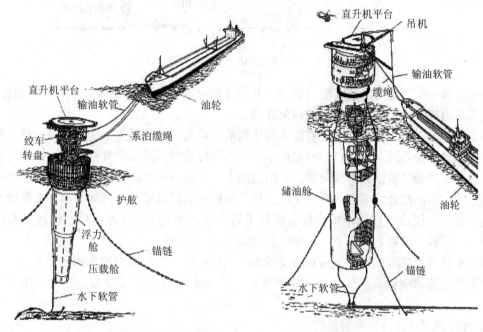

图5-2-12 露体单浮筒系泊系统　　　　图5-2-13 桅式单浮筒系泊系统

这两种系泊系统的一个重要特点，就是能延长最易磨损的漂浮软管、水下软管和系泊缆绳的寿命。当不使用时，漂浮软管和系泊缆绳由绞车卷起而不再漂浮在海面上，减少破损问题；水下软管长度较短，又处于波浪影响区域之外，故漂动很小。另一个重要特点，是在恶劣海况条件下，浮筒在任何方向都只有一个低振幅漂动，原因是没入水下的浮筒体积大，重心低，而且与海面相交的浮筒段直径较小，使波浪阻力减至最低限度。这两种系泊系统配备的设备较多，除了必要的流体旋转头、管线、阀门、吊机外，还装有绞车、发电机组、居住设施、救生与防火设备、直升机平台等，是一个具有多功能的海上石油系统，它们的最大缺点是费用昂贵，设备、制造、安装工作量较大，故尽管优越性明显，但至今安装实例却很少。

6）导管架塔式刚臂系泊系统

导管架塔式刚臂系泊系统如图5-2-14所示。浮式生产储油轮是借助于系泊刚臂连接到架管架上的。系泊头安装在导管架顶部中央的将军头上。系泊头上安装有转输油、气、水的流体旋转头和一个转动轴承,它可以使生产储油轮和系泊刚臂一起绕着导管架转动。

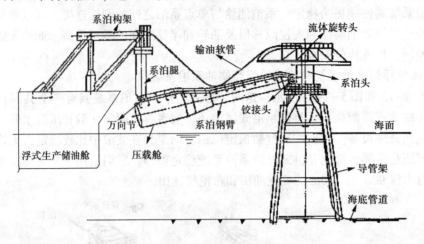

图 5-2-14　导管架塔式刚臂系泊系统

系泊臂是一个刚性"A"字形钢管构架,其前端依靠横摇—纵摇铰接头与系泊头相连接,后端依靠系泊腿与生产储油轮的系泊构架连接。

在系泊刚臂后的压载舱中,装有防冻的压载液。当系泊系统处于平衡状态时,悬吊系泊刚臂的系泊腿是垂直的。当生产储油轮由于环境力而移动时,系泊刚臂被抬起,从而产生恢复力,迫使生产储油轮回到平衡位置。系泊腿的上、下端均用万向节分别与系泊构架和系泊刚臂相连接。系泊刚臂的前端和系泊头的连接是横摇—纵摇铰接头,再加系泊头上的转动轴承,这就使生产储油轮在风浪中,能自由地进行所谓的六向运动(即纵摇、横摇、前后移动、升沉、漂移、摆艏)。

系泊刚臂悬吊在海面以上,通过活动栈桥,人们可以从生产储油轮走到导管架上。

油田产出的原油和天然气,从海底管道进入系泊头上的流体旋转头,分别输往生产储油轮。

7) 可解脱式浮筒转塔系泊系统

根据海况特点和油田开发的需要,近年来在南海东部多个油田上使用的单点系泊系统都属于可解脱式浮筒转塔系泊系统。这类单点系泊系统具有承载能力高,关键设备防护条件好,检修作业方便等许多优点。这些单点系泊系统在南海使用,能确保冬季连续生产,并能安全抵抗移动速度特别快的热带低气压风暴产生的环境荷载。只有当台风接近作业海区时需解脱油轮。

单点系泊系统的主要构件(图 5-2-15)包括锚泊系统、系泊浮筒、结构连接器、主结构轴承、转塔结构、系泊连接和解脱操作系统、流体旋转头设备以及柔性立管等,各个子系统及构件的基本功能及设计能力如下所述。

锚泊系统由 8 个大抓力锚及 8 根锚腿组成,设计用于把系泊浮筒限定在最大半径为 25m 范围内运动。

系泊浮筒设计用于传递系泊荷载。当浮式生产储油轮解脱后,系泊浮筒顶面将下沉到距静水面约 35m 处,此时系泊浮筒上承担着 4 根软管,1 根高压电缆及 8 根锚腿在水中的悬垂质量总计约 120t。

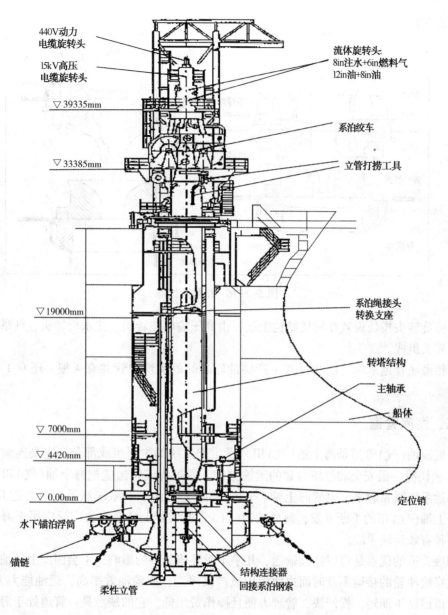

图5-2-15　可解脱式浮筒转塔系泊系统的主要构件图

　　结构连接器是连接系泊浮筒与转塔结构间的关键构件，其结构特点及工作原理如图5-2-16所示。

　　主结构轴承设计用于传递浮式生产储油轮与转塔结构之间的相互作用力。为防止海水浸入主轴承内部，在轴承下面的环形空间内必须长期充满机油。

　　安装在船体内部的转塔结构通过结构连接器与系泊浮筒连成一体后用于传递浮式生产储油轮与锚泊系统之间的相互作用力，转塔上支承着系泊绞车、液压装备及流体旋转头等各种设备荷载。

　　单点系泊的解脱和回接操作系统，包括电动液压泵两台，液压控制设备，液压系泊绞车，转塔结构方位调整液压马达，结构连接器的液压驱动装置，立管打捞工具及提升液压马达等许多构件和设备。

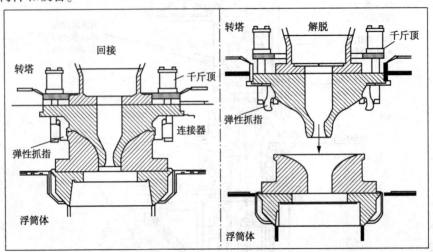

图 5-2-16　结构连接器

　　流体旋转头模块设置在转塔结构上端，由高压输电旋转头、注水旋转头、气举旋转头和输油旋转头组成。

　　连接海底管道末端管汇和浮式生产储油轮之间的柔性立管共有 4 根，还有 1 根是高压电缆。

三、海底管道

　　海底输油(气)管道是海上油(气)田开发生产系统的主要组成部分。它是连续输送大量油(气)最快捷、最安全和经济可靠的运输方式。通过海底管道能把海上油(气)田的生产集输和储运系统联系起来，也使海上油(气)田和陆上石油工业系统联系起来。近几十年来，随着海上油(气)田的不断开发，海底输油(气)管道实际上已经成为广泛应用于海洋石油工业的一种有效运输手段。

　　海底管道的优点是可以连续输送，几乎不受环境条件的影响，不会因海上储油设施容量限制或穿梭油轮的接运不及时而迫使油田减产或停产，故输油效率高，运油能力大；另外，海底管道铺设工期短，投产快，管理方便且操作费用低。它的缺点是：管道处于海底，多数需要埋设于海底土中一定深度，检查和维修困难，某些处于潮差或波浪破碎带的管段(尤其是立管)，受风浪、潮流、冰凌等影响较大，有时可能被海中漂浮物和船舶撞击或抛锚遭受破坏。我国海域已经发生多起渔船打鱼网破坏海底管道的事故。

　　海底管道按输送介质可划分为海底输油管道、海底输气管道、海底油气混输管道和海底输水管道等，从结构上看可以划分为单层管道、双重保温管道和三层保温管道(图 5-2-17)。

　　海底管道的铺设方法主要有：浮游法、悬浮拖法、离底拖法、铺管船法及深水区域的"J"字形铺管法等。铺管设备已发展到了第四代，即箱体式铺管船、船型式铺管船、半潜式铺管船和动力定位式铺管船。

　　海底管线一般都选用无缝钢管、电阻焊直缝钢管和直缝焊接钢管。

　　输油管道在正常输送时，沿线各点的流量都是相等的，处于稳定流动状态。输油管道的

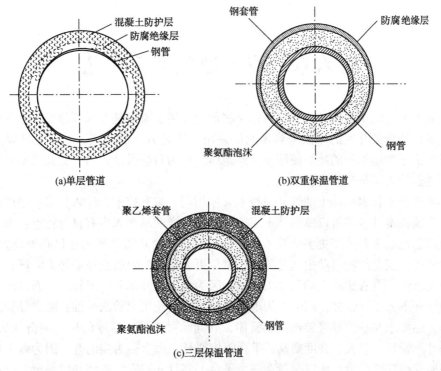

图 5-2-17　海底管道的结构示意图

工况调节一般是通过改变泵站特性和改变管路特性来实现的。泵站特性的改变：通过改变运行的泵站数和泵机组数，或更换离心泵的叶轮和级数，可以大幅度地调整输量。日常运行中的自动调节通常使用改变泵机组转速的方法。管路特性的改变：改变管路工作特性，常用的调节方法是节流调节和变速调节，近年来，采用化学方法改变管路工作特性的输油工艺技术发展迅速，效果极为显著。

　　海底管道的设计应考虑到海底管线安装和操作的特殊性，以及管线的运移情况，同时，要防止落物、拖网、船锚及内波流对管线的损坏，因此，为对海底管道的填埋是很必要的。由于对海底管线的挖沟、填埋工作比较困难，通常采用沙袋填埋的方法和在管道的外层加一层水泥涂层的方法来实现对管道的埋设。

　　对海底管线威胁最大的问题是腐蚀问题，由于腐蚀引起的管线泄漏和停产在海底管线事故中占很大比例。多年来的实践证明，引起金属管道腐蚀的原因很多，其中，以电化学腐蚀最为严重，是主要原因。因此，对海底管道采取防腐措施极为重要。除了在设计时根据操作参数和外界环境条件选用耐腐蚀材料（如含钼和钛的合金钢等）外，国内外一般均采用防腐绝缘层（一次保护）和阴极保护（二次保护）并用的防腐方法，效果很好。

第六章　海上油气开采工艺

海洋石油工程的中心任务或最终目标是将原油经济、有效地开采到地面上来。海上油气开采方法通常是指把井底的原油采到地面所采用的工艺方法和方式，基本上可以分为两大类：一类是依靠油藏本身的能量使原油喷到地面，称为自喷采油；另一类是借助外界能量将原油采到地面的人工举升或机械采油。

海上油气开采技术和陆上油气开采技术大体相同，举升技术、注入技术、增产技术、修井技术、集输技术几乎都可以照搬陆上工艺。但是海洋油气开采也有自身特点：海上油气开采的安全问题比陆上开采要更多地被人们关注，因此，油井的井底和井口必须设置安全阀，一旦发生意外，安全阀将自动把油井关闭，避免更大损失，也防止原油污染海域；生产井从设计上就要求油层套管比陆上的尺寸大，这是因为海上油井单井产量较高，而且出于安全考虑，采油管柱下入工具较多，同时，为追求高产可能会使用双管法采油；隔水导管，除了保护油井外，还要求与平台导管架连接成整体，共同承受海浪、浮冰的横向冲击载荷，因此，比陆上油井导管尺寸要大、强度要高、下入深度要长；海上多为定向井，因为海上建筑平台和铺设海底管线耗资昂贵，所以尽量在一个平台上多打井；安装海底井口底盘，通过海底底盘钻出多口定向井，通过机器人安装海底采油树。

第一节　油气开采方式

一、海上油气田的开采方式及其选择

1. 开采方式

自喷：若完全依靠油气层的天然能量，流体能从油气层通过井筒流到井口，并保持部分压力而进至地面的生产处理系统称为自喷。气藏的开采方式，以自喷方式为主，但部分气藏在开发后期也采用排液采气。

人工举升：又称为机械采油，主要包括利用有杆抽油泵、螺杆泵、电动潜油泵、水力活塞泵、射流泵、气举、柱塞泵、腔式气举、电动螺杆泵、海底增压泵等机械设备将流体举升到地面。

其中，海上油气开采中常用的是气举、电动潜油泵和水力活塞泵等。海上油气田人工举升方式不仅受到油藏条件、油井条件、地面（平台）条件的制约，而且还受效益和管理要求的制约，在采油方式的选择上，应力求经济、技术适应性等方面都能比较合乎具体油田的情况，从而能有效地发挥油田的举升能力，发掘油藏的产油能力。

2. 海上油气田开采对生产设施的特殊要求

海上油气田开采受环境条件的限制，一般要求平台上设备体积小、质量轻、免修期长、适用范围宽。

体积小：主要是要求地面设施体积小，结构简单，为井口平台设计减少平台尺寸和面

积，提供良好的基础。质量轻：减轻平台和导管架的负荷，简化井口平台结构。免修期长：可降低海上操作费，减少检修时间，充分发挥海上生产效率。适用范围宽：油气田开发期间，当油层压力和流体及其他物性发生变化时，不需改变采油方式和地面设施。总的来讲，是要提高油田开发的综合经济效益。

3. 选择开采方式的原则和方法

(1) 适应海洋平台丛式井组各种井况的要求，立足于地下，以油藏的特点和产液能力为基础。

(2) 对油井的自喷能力、转抽时机和可以采用的举升方法进行分析，凡能自喷采油的，应尽可能选用自喷采油，并确定采油参数和井口装置。

(3) 进行油井举升能力分析时，应对油藏、油管、举升方法、油嘴、地面管线及分油井生产系统进行压力分析(又称节点分析)。

(4) 通过对比可采用的不同举升方法的经济效益，并综合考虑各方面的条件，便可最终评价采油方法的选择是否合理，从而确定最佳的配套采油方式。

(5) 选择采油方法可从两方面入手，分析油藏不同开发阶段的产能特征和不同举升方法对油井生产系统的举升效果，使用优选技术、节点分析技术等优选采油方法。

(6) 对于稠油、高凝油、深井、低渗等油田的开采方式，要有针对性地进行特殊考虑及设计。

(7) 对优选的采油方法要进行经济分析，如计算返本期、净现值、设备折旧、盈利与投资比等。

(8) 搞好接替，适时转换采油方式。选择时主要考虑下列两个因素：

① 井底流压变化。在油田开采期间，井底流动压力是不断变化的，当它变化到低于某一个值，不足以将液柱举升到地面时，就需要及时采用适当的人工举升方法。

② 油田产量要求。从油田开发的综合效益出发，油田应有一个适当的产量要求。因此，当油井虽还具有自喷能力，但已达不到油田合理产量要求时，就需要及时由自喷转为人工举升，以利用外部能量提高油井的产量，使之达到要求。

在开采过程中，随着采出程度、综合含水率的上升和地层能量的下降，必须不失时机地转换采油方式，用人工举升方式接替。选择技术上安全可靠、适应性强、成熟配套的人工举升方式，实施一次性管柱投产，以减少作业工作量，提高整体开发效益。

(9) 适应海洋油田开采特点。要求平台上设备体积小、质量轻、免修期长、适用范围宽、操作管理简单，易实现自动化管理且安全可靠。即所选择的采油方式、所需的设备，特别是地面设备的体积应尽可能小，质量要轻，这样可以有效地减少平台尺寸和所需面积，应特别注意对电气、仪表等辅助设备的技术要求，设备要易于控制，减少人为失误造成的损失。

(10) 综合经济效益好。要综合评价一种采油方式，即从初期投资、机械效率、维修周期、生产期操作费等多方面进行评价和对比，选择一种技术上适用、经济效益好的采油方式。

(11) 既能满足油田开发方案的要求，又在技术上具有可行性。选择技术上满足油田开发要求且工作状态好的采油方式，同时要从可靠性、使用寿命、投资大小、维护的难易程度及同类油田使用情况对比等多方面作综合评价。

二、海上油田适用的人工举升方式

为了对适用于海上油田的人工举升方式做出较好的评价,下面就几种海上常用的人工举升方式的优缺点进行分析。

1. 电动潜油泵

优点:排量大,易操作,地面设备简单,适用于斜井,可同时安装井下测试仪表,海上应用较广泛。

缺点:不适用于低产液井,电压高,维护费用高,不适用于高温井(一般工作温度低于130℃,),一般泵挂深度不超过3000m,选泵受套管尺寸限制。

2. 水力活塞泵

优点:不受井深限制(目前已知最大下泵深度已达5486m),适用于斜井,灵活性好,易调整参数,易维护和更换,可在动力液中加入所需的防腐剂、降黏剂、清蜡剂等。

缺点:高压动力液系统易产生不安全因素,动力液要求高,操作费较高,对气体较敏感,不易操作和管理,难以获得测试资料。

3. 气举

优点:适应产液量范围大,适用于定向井,灵活性好,可远程提供动力,适用于高气油比井况,易获得井下资料。

缺点:受气源及压缩机的限制,受大井斜影响(通常用于60°以内斜井),不适用于稠油和乳化油,工况分析复杂,对油井抗压件有一定的要求。

4. 喷射泵

优点:易于操作和管理,无活动部件,适用于定向井,对动力液要求低,根据井内流体所需,可加入添加剂,能远程提供动力液。

缺点:泵效低,系统设计复杂,不适用于含较高自由气的井,地面系统工作压力较高。

5. 电潜螺杆泵

优点:系统具有高泵效,适用于高黏度油井,并适用于低含砂流体及定向井,排量范围大。

缺点:工作寿命相对较短,一次性投资高。

第二节　采油工艺

海上油气的开采方式与陆上基本相同,分为自喷和人工举升两种。

油井在完井、测试后投入生产,如果油层具有的能量足以把油从油层驱至井底,并能从井底把油举出井口,则这种依靠油层自然能量采油的方法称为自喷采油法。

油田在开发过程中,由于地层能量逐渐下降,油井不能保持自喷,或自喷产量过低时,就必须进行机械采油。

目前机械采油的方式有气举采油和深井泵采油两大类。一般海上油田常用的机采方式有电潜泵、射流泵、螺杆泵3种。

一、自喷采油

1. 油井井身结构

海洋油井的井身结构如图 6-2-1 所示。

（1）隔水导管。是与陆上不同的结构，它可将钻井（钻柱）或采油（油管）时的管柱与强腐蚀性的海水隔绝开，还可用作导引钻具、采油管柱和工具，并可在循环钻井液时与海水隔开。海洋一般均选用 762mm（30in）套管作为隔水导管，隔水导管的入土深度一般在泥线下 70~100m。

（2）表层套管。基本上与陆地相同，一般选用 508mm（20in）套管，下入深度为泥线下 300~500m。个别情况选用 340mm（13⅜in）套管，其相应隔水导管则为 508mm（20in）。

（3）技术套管。与陆上相同，常选用 340mm（13⅜in）、244mm（9⅝in）套管。若井较深时，可选用两层技术套管。

（4）油层套管。与陆上相同，为了保证油井正常生产，常选用 177.8mm（7in）套管。若井较深时，有时选用 177.8mm（7in）尾管，挂在 244mm（9⅝in）的套管下端，以节约钻井成本。

（5）油管。是油气从油层流向井口的通道。

2. 油井井口装置

海洋自喷井典型的井口装置如图 6-2-2 所示。

1）井口

井口由套管头、套管四通、套管回接装置、油管头和油管挂组成，位于井口装置的下部，常将其统称为套管头。

（1）套管头与套管四通。它的作用是连接各层套管，密封各层套管间空隙，钻井时支撑防喷器组，以及完井后支撑油管头和采油树。

（2）套管回接装置。它是海洋用的特殊装置，安装在泥线位置，其作用是将泥线上、下的套管拆开或连接起来，供钻井停工或需要回接时使用。自升式平台钻井时使用的泥线悬挂器（相当于套管头）以及半潜式平台钻井时使用的水下井口均为这种套管回接装置的不同形式。

（3）油管头。又称为大四通，位于套管四通之上，用以悬挂油管、密封油管与油层套管环空。

（4）油管挂。它在油管头内，用以悬挂油管。油管挂的内部螺纹装有回压阀，在油井射孔之后，通过防喷器装到油管挂螺纹上。待防喷器拆除之后，回压阀即可将油管挂密封住，以防井喷。待安装好采油树后，又可自采油树顶端用专门送入工具将其拆除，随后即可洗井、诱喷。

2）采油树

采油树安装在油管头上，主要作用是控制自喷井的生产速率和测量油井的必要参数（套管、油压等），以及提供修井和换部件的条件。

采油树由油管帽、主阀（总阀门）、油管四通（小四通）、翼阀（生产阀门）、顶阀（修井阀门）、采油树帽和油嘴（节流器）组成。主阀和翼阀均为两个，其中一个是手动的，另一个是井上安全阀。

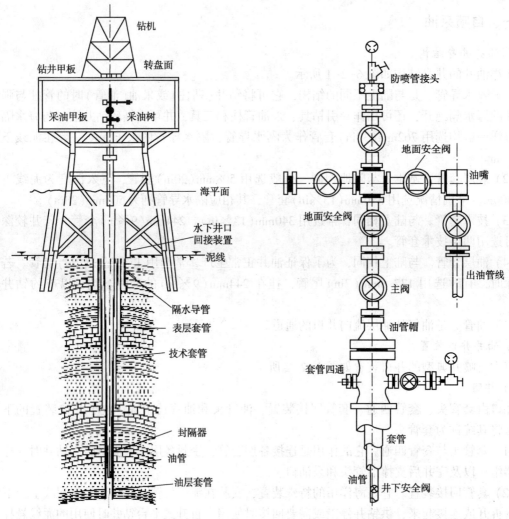

图 6-2-1　海洋油井的井身结构　　　　　图 6-2-2　海洋自喷井典型的井口装置

　　海洋油井采油树的安装位置有两种：①安装在水面上的平台上；②安装在海底的水下井口装置上。

　　3）油嘴（节流器）

　　油嘴安装在采油树的出口端，其功能是利用孔径很小的节流作用来控制采油量。常用的形式有两种，即可调式油嘴和固定式油嘴。

　　3. 油井安全系统

　　对于自喷井而言，因为油井压力高，若采油树失控或井发生火灾，危害会极其严重，再加上海洋油井井口装置集中、交通不便且救生困难，因此油井安全系统更显其重要性。图 6-2-3 所示为海洋油井的井口安全系统。

　　1）易熔塞

　　易熔基安装在井口附近的紧急切断（ESD）管线上。当温度高于预定温度（一般设定为123.8℃），证实火灾发生时，该塞熔化，从而泄放出 ESD 管线内的低压控制气体，导致关井，同时启动消防泵喷水灭火。

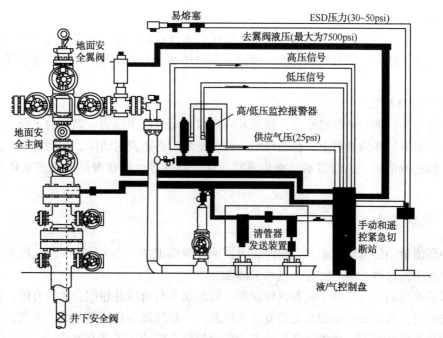

图 6-2-3　海洋油井的井口安全系统(1psi＝6.89kPa)

2) 高/低压监控报警器

高/低压监控报警器安装在油嘴后的出油管线上，有高压、低压两个监控器。当管线压力过高或过低时，即可将监测到的信号传至控制盘，导致关井并启动报警。

3) 紧急切断站

紧急切断站又称为 ESS(emergency shut down station)，该站可装设在直升机甲板和救生艇站等处，既可遥控，又可手动，在紧急情况下，可从平台不同部位迅速手动切断所有井口油流。

4) 液/气控制盘

气动液压泵产生液压来打开地面和井下安全阀，使油井正常生产。当温度和压力异常时，气体放空，液压系统压力下降，安全阀自动关闭，导致关井。平台上井口控制盘装在中央控制室，可以控制所有油井井口。

5) 地面安全阀

常以 SSV(surface safety valve)来表示，可在翼阀位置安装一个，或在翼阀、主阀位置各安装一个。一般均选用全开、压力启动常闭闸阀，它有气压或液压驱动两种形式，靠液(气)压，阀门处于全开状态，遇到事故时，驱动压力下降，在弹簧作用下，阀自动关闭。温度异常，易熔塞促动；压力异常，高/低压监控器促动；需要时控制盘和 ESD 站均可手动切断。

6) 井下安全阀

常以 SSV(subsurface safety valve)来表示，通常安装在初始结蜡点以下的油管中，深度为井下 30~300m。它是由一个被压缩的弹簧和操作球阀机构的活塞组成的压力启动常闭型球阀。液压自穿过油管挂的 1/2in 管线从地面传来，靠液压阀门保持打开状态，当液压释放时，弹簧力及井压促使活塞向上运动，旋转阀球到关闭位置，导致关井。

7) 气源

整个油井安全系统的气源可由压缩空气提供，也可由油井生产的天然气供应。由于使用天然气要求气油比较大，且安全性差，因此，在海洋平台上多使用已有的压缩空气系统作为气源。

4. 油井清蜡工艺

对于自喷井，若为高含蜡原油，则随着向井口运动过程中压力、温度的不断下降，蜡即由原油中析出凝结在油管壁上，称为结蜡。油管结蜡后必须及时清除，称为清蜡。清蜡的方法很多，如机械清蜡、热油清蜡、电热清蜡、化学清蜡等，但在海洋油田多采用化学清蜡方法。

二、气举采油

当油层能量不足以维持油井自喷时，为使油井继续出油，人为地将天然气压入井底，使原油喷出地面，这种采油方法称为气举采油法。

气举采油法的井口、井下设备比较简单，管理调节与自喷井相同，比较方便。在选择采用气举方式时，首先要考虑的是是否有天然气源，一般气源为高压气井或伴生气，在有高压气井作为气源的情况下，优先选择气举方式作为接替自喷的人工举升方式。

气举井与自喷井在流动性质及协调原理方面非常相似，气举井的主要能量是依靠外来高压气体的能量，而自喷井主要依靠油层本身的能量。为了获得最大的油管工作效率，应当将油管下到油层中部，这样可以使油管在最大的沉没度下工作，即使将来油层压力下降，也能使气体保持较高的举油效果。

1. 气举采油原理

气举采油的原理是依靠从地面注入井内的高压气体与油层产出流体在井筒中的混合，利用气体的膨胀使井筒中的混合液密度降低，从而将井筒内流体排出。

2. 气举方式

1) 连续气举和间歇气举

气举按注气方式可分为连续气举和间歇气举。所谓连续气举就是将高压气体连续地注入井内，排出井筒中的液体。连续气举适用于供液能力较好、产量较高的油井。间歇气举就是向油层周期性地注入气体，推动停注期间在井筒内聚集的油层流体段塞升至地面，从而排出井中液体的一种举升方式。间歇气举主要用于井底流压低，采液指数小，产量低的油井。

2) 环形空间进气方式和中心进气方式

气举方式根据压缩气体进入的通道分为环形空间进气方式和中心进气方式。

环形空间进气是指压缩气体从环形空间注入，原油从油管中举出；中心进气方式与环形空间进气方式相反。当油中含蜡、含砂时，若采用中心进气，因油流在环形空间流速低，砂子易沉淀下来，同时在管子外壁上的结蜡也难以清除，所以，在实际工作中多采用单层管环空进气方式。

3. 气举过程

气举采油工作情况可用环形空间进气的单层管方式来说明(图6-2-4)。

图6-2-4(a)表示油井停产时，油、套管内的液面在同一位置。开动压风机向油、套管

环形空间注入压缩气体，环形空间内液面被挤压向下（如不考虑液体被挤入油层，则环形空间内的液体全部进入油管），油管内液面上升，当环形空间内的液面下降到管鞋时［图6-2-4（b）］，压风机达到最大的压力，此压力称为启动压力。压缩气进入油管后，油管内原油混气液面不断升高直至喷出地面［图6-2-4（c）］。在开始喷出前，井底压力总是大于油层压力，喷出之后，由于环形空间仍继续压入气体，油管内混气液体继续喷出，使混气液体的密度愈来愈低，油管鞋压力急剧降低，此时，井底压力及压风机压力亦迅速下降。当井底压力低于油层压力时，液体则从油层流入井底。由于油层出油，使得油管内混气液体的密度又稍有增加，因而使压风机的压力又复而上升，经过一定时间后趋于稳定，稳定后的压风机压力称为工作压力。

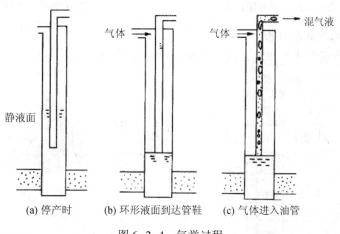

图6-2-4　气举过程

三、电潜泵采油

1. 电潜泵工作原理

电潜泵是由多级叶导轮串接起来的一种电动离心泵，除了其直径小、长度长外，工作原理与普通离心泵没有太大差别。其工作原理是：当潜油电机带动泵轴上的叶导轮高速旋转时，处于叶轮内的液体在离心力的作用下，从叶轮中心沿叶片间的流道甩向叶轮的四周，由于液体受到叶片的作用，其压力和速度同时增加，在导轮的进一步作用下，速度能又转变成压能，同时流向下一级叶轮入口。如此逐次地通过多级叶导轮的作用，流体压能逐次增高，而在获得足以克服泵出口以后管路阻力的能量时流至地面，达到石油开采的目的。

叶轮是离心泵唯一直接对液体做功的部件，它直接将驱动机输入的机械能传给液体并转变为液体静压能和动能。叶轮一般由轮毂、叶片、前盖板、后盖板等组成（图6-2-5）。

导轮又称导叶轮，是一个固定不动的圆盘，位于叶轮的外缘、泵壳的内侧，正面有包在叶轮外缘的正向导叶，背面有将液体引向下一级叶轮入口的反向导叶，其结构如图6-2-6所示。液体从叶轮甩出后，平缓地进入导轮，沿正向导叶继续向外流动，速度逐渐下降，静压能不断提高。液体经导轮背面反向导叶时，被引向下一级叶轮。导轮上的导叶数一般为4~8片，导叶的入口角一般为80°~160°，叶轮与导叶间的径向单侧间隙约为1mm。若间隙太大，则效率变低；间隙太小，则会引起振动和噪声。

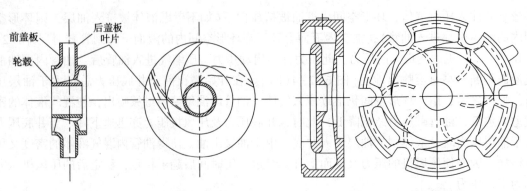

图 6-2-5　离心泵叶轮构造　　　　　　图 6-2-6　离心泵导轮

2. 电潜泵系统组成及作用

电潜泵采油系统由井下和地面两部分组成(图 6-2-7)。

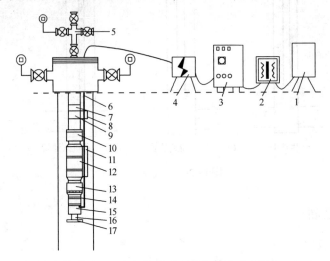

图 6-2-7　电潜泵采油系统组成示意图

1—配电盘；2—变压器；3—控制柜；4—接线盒；5—采油树；6—潜油电缆；
7—测压阀、泄油阀；8—大扁护罩；9—单流阀；10—泵出口；11—小扁护罩；
12—潜油泵；13—气体分离器；14—保护器；15—潜油电机；16—测压装置；17—保护器

1) 井下系统组成及作用

电潜泵井下系统主要由电机、潜油泵、保护器、分离器、测压装置、动力电缆、单流阀、测压阀/泄油阀、扶正器等组成。

(1) 电机。

电潜泵电机又叫潜油电机，它是电潜泵机组的原动机，一般位于最下端。它是三相鼠笼异步电机，其工作原理与普通三相异步电机一样，把电能转变成机械能。

但是，它与普通电机相比，具有以下特点：机身细长，一般直径为 160mm 以下，长度为 5~10m，有的更长，长径比达 28.3~125.2；转轴为空心，便于循环冷却电机；启动转矩大，0.3s 即可达到额定转速；转动惯量小，滑行时间一般不超过 3s；绝缘等级高，绝缘材料耐高温、高压和油、气、水的综合作用；电机内腔充满电机油以隔绝井液和便于散热；有专门的井液与电机油的隔离密封装置——保护器。

（2）潜油泵。

潜油泵为多级离心泵，包括固定部分和转动部分。固定部分由导轮、泵壳和轴承外套组成；转动部分包括叶轮、轴、键、摩擦垫、轴承和卡簧。电潜泵分节，节中分级，每级就是一个离心泵。

与普通离心泵相比，电潜泵具有以下特点：直径小，排量范围大，外径一般为 85.5~102mm，排量范围可达 30~8000m³/d；级数多，长度长，扬程范围宽，级数可达 400 级，长度可达 20m，扬程一般为 150~4500m；泵吸口有气体分离或压缩装置，防止气蚀和提高泵效；有径向扶正、轴向卸载和液压平衡机构。

（3）保护器。

保护器又叫潜油电机保护器，是电潜泵所特有的。其位于电机与气体分离器之间，上端与分离器相连，下端与电机相连，起保护电机的作用。其基本作用包括以下 4 个方面：密封电机轴动力输出端，防止井液进入电机；保护器充油部分，允许与井液相通，起平衡作用，平衡电机内外腔压力，容纳电机升温时膨胀的电机油和补充电机冷却时电机油的收缩及损耗的电机油；通过其内的止推轴承承担泵轴、分离器轴和保护器轴的质量及泵所承受的任何不平衡轴向力；起连接作用，连接电机轴与泵/分离器轴，连接电机壳体与泵/分离器壳体。

（4）气体分离器。

气体分离器，又叫油气分离器，简称分离器，位于潜油泵的下端，是泵的入口。其作用是将油井生产流体中的自由气分离出来，以减少气体对泵的排量、扬程和效率等特性参数的影响，并避免发生气蚀。

（5）测压装置。

电潜泵井测压系统有两大类，一类是电子式的，另一类是机械式的，主要用于监测油井的供液和电机工作温度情况。

（6）动力电缆。

动力电缆是电机与地面控制系统相联系传送电力纽带和 PSI/PHD 信号的通道，是一种耐油、耐盐水、耐其他化学物质腐蚀的油井专用电缆，工作于油、套管之间。

（7）电缆头。

电缆头是电机和电缆连接的特殊部件，其质量好坏直接关系到电机的运行寿命，要求具有较高的电气和机械性能。目前，各个电潜泵生产厂家都有自己独特的产品，种类较多。电缆头从性能和结构划分，可分为两种：缠绕式和插入式。

（8）单流阀。

其作用主要是：保护足够高的回压，使得泵在启动后能很快在额定点工作；防止停泵以后流体回落引起机组反转脱扣；便于生产管柱验封。一般安装在泵出口 1~2 根油管处，采用标准油管扣与上、下油管连接。

（9）泄油阀。

泄油阀一般安装在单流阀以上 1~2 根油管处，是检泵作业上提管柱时油管内流体的排放口，以减轻修井机负荷和防止井液污染平台甲板及环境。泄油阀目前有两种：投棒泄流、投球液力泄流。前者比较适用于稀油和高含水稠油井，用于稠油井泄油的成功率低；后者可以重复用，用于低含水稠油井更好，成功率高。

（10）扶正器。

扶正器主要用于斜井，位于电机尾部，使电机居中，并使电机外部过流均匀，散热环境好，防止电机局部因高温而损坏。"Y"字形管柱井不采用扶正器。

2）地面系统组成及作用

电潜泵采油系统的地面部分由配电盘、变压器、控制柜或变频器、接线盒和采油树井口组成，部分特殊油田还配有变频器集中切换控制柜。

地面电源通过变压器变为电机需要的工作电压，输入控制柜内，经由电缆将电能传给井下电机，使电机转动带动离心泵旋转，把井内液体抽入泵内，通过泵叶轮逐级增压，井内液体经油管被举升至地面。

（1）变压器。

电潜泵专用变压器的工作原理与普通变压器基本相同，电潜泵变压器的作用是为电潜泵提供高达几百乃至几千伏的工作电压。

（2）控制柜。

潜油泵控制柜是一种专门用于电潜泵启停、运行参数监测和电机保护的控制设备，分为手动和自动两种方式，具有短路保护、三相过载保护、单相保护、欠载停机保护、延时再启动、自动检测和记录运行电流及电压等的功能。目前，某些电泵控制设备生产厂家针对海上油田稠油井研发出了具有数据储存、数据远传、设备遥控、绝缘和电阻自动检测、反限时保护、三相电流电压不平衡保护等功能的电潜泵控制柜。

（3）变频器。

变频器是电潜泵采油系统的一种新型控制设备，具有以下几个特点：①输出频率可在 30~90Hz 范围内连续变化，使得电机的转速在 1700~5130r/min 内变化，泵排量变化范围是额定排量的 0.6~1.8 倍，扬程范围为 0.36~3.24 倍；②可以在 8~10Hz 频率下启动电机，达到恒转矩软启动的目的，启动电流只有额定电流的 1~1.5 倍，大大减少了电机启动时的电流和机械冲击，有利于延长电机寿命；③可以通过编程控制实现工作频率随油井供液和负载情况而变化，如供液不足时频率降低，泵沉没度大使吸口压力高时，增大频率以增大排量和扬程，保证不停机改变泵工作参数而减少启动次数和以最小的能量举升液体，从而延长寿命和取得最好效益；④可以改变井下电机的电感负荷，提高电机的功率，可以平稳保护电机转入欠压和超压状态下工作。

（4）变频器集中切换控制柜。

变频器集中切换控制柜是专门用于电潜泵井需要进行软启动而若每口井都安装变频器时又会受到平台空间限制的地方，对于海上稠油油田特别实用。通过它，一台变频器可以拖动多个电机。某个海上稠油油田在使用这套系统之前，由于油稠，电潜泵在启泵过程中多次出现过载停机，缩短了电机使用寿命，甚至发生了电机烧毁事故。在使用该系统进行电潜泵启动排出死稠油后，油井可以不经过任何其他处理就能顺利启动电潜泵，且未再出现过在启动过程中电机烧毁的事故。

（5）接线盒。

接线盒是电潜泵井下电缆与地面电缆之间的过渡连接装置，其一个作用是排放通过电缆保护套渗到地面的天然气，防止天然气沿电缆进入控制柜而发生爆炸、火灾等安全事故；另一个作用是方便地面接线工作。它必须安放在通风良好、空气干燥的环境中，必须具有防滴、防渗和气体排放等功能。

（6）电潜泵井口。

电潜泵井口与自喷井采油树井口大致相同，仅压帽和油管挂一定差别。

四、射流泵采油

1. 射流泵的组成及工作原理

1）射流泵的组成

射流泵的主要工作元件（图6-2-8）包括喷嘴、喉管（又称混合室）和扩散管等。

喷嘴位于喉管（混合管）的入口处，它的作用是将来自地面高动力液的势能（压能）转换为高速喷射的动能，产生喷射流，使得井内流体在喷射流周围流动而被喷射流吸入喉管。

喉管是一个直的圆筒，长度约是直径的7倍，入口部分经过磨光。它的直径比喷嘴直径大，是动力液和产出流体混合的初步区域，并把动力液能量传给产出流体，使其动能增加。

扩散管与喉管相连，面积逐渐增大，动力液和地层液进入扩散管后，流速逐渐降低，并将剩余的动能转化为静压力，将混合流体举升到地面。

2）射流泵的工作原理

高压动力液由油管进入射流泵，经过喷嘴时以高速喷出，使喷嘴周围的压力下降。井筒的地层流体经单流阀进入喷嘴周围的环形空间并被喷嘴喷出的动力液吸入喉管。在喉管中，动力液和地层液充分混合后进入扩散管，然后经泵出口进入油套环形空间，从而被举升至地面。

2. 射流泵动力液及地面供给系统

1）动力液的类型及标准

射流泵所用的动力液不同，其要求的标准亦不一样。动力液一般有两种类型，即水动力液和油动力液。动力液的质量，尤其是动力液的固体杂质含量是影响地面设备和井下射流泵使用的一个重要因素，另外，动力液中有天然气或腐蚀物质存在，也会影响地面和井下泵的运转寿命。所以要对动力液进行物理处理和化学处理，使其尽可能不含天然气、固体杂质等物质。

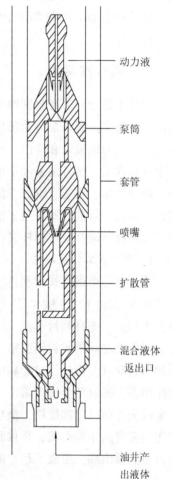

动力液
泵筒
套管
喷嘴
扩散管
混合液体
返出口
油井产
出液体

图6-2-8　射流泵结构图

2）动力液地面供给系统

目前，海上应用生产污水作动力液，其供液系统都与注水系统共用，由于注水水质要求标准均达到或超过动力液水质要求，故也可单独形成系统。动力液从注水系统中引出分支，分配到注水管汇，然后分配至各井。

3) 动力液辅助系统

（1）动力液分配系统。

动力液分配系统是指利用高压动力液管汇的截止阀和流量控制阀，使各井的动力液量保持在所设定的目标值上。

（2）动力液计量系统。

动力液计量系统是指利用高压动力液管汇上的流量计对各井的动力液进行计量，以及利用装在井口的压力表对各井的动力液压力进行记录。

目前海上油田常用的动力液流量计主要有两种，一种是差压孔板式流量计，另一种是涡轮式流量计。

五、螺杆泵采油

螺杆泵是为开采高黏度原油而研究设计的，并且随着合成橡胶技术和粘接技术的发展而迅速发展起来。螺杆泵运动部件少，没有阀体和复杂的流道，吸入性能好，水力损失小，介质连续、均匀地吸入和排出，砂粒不易沉积、不怕磨，不易结蜡，且因为没有凡尔，故不会产生气锁现象。螺杆泵采油系统又具有结构简单、体积小、质量轻、噪声小、耗能低、投资少，以及使用、安装、维修、保养方便等特点。所以，螺杆泵已经成为一种实用、有效的机械采油设备。目前，螺杆泵采油按驱动方式分为潜油电动螺杆泵和地面驱动井下螺杆泵。本章仅就地面驱动井下单螺杆泵(简称螺杆泵)进行分析。

1. 螺杆泵工作原理

螺杆泵是单螺杆式水利机械的一种，是摆线内啮合螺旋齿轮副的一种应用，由出两个互相啮合的螺杆(转子)和衬套(定子)螺旋体组成，当螺杆在衬套的位置不同时，它们的接触点是不同的。螺杆和衬套副利用摆线的多等效动点效应在空间构成了空间密封线，从而在螺杆和衬套副之间形成封闭腔室，在螺杆泵的长度方向就会形成多个密封腔室。当螺杆和衬套做相对转动时，螺杆、衬套副中靠近吸入段的第一个腔室的容积增加，在它和吸入端的压力差作用下，油液便会进入第一个腔室，随着螺杆的连续转动，这个腔室开始封闭，并沿着螺杆泵轴向方向排出端推移，最后在排出端消失的同时，在吸入端又会形成新的密封腔室。出于密封腔室的不断形成、推移和消失，封闭腔室的轴向移动使油液通过多个密封腔室从吸入端推挤到排出端，形成了稳定的环空螺旋流动，实现了机械能和液体能的相互转化，从而实现举升。

地面驱动井下单螺杆泵的转子转动是通过地面驱动装置驱动光杆转动，通过中间抽油杆将旋转运动和动力传递到井下转子，使其转动。定子是以丁腈橡胶为衬套浇铸在钢体外套内形成的，衬套内表面是双线螺旋面，其导程为转子螺距的两倍。螺杆的任一断面都是半径为 R 的圆。整个螺杆的形状可以看作由很多半径为 R 的极薄圆盘组成，不过这些圆盘的中心以偏心距 e 绕着螺杆本身的轴线，一边旋转，另一边按一定的螺距 t 向前移动。

衬套的断面轮廓是由两个半径为 R(等于螺杆断面的半径)的半圆和两个长度为 $4e$ 的直线段组成的长圆形(图 6-2-9)。衬套的双线内螺旋面就是由上述断面绕衬套的轴线旋转的同时，按照一定的导程 $T = 2t$ 向前移动所形成的。

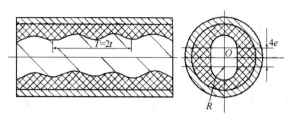

图 6-2-9　泵的衬套

螺杆泵就是在转子和定子组成的一个个密闭、独立的腔室基础上工作的。转子运动时（作行星运动），密封空腔在轴向沿螺旋线运动，按照旋向，向前或向后输送液体。由于转子是金属的，定子是由弹性材料制成的，所以两者组成的密封腔很容易在入口管路中获得高的真空度，使泵具有自吸能力，甚至在气、液混输时也能保持自吸能力。

可见，螺杆泵是一种容积式泵，它运动部件少，没有阀件和复杂的流道，油流扰动小，排量均匀。由于钢体转子在定子橡胶衬套内表面运动带有滚动和滑动的性质，使油液中砂粒不易沉积，同时转子—定子间容积均匀变化而产生的抽吸、推挤作用使油气混输效果良好，所以，螺杆泵在开采高黏度、高含砂和含气量较大的原油时，同其他采油方式相比具有独特的优点。

2. 地面驱动部分

1）地面驱动装置工作原理

地面驱动装置是螺杆泵采油系统的主要地面设备，是把动力传递给井下泵转子，使转子实现行星运动，实现抽汲原油的机械装置。从传动形式上可分为液压传动和机械传动；从变速形式上可分为无级调速和分级调速。

2）地面驱动装置种类及优缺点

螺杆泵驱动装置的种类一般分为两类：机械驱动装置和液压驱动装置。

机械驱动装置传动部分由电动机和减速器等组成。其优点是设备简单，价格低廉，容易管理并且节能，能实现有级调速且比较方便。其缺点是不能实现无级调速。

液压驱动装置由原动机、液压电机和液压传动部分组成。其优点是可以实现低转速启动，用于高黏度和高含砂原油开采；转速可任意调节；因设有液压防反转装置，减缓了抽油杆倒转速度。其缺点是在寒冷季节地面液压件和管线保温工作较困难，且价格相对较高，不容易管理。

3）井下泵部分

螺杆泵包括定子和转子。定子是由丁腈橡胶浇铸在钢体外套内形成的。衬套的内表面是双螺旋曲面（或多螺旋曲面），定子与螺杆泵转子配合。转子在定子内转动，实现抽吸功能。转子由合金钢调质后，经车铣、剖光、镀铬而成。每一截面都是圆的单螺杆。

第三节　采气工艺

由于气藏的构造、驱动类型、深度及流体性质等的差异，其开采方式不同，开采工艺亦不同。通常气藏以自喷的形式开采，开发后期部分气藏采用排液采气。

一、气藏的分类开采

1. 无水气藏的开采措施

无边底水气藏的开采不用担心水淹、水窜等问题，所以可适当采用大压差生产。采用适当大压差采气的优点是：增加大缝洞与微小缝隙之间的压差，使微缝隙里的气易排出；充分发挥低渗透区的补给作用；发挥低压层的作用；提高气藏采气速度，满足生产需要；净化井底，改善井底渗滤条件。

无水气藏在开发后期会遇到举升能量不足、井底积液(凝析水)等问题，需要采取降低地面流程回压、定期放喷等措施以解决气井生产中存在的问题。

2. 有边、底水(或油)气藏的开采

有边、底水气藏开采时要解决的一个重要问题是如何采取措施避免气井过早出水而影响气井的产量和气田的采收率。

在生产过程中，气井出水对气井产能的影响有一定的过程，多数气井存在 3 个明显的阶段：

(1) 预兆阶段：气井水中氯根含量上升，由几十上升到几千、几万毫克/升，压力、气产量、水产量无明显变化。

(2) 显示阶段：水量开始上升，井口压力、气产量波动。

(3) 出水阶段：气井出水增多，井口压力、产量大幅度下降。

在有边、底水气藏的开发中，常用的治水措施有：

(1) 控水采气：气井在出水前和出水后，为了使气井更好地产气，都存在控制出水的问题。对水的控制是通过控制临界流量和控制临界压差来实现的。

(2) 堵水：对气井的堵水要根据不同的出水类型采取不同的堵水措施。

(3) 排水采气：排水采气方式有两种，一是单井中的排水采气，二是在一气藏中的水活跃区打采水井排水或把水淹井改为排水井，以减缓水向主力气井的推进速度。排水工艺参见本章的排液采气部分。

(4) 黑油处理：部分含有边底黑油的气藏开采要考虑黑油的处理问题，气井出黑油给天然气处理系统带来的主要问题是：①分离器液面难以控制，分离效果不好；②黑油与水及乙二醇的亲和性较强，易形成混合物，使乙二醇再生系统不能正常工作；③黑油不利于海底管线的输送。所以，对于含有边底水的气藏的开采，海上平台要设置油和污水的处理系统。

3. 凝析气藏的开采

为了预防凝析气藏在开发过程中气体中有价值的重烃成分在地层中析出，提高可凝组分的采收率，应尽量将地层压力保持在临界压力以上开采，也可采用回注干气的方式将地层压力保持在凝析临界压力之上。注干气的时机要根据气藏的压力变化和经济合理性来确定。当产出流体中凝析液的含量低于一定程度(低于 $40g/m^3$)时，因经济合理原因需停止注干气，因此，开采一般可分为两个阶段：第一阶段，应尽量将压力保持在临界压力以上开采，避免反凝析现象产生，多回收凝析液；第二阶段为纯气藏开采阶段。对于海上凝析气藏，受条件限制，回注干气的开采方式要进行经济性评价，只有在有经济效益的情况下采用该方式。

4. 含腐蚀流体气藏的开采

不少气藏都含有腐蚀性流体，因此，这些气藏的开采除了采用一般气藏的开采方式以外，还要针对气藏本身的腐蚀性流体情况，采取相应的防范措施，才能合理开采，对海上气田尤其如此。

气藏的腐蚀性流体主要有：高腐蚀性和剧毒的硫化氢，二氧化碳等酸性气体。对这些腐蚀流体的含量需要准确测定，在超过一定标准后必须采取防护措施，硫化氢分压大于0.345kPa 的气井称为含硫气井，硫化氢含量在 5% 以上者为高含硫气藏，二氧化碳分压在0.021MPa 以上就要产生腐蚀，需要考虑防护措施，对含有硫化氢、硫醇、硫醚等有机硫化物的天然气，在地面处理过程中还要采用脱除工艺，才能使所采气体符合用户需要。

二、气井系统节点分析和基本流动公式

气井系统节点分析是气井生产管理和设计分析的基本方法，其运用的气体基本流动公式和油井有一定区别。

1. 气井系统生产过程

气井生产系统和油井生产系统一样：气体流动从气层到射孔段或防砂段，再到井筒经井下油嘴、油管、井下安全阀到井口，再经过井口油嘴到分离器(图 6-3-1)。

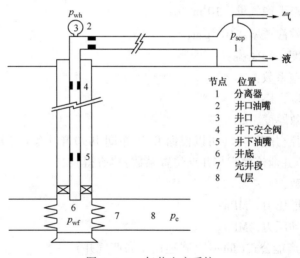

图 6-3-1　气井生产系统

1) 模拟分析法

(1) 建立数学模型。建模时首先要对实际系统进行简化和抽象，抽取系统中压降与流量的相关信息，再利用现有成熟的不同流动规律数学模型有序组合而成。要求系统中相互衔接，各流动过程必须协调。其协调条件：每个过程衔接处的质量流量相等；上一过程的剩余压力足以克服下一过程的压力消耗。

(2) 解节点选择。模型上可供选择的节点很多，原则上解节点应尽可能靠近分析对象。

(3) 计算并绘制所选节点的流入、流出动态曲线，求出相应的协调工作点。

(4) 用实际资料进行修正。利用实际动态资料对模型或参数进行调整，尤其要应用试井数据对模型进行评价、调整。完整的气井系统分析还应包括经济分析模型，可以优化采气工

艺方案。

2) 气井节点分析法的用途

(1) 确定目前生产条件下，气井的动态特性。

(2) 优选气井在一定生产状态下的最佳控制产量。

(3) 对生产井进行系统优化分析，迅速找出限产原因，提出有针对性的改造和调整措施。

(4) 确定气井停喷时的生产状态，从而分析停喷原因。

(5) 确定气井转入人工举升采气的最佳时机，同时有助于人工举升采气方式的优选。

(6) 可以使生产管理人员很快找出提高气井产量的途径。

2. 气井基本流动公式

本小节仅就单相(气体)流动公式进行分析，气、液两相流流动公式在此不作叙述。

1) 流入动态曲线

(1) 拟稳态达西公式(适用于低产气井)：

$$q_g = \frac{Kh(p_t^2 - p_{wf}^2)}{12.7T\mu_g Z(\ln\frac{0.472r_e}{r_w} + S)} \tag{6-3-1}$$

式中　q_g——标准状态下产气量，$10^4 m^3/d$；

　　　K——气层有效渗透率，$10^{-3}\mu m$；

　　　μ_g——气体黏度，$mPa \cdot s$；

　　　Z——气体偏差系数；

　　　T——气层温度，K；

　　　h——气层有效厚度，m；

r_e/r_w——泄流半径/井眼半径(可以根据 K. E. 布朗 1990 年主编的《升举法采油工艺》第 4 卷的"单井泄流面积与井点位置系数表"查得)；

　　　S——表皮系数；

　　　p_t——平均地层压力，MPa；

　　　p_{wf}——井底流动压力，MPa。

(2) 非达西流动产能公式(Jones 公式适用于高产气井)：

$$p_t^2 - p_{wf}^2 = aq_g + bq_g^2 \tag{6-3-2}$$

式中　a——地层层流系数(径向)；

　　　b——地层紊流系数(径向)，a、b 由下式求得：

$$a = \frac{1.291 \times 10^{-3}\mu_g T[\ln(\frac{0.472r_e}{r_w}) + S]}{Kh}$$

$$b = \frac{2.828 \times 10^{-2}\beta\rho_g TZ}{r_w h^2}$$

式中　ρ_g——天然气对空气的相对密度；

　　　β——速度系数，m^{-1}，描述孔隙介质紊流影响系数，是渗透率的函数，由下式表示：

$$\beta = \frac{7.644 \times 10^{10}}{K^{1.5}}$$

在 b 中考虑了射孔密度及气井打开程度不完善产生的聚集效应，式中的 h 采用的是射孔厚度。

2）井筒流动压降

（1）斜井单相（气体）流动公式（用迭代法解）：

$$p_{wf} = \left[p_{tf}^2 e^{2S} + \frac{1.324 \times 10^{-18} + f \left(q_g TZ \right)^2 \left(e^{2S} - 1 \right)}{d^5} \left(\frac{L}{H} \right) \right]^{\frac{1}{2}} \tag{6-3-3}$$

式中　p_{wf}——井底流动压力，MPa；

$\qquad p_{tf}$——井口流动压力，MPa；

$\qquad d$——油管内径，m；

$\qquad T$——油管内气体平均温度，K；

$\qquad Z$——在油管内平均温度、平均压力条件下气体偏差系数；

$\qquad q_g$——标准状态下气井产量，m^3/d；

$\qquad H$——油管深度，m；

$\qquad f$——摩阻系数，可用下式计算：

$$\frac{1}{\sqrt{f}} = 1.14 - 21g \left(\frac{e}{d} + \frac{21.25}{Re^{0.9}} \right) \tag{6-3-4}$$

$\qquad Re$——气流雷诺数，可用下式计算：

$$Re = 1.776 \times 10^{-2} \frac{q_g \rho_g}{d \mu_g}$$

式中　ρ_g——气体相对密度；

$\qquad \mu_g$——气体黏度，mPa·s。

（2）井下安全阀（SSSV）压降公式：

$$p_1 - p_2 = \frac{1.5 \gamma_g p_1}{Z_1 T_1} \left(1 - \beta^4 \right) \left(\frac{17.6447 Z_1 T_1 q_g}{p_1 d_{SSSV}^2 C_d Y} \right) \tag{6-3-5}$$

其中

$$\beta = \frac{d_{SSSV}}{d}$$

$$Y = 1 - \left(0.41 + 0.35 \beta^4 \right) \left(\frac{p_1 - p_2}{K p_1} \right)$$

式中　p_1——上游压力，MPa；

$\qquad p_2$——下游出口压力，MPa；

$\qquad Z_1$——上游相应气体偏差系数；

$\qquad T_1$——上游温度，K；

$\qquad \gamma_g$——气体相对密度；

$\qquad d$——油管内径，mm；

$\quad d_{SSSV}$——井下安全阀最小内径，mm；

$\qquad C_d$——流量系数，建议用0.9；

　　Y——膨胀系数;

　　K——绝热系数。

3) 井口气嘴及孔眼压降公式

(1) 孔眼公式。

亚临界流:

$$q_g = \frac{4.066 \times 10^3 p_1 d^2}{\sqrt{\gamma_g T_1 Z_1}} \sqrt{\left(\frac{K}{K-1}\right) \left[\left(\frac{p_2}{p_1}\right)^{\frac{2}{K}} - \left(\frac{p_2}{p_1}\right)^{\frac{K+1}{K}}\right]} \qquad (6-3-6)$$

临界流:

$$q_{max} = \frac{4.066 \times 10^3 p_1 d^2}{\sqrt{\gamma_g T_1 Z_1}} \sqrt{\left(\frac{K}{K-1}\right) \left[\left(\frac{2}{K+1}\right)^{\frac{2}{K-1}} - \left(\frac{2}{K+1}\right)^{\frac{K+1}{K-1}}\right]} \qquad (6-3-7)$$

临界判别式 $\dfrac{p_2}{p_1} = \left(\dfrac{2}{K+1}\right)^{\frac{K}{K-1}} < 0.546$ 时,达临界流速。

式中　q_g——通过孔眼流量,m^3/d;

　　　　q_{max}——通过孔眼的最大流量,m^3/d;

　　　　p_1——孔眼入口端面压力,MPa;

　　　　p_2——孔眼出口端面压力,MPa;

　　　　d——孔眼开孔直径,mm;

　　　　T_1——孔眼上流温度,K;

　　　　Z_1——孔眼入口条件下气体偏差系数;

　　　　γ_g——天然气相对密度;

　　　　K——天然气绝热指数。

(2) 井口气嘴。

适用于长为6in、圆弧形的进口边缘,临界流速下,计算通过气嘴的流量:

$$q_g = \frac{0.2873 A p_1 C_d}{\sqrt{T_1 \gamma_g}} \qquad (6-3-8)$$

式中　q_g——通过气嘴的最大流量,$10^4 m^3/d$;

　　　　A——气嘴开孔面积,mm^2;

　　　　C_d——流量系数,取0.82;

其余符号同前。

3. 排液采气工艺

　　如何解决气井生产中井筒积液的问题,是气井生产中经常面临的十分突出的问题。当气井能量不足,井筒积液不能排出时,不仅影响气井产量,积液过多时还会造成气井停喷。为了解决这个问题,人们创造了很多排液采气工艺和方法,从而有效解决了这一问题。

　　如何阻止有水气藏中的水进入井筒,也是解决问题的一个重要方面,针对出水原因进行的一些堵水工艺也十分有效。只有堵水和排水工艺互为补充,才能最有效地解决有水气藏的开采问题。

　　目前,排液采气工艺主要有5种方法:优选管柱排水采气,泡沫排水采气,气举排水采气、活塞气举排水采气和电潜泵排水采气。

1) 优选管柱排水采气

根据优选管柱排水理论，确定出气井排水的临界流量、临界流速、对比流速、对比流量，当气井的实际情况达不到临界流动参数时，可重新选择油管直径来保证连续排液。

为了提高优选管柱排水采气工艺的成功率和增产效果，在实际应用中要注意：

(1) 优选管柱排水采气工艺的关键在于确定气井的产量，使其满足于连续排液的临界流动条件。在气水产量较大的开采早期，两相流动的压力摩阻损失是主要矛盾，宜选择较大尺寸油管生产。油管处的对比流速不小于1，是采用大尺寸油管的必要条件。在气井产能较低，产水量较小的开采中、后期，气、水两相流动的滑脱损失是主要矛盾，宜优选小尺寸油管生产，以确保把地层流入井筒的水全部排出井口。

(2) 优选管柱工艺与泡沫排水、气举工艺组合应用，可增强排水增产效果和延长工艺的有效期。

2) 泡沫排水采气工艺

泡沫排水采气法是一种施工容易、收效快、成本低、不影响日常生产的工艺方法，是产水气田开发的有效增产措施，该技术在我国已发展成熟，并完善配套。目前，该技术可在下述条件下应用：井深 $\leqslant 3500m$，井底温度 $\leqslant 120℃$，空管气流速 $\geqslant 0.1m/s$，日产液量 $\leqslant 100m^3$，液态烃含量 $\leqslant 30\%$，产层水总矿化度 $\leqslant 10g/L$，硫化氢含量 $\leqslant 23g/m^3$，二氧化碳含量 $\leqslant 86g/m^3$。

泡沫排水采气工艺常用的化学药剂有：起泡剂、分散剂、缓蚀剂、减阻剂、酸洗剂及井口相应配套的消泡剂。

气井的气速在 $1 \sim 3m/s$ 范围内不利于泡沫排水，所以泡沫排水的气井的气量应根据实际生产情况作必要的调整，以避开最不利排液的流速。加药浓度参照药剂的"临界起泡浓度"来确定，并在此基础上再根据实际井况进行增减。

3) 气举排水采气

气举通过气举阀，从地面将高压天然气注入停喷的井中，利用气体的能量举升井筒中的液体，使井恢复生产能力。

4) 活塞气举排水采气

活塞气举是间歇气举的一种特殊形式，由于活塞在举升和采出液之间形成一机械界面，因而减少了滑脱损失，同一般的间歇气举相比，它能更有效地利用气体的膨胀能量，提高举升效率。早在20世纪40年代，美国、前苏联等不仅对活塞的理论进行了研究，而且还将该工艺应用于油井开采，取得了较好的效果。20世纪80年代初，他们又针对因出水气井增多天然气产量下降的问题，将该工艺用于产水气井的开发，同样取得了显著的成绩。

(1) 活塞气举的主要设备及作用。

油管卡定器：是固定活塞运行的下死点。

缓冲弹簧：吸收活塞下落的刚性冲击力，起到减震作用。

活塞：通过上、下循环的往复运动，达到排液的目的。目前活塞的类型较多。

活塞捕捉器：利用它可将上行的活塞抓住，以便于活塞的检查和维修。

三通：用来连接防喷管和活塞捕捉器。

防喷管：防喷管内的缓冲弹簧用以吸收活塞上升至井口的刚性冲击，起减震作用。

地面控制器：是一种时间控制器，用以控制气源、管路开关，显示、计数开关时间，用以控制生产管路开关。

气动薄膜阀：用于开启和关闭生产管线。

（2）活塞气举工作原理。

活塞气举是将活塞作为气、液之间的机械界面，依靠气井原有的气体压力，以一种循环的方式使活塞在油管内上下移动，从而减少了液体的回落，消除了气体穿透液体段塞的可能，提高了间歇举升的效率。活塞气举的工作过程如图6-3-2所示。

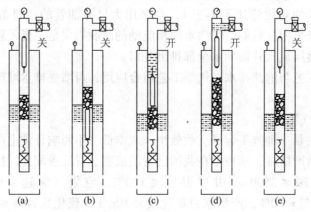

图6-3-2　活塞气举工作过程示意图

当地面控制器控制薄膜阀关闭生产管线时，活塞在重力作用下穿过油管内的气液下落；活塞下落至油管卡定器处，撞击缓冲弹簧，这时液面开始上升；地面控制器打开薄膜阀后，油压下降，井底压力推动活塞及活塞以上液体上行，直到排出井口；井液排出井口后，活塞被捕捉器抓住，此时完成了一个行程周期。

当井底积液达到一定程度时，进行下一个举升周期，举升周期的时间间隔要根据井况及经验确定，目前尚无成熟的计算方法。

5）电潜泵排水采气

电潜泵排水采气的特点包括：

气液比高，要求分离器性能可靠，分离效果好。

最好把电潜泵下在射孔段以下，这时需要使用导流罩，使进入电泵的液体先经过电机给电机冷却降温。

电潜泵最好与变频器结合使用，使电潜泵的排量根据气井产液量的变化有较大的调整余地，保证电泵平稳运行。

电潜泵排液采气技术除了气井本身的特殊性能外，气井使用电潜泵排水技术与油井使用电潜泵机采完全相同，电潜泵排水采气的选泵设计及生产管理要求可参照电潜泵机采部分。

第四节　油气水处理工艺

油气水处理工艺是指将开采出的原油在海上采油平台或生产油轮进行油、气、水的分离、净化、计量和外输；伴生气经除液后利用或送到火炬系统烧掉；污水进入污水处理系统处理符合排放标准后排放入海；原油进一步处理后得到合格的商品油进行存储或外输。

一、原油处理工艺

原油处理工艺应根据油、水、伴生气、砂、无机盐类等混合物的物理化学性质、含水率、产量等因素，通过分析研究和经济比较来确定。原油汇集、处理和计量外输是原油处理工艺的三大主要组成部分。

1. 原油汇集

为节约投资，工艺流程的设计要求适应性强，一般在可以联合开发的海域只设计一套原油处理设施，将周边油田、采油平台来液汇集后集中处理。图6-4-1所示为涠西南油田群联合开发示意图。

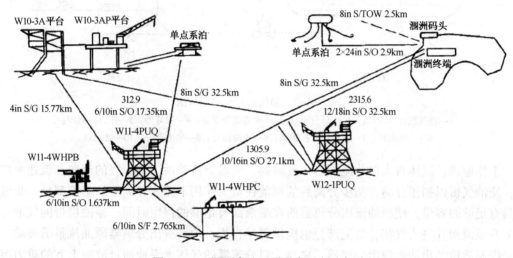

图6-4-1　涠西南油田群联合开发示意图

2. 原油处理

原油处理的最终目的是：分离出油水混合液中的污水，使污水进入污水处理系统，经处理后，油中含水率可降至0.5%～15%，以利于原油的进一步净化；分离出油水混合液中的伴生气，使伴生气进入伴生气处理系统。经处理后，油中含气达到如下要求：分离质量(%)$K \leq 0.5 cm^3/m^3$(气)，分离程度(%)$S \leq 0.05 m^3/m^3$；除去油水混合液中砂等杂质。

1) 脱水

油水分离的基本原理是破坏乳化液油水界面膜的稳定性，使其破裂，促进水颗粒凝聚成大水滴，使水从原油中沉降下来。

油气水地面处理设备主要是分离器。分离器按形状可分为3种，即卧式、立式及球形。根据各形状分离器在分离效率、分离后流体的稳定性、变化条件的适应性、操作的灵活性、处理能力、处理起泡原油和安装所需空间等方面的优缺点比较，作为海上处理设备的分离器，首选的是卧式三相分离器，其次是立式两相分离器，球形分离器基本不采用。

（1）油气两相分离器(图6-4-2)。

油气两相分离器结构和制造工艺简单，成本低，具有投资省、维护简单的特点，适合于非含水的原油的脱气处理。

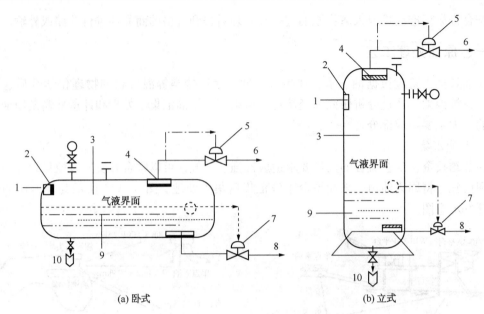

图 6-4-2　油气两相分离器简图

1—油气混合物入口；2—入口分流器；3—重力沉降部分；4—除雾器；5—压力控制阀；
6—气体出口；7—原油出口控制阀；8—原油出口；9—集液部分；10—排污口

工作原理：流体自入口分流器进入分离器，经过分流器后，油、气的流向和流速突然改变，使油气得以初步分离。初步分离后的原油在重力作用下流入分离器的集液部分。集液部分具有足够的容量，使原油流出分离器前在集液部有足够的停留时间，原油携带的气泡有机会上升至液面并进入气相，集液部分也提供缓冲容积，均衡进出分离器原油流量的波动。原油经控制液位的出油阀流出分离器。来自入口分流器的气体水平地通过液面上方的重力沉降部分，被气流携带的油滴靠重力作用降至气液界面。未沉降的粒滴随气体流经除雾器，并在除雾器内聚结，合并成大油滴，在重力作用下滴入集液部分，脱除油滴的气体经压力控制阀流入气出口管线。

（2）改进型油气两相分离器。

对入口装置进行适当的改进，可以提高油气分离效果（图 6-4-3、图 6-4-4），对处理高含气油气混合物效果较好。

卧式碟形挡板油气分离器，当具有一定速度的油气混合物冲击碟形挡板时，流体的速度和运动方向突然改变，较重的原油沿碟形挡板表面流入容器底部，较轻的气体自上面流出，达到油气初步分离的目的。为防止碟形挡板表面流下的原油冲击集液部分液面，导致飞溅和液滴再次进入气相，在碟形挡板下方靠近液面处设有挡液板。

卧式离心圆筒油气分离器，油气混合物以切线方向进入同心圆筒的间壁内，产生高速旋转（速度可达 6m/s）。原油在离心力作用下甩向外筒内壁，呈膜状流入容器底部，气体由内筒自下而上流出。为减小来自入口分离器的原油对容器底部液面的冲击，在筒下方设有堰板，使液面的波动控制在堰板的上游。

油气初步分离后得到的气体常处于紊流状态，不利于气流中携带油滴的沉降，故使其通过整流器整流后，紊流状态大为减弱，促进气流中的油滴在重力作用下沉降，同时整流器还缩短了气流中油滴的沉降距离。气液隔板的作用是防止气体在液面上方流过时，使原油重新雾化而被气体带走，并使液面保持稳定，以利于原油中所含固体杂质的沉降分离。隔板位置一般略高于控制液面，且与液面平行。

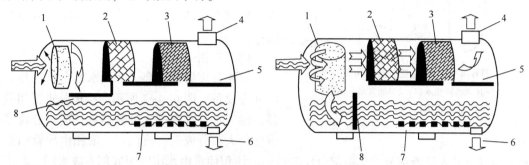

图 6-4-3　卧式碟形挡板油气分离器

1—碟形挡板入口分离器；2—气体整流器；

3—同心板式除雾器；4—气体出口；5—气体隔板；

6—原油出口；7—防涡排油管；8—挡液板

图 6-4-4　卧式离心圆筒油气分离器

1—离心式入口分流器；2—气体整流器；

3—网垫除雾器；4—气体出口；5—气体隔板；

6—原油出口；7—防涡排油管；8—堰板

（3）常压立式沉降罐。

常压立式沉降罐(图 6-4-5)适合于基本不含天然气的油水分离。油水混合物由入口管经配液中心汇管和辐射状配液管流入沉降罐底部的水层内。当油水混合物向上通过水层时，由于水的表面张力增大，使原油中的游离水、破乳后粒径较大的水滴、盐类和亲水固体杂质等并入水层，这一过程称为水洗。水洗过程至沉降罐中部的油水界面处终止。由于部分水量从原油中分离出，原油从油水界面处沿罐截面向上流动的流速减慢，为原油中较小粒径水滴的沉降创造了有利条件。当原油上升到沉降罐上部液面时，其含水率大为减少。

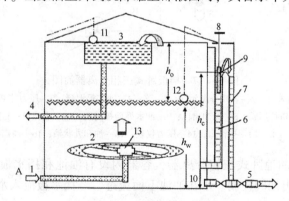

图 6-4-5　常压立式沉降罐

1—油水混合物入口管；2—辐射状配液管；3—中心集油槽；4—原油排出管；

5—排水管；6—虹吸上行管；7—虹吸下行管；8—液力阀杆；9—液力阀柱塞；

10—排空管；11、12—油水界面和油面发讯浮子；13—配液管中心汇管

（4）陶瓷脱水器。

陶瓷脱水器(图 6-4-6)是利用亲水固体表面使乳化水粗粒化脱水的设备。

工作原理：高含水原油自(图 6-4-6)入口进入壳体后，经配液管均匀分布在陶粒聚结床上，油水混合物流经陶粒层时，被迫不断改变流速和流向，增加了水滴的碰撞聚结机率，

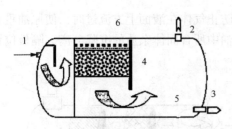

图 6-4-6　陶粒脱水器结构示意图
1—高含水原油入口；2—低含水原油出口；
3—脱出水出口；4—陶粒聚结床；
5—油水沉降分离；6—含水原油配液管

同时，陶粒表面的亲水憎油特性使水滴不断在陶粒表面润湿、聚结成更大的水滴，经陶粒聚结床后的油水混合物在沉降分离室中进行重力沉降分离，低含水原油自出油口流出，脱出水自出水口流出。

（5）三相分离器。

三相分离器是适合于油气水混合物三相分离的处理设备。图 6-4-7 所示为挡板卧式三相分离器，油气水混合物进入分离器后，进口分流器把混合物大致分成气、液两相。液相由导管引至油水界面以下进入集液部分，集液部分应有足够的体积使自由水沉降至底部形成水层，其上是原油和含有较小水滴的乳状油层，油和乳状油从挡板上面溢出。油水界面和油面由控制阀控制于恒定的高度。气体水平地通过重力沉降部分，经除雾器后由气出口流出。分离器的压力由设在气管上的阀门控制。

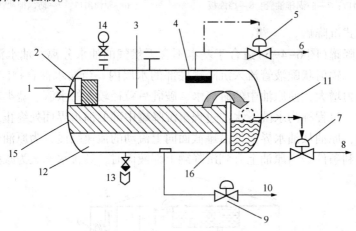

图 6-4-7　挡板卧式三相分离器简图
1—油气水混合物入口；2—入口分离元件；3—气；4—油雾提取器；5—压力控制阀；6—气出口；
7—油出口控制阀；8—原油出口；9—油水界面控制阀；10—水出口；11—原油；
12—水；13—排污口；14—压力仪表；15—油和乳状液；16—油挡板

图 6-4-8 所示为油池卧式三相分离器，容器内设有油池和挡水板。油自挡油板溢流至油池，油池中油面由出油阀控制。水在油池下面流过，经挡水板流入水室，水室的液面由排水阀控制。

（6）高效型三相分离器。

高效型三相分离器（图 6-4-9、图 6-4-10）是将机械、热、电和化学等各种油气水分离工艺技术融合应用在一个容器，通过精选和合理布设分离器内部分离元件，达到油气水高效分离的目的。其优点是成撬组装，极大地减少了现场安装的工作量和所需的安装空间，具有较大的机动性以适应油田生产情况变化的需要，使流程简化，方便操作管理，这些对于海上油田显得尤为重要。

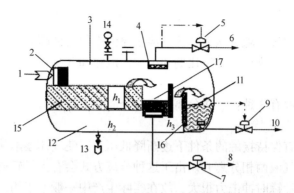

图 6-4-8 油池卧式三相分离器简图

1—油气水混合物入口；2—入口分离元件；3—气；4—油雾提取器；5—压力控制阀；6—气出口；
7—油出口控制阀；8—原油出口；9—油水界面控制阀；10—水出口；11—原油；12—水；
13—排污口；14—压力仪表；15—油和乳状液；16—油挡板；17—油池

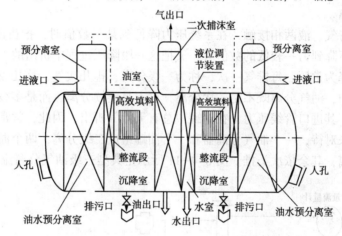

图 6-4-9 HNS 型油气水三相分离器结构简图

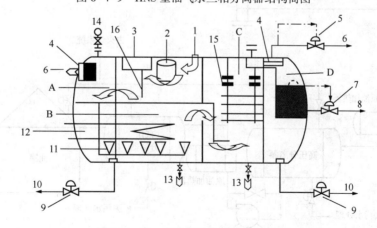

图 6-4-10 多功能联合脱水器示意图

1—油气水混合物入口；2—入口旋转分离元件；3—导流板；4—油雾提取器；5—压力控制阀；6—气出口；
7—油出口控制阀；8—原油出口；9—界面控制阀；10—水出口；11—配液管；12—加热盘管；13—排污口；
14—压力仪表；15—悬挂绝缘子；16—阻尼板；
A—预分离部分；B—加热沉降部分；C—电脱水部分；D—缓冲部分

2) 脱气

原油中常含有溶解气，随着压力降低，溶于原油中的气体膨胀并析出。油气分离包括两方面的内容：使油气混合物形成一定比例和组成的液相和气相；把液相和气相用机械的方法分开。

油气分离方式大致有 3 种：一次分离、连续分离和多级分离。

（1）一次分离。

在气、液两相一直保持接触的条件下逐渐降低压力，使气体逐渐从液体中逸出，最后降到常压时，一次把、气液两相分离开。由于这种分离方式会有大量轻质汽油组分损失而使油品贬值，且油气进入油罐时冲击力很大，故在实际生产中一般不采用。

（2）连续分离。

在系统压力降低的过程中，不断将原油中析出的天然气排出，直至压力降到常压，这种分离方法也称为微分分离。

（3）多级分离。

在系统中保持气、液两相接触，在系统压力降低到某一数值时，把析出的天然气排掉，系统压力再继续下降到另一较低的数值时，又把这一段降压过程中析出的天然气排掉。如此反复，直至压力降为常压。每排气一次，称为一级分离，排几次气，称几级分离。

在实际生产中，油气分离既不是一次分离，也不是连续分离，而是多级分离。由于储罐中的压力总是低于其进口管线压力，在储罐中总有天然气析出，因此，常常把储罐作为多级分离的最后一级来对待，一个油气分离器和一个油罐组成二级分离，两个油气分离器和一个油罐组成三级分离，其余依次类推。图 6-4-11 所示是典型三级油气分离流程示意图。

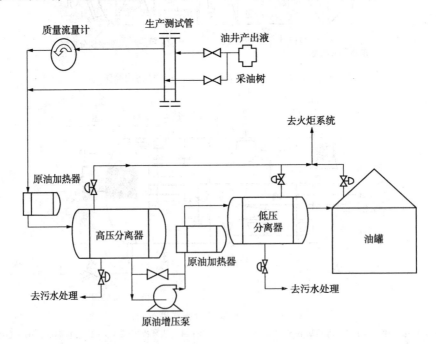

图 6-4-11　典型三级油气分离流程示意图

多级分离的优缺点：

① 多级分离所得到的原油效率高、密度小。

② 多级分离得到的天然气量少，重组分在气体中的比例小。采用一级分离时，大量的轻质汽油组分被白白地烧掉，使原油产品贬值。

③ 多级分离能充分利用地层能量，减少输送成本。

④ 多级分离时，级数越多，获得的原油量将越多，分离效果越好。但是，随着分离级数的增加，在储罐中得到的原油回收增量却越来越少，而投资费用却大幅度上升，经济效益下降，因此，分离级数不能过多。

3）脱水脱盐

脱水脱盐的目的是对一级处理后的油液进一步进行净化处理，使其达到合格原油标准：含水及杂质质量分数小于 0.2%；含盐量小于 0.05kg/m³。

电脱水器和电脱盐器都是油气水处理系统中的重要设备，在常规工艺中，它们是两个独立的处理装置，分别完成各自的电脱水和脱盐任务。

电脱盐工艺要增加一套原油与淡水混合设备，该设备的作用是加入淡水去"冲洗"原油，便于淡水吸收原油中的盐。

电脱水脱盐机理：

水滴和盐等杂质在电场中聚结的方式主要有 3 种：电泳聚结、偶极聚结和振荡聚结。电法脱水只适用于低含水率油包水型乳状液。因为原油的导电率很小，油包水型乳状液通过电脱水器极间空间时，电极间电流很小，能建立起脱水所需的电场强度。带有酸、碱、盐等电解质的水是良导体，当水包油型乳状液通过极间空间时，极间电压下降，电流猛增，即产生电击穿现象，无法建立极间必要的电场强度。同样，用电法脱水处理含水率较高的油包水型乳状液时，也容易产生电击穿，使脱水器的操作不稳定。因此，在处理高含水率原油乳状液时一般先经沉降脱水或陶粒脱水，使含水率降低后再进入电脱水器进行脱水，通常把这种脱水工艺称为二段脱水。

3. 原油计量外输

经处理后的合格原油，进储油舱储存，或经原油外输泵增压、计量装置计量后通过海底管线外输至储油终端。

二、伴生气处理工艺

由油气分离系统分离出来的天然气（伴生气），不同程度地携带着液体（油和水），会使管道或设备造成故障，尤其在冬季，水结冰会阻塞管道。除去液体后的干燥天然气，可以用作燃料气、封缸气、吹扫气，或压缩外输，多余的送入火炬系统烧掉。

图 6-4-12 所示为涠 11-4 中心平台伴生气处理系统工艺图。

系统由清管球接收器、段塞流捕捉器、燃气洗涤器、压缩机、空气冷却器、燃气分离器及燃气加热器组成，气源来自涠 10-3A 平台，在涠 11-4 中心平台经处理达到要求后供透平机作燃料使用。从涠 10-3A 平台来的伴生气经清管球接收器旁通进入段塞流捕捉器，气体在海底管线流动过程中，由于压力下降，将有凝析油析出，因此需进入洗涤器洗涤。为防止燃气在输送过程中再次积液，需将燃气加热。当透平机发生故障停止用气时，系统全部放空至火炬系统烧掉。

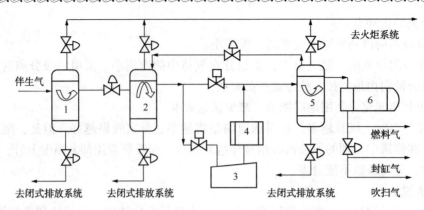

图 6-4-12　涠 11-4 中心平台伴生气处理系统

1—段塞流捕捉器；2—燃气洗涤器；3—燃气压缩机；4—空气冷却器；5—燃气分离器；6—燃气加热器

三、水处理工艺

海上油田处理系统，包括含油污水处理系统，用于注海水的海水处理系统，注水及生活所用浅层地下水处理系统，以及收集冲洗甲板水及雨水的辅助污水处理系统等。本章仅就海上油田的含油污水处理系统进行阐述。

1. 含油污水水质、处理目的及要求

海上油田污水来源于在油气生产过程中所产出的地层伴生水。为获得合格的油气产品，需将伴生水与油气进行分离，分离后的伴生水中，含有一定量的原油及其他杂质，这些含有一定量原油和其他杂质的伴生水称为含油污水。

（1）含油污水水质：分散油，乳化油，溶解油，污水中含有的阳离子，污水中还可能含有溶解的氧气、二氧化碳、硫化氢等有害气体，污水中常见的细菌有硫酸盐还原菌、腐生菌和铁细菌。

（2）含油污水处理的目的及要求。

含油污水经过处理后，要进行排放或者作为油田回注水、人工举升井动力液等。处理含油污水的目的是要求排放水或回注水达到相应的排放或回注标准，同时应充分考虑防止系统内腐蚀。

排放的污水水质要求是：渤海海域排放污水含油量小于 30mg/L；南海海域为小于 50mg/L。对回注的污水水质要求是：达到相应油田规定的注水水质标准。

2. 污水处理方法

海上油田污水处理的主要方法如表 6-4-1 所示。

表 6-4-1　海上油田污水处理的主要方法

处理方法	特　　点
沉降法	靠原油颗粒和悬浮杂质与污水的密度差实现油水渣的自然分离，主要用于除去浮油及部分颗粒直径较大的分散油及杂质
混凝法	在污水中加入混凝剂，把小油粒聚结成大油粒，加快油水分离速度，可除去颗粒较小的部分散油
气浮法	向污水中加入气体，使污水中的乳化油或细小的固体颗粒附在气泡上，随气泡上浮到水面，实现油水分离

续表

处理方法	特　　点
过滤法	用石英砂、无烟煤、滤芯或其他滤料过滤污水除去水中小颗粒油粒及悬浮物
生物处理法	靠微生物来氧化分解有机物，达到降解有机物及油类的目的
旋流器法	高速旋转重力分离，脱出水中含油

3. 污水处理系统设备及流程

当开发方案确定后，应给定油田高峰污水处理量，索取地层水水质资料等基础数据，同时确定污水处理后的用途。根据用途确定污水处理后要求的水质标准，按照高峰污水处理量、地层水性质和污水水质处理要求标准，结合海上空间面积来选择经济、合理的污水处理设备和设计污水处理流程。

1）部分污水处理设备及对应方法

部分污水处理设备及对应方法如表 6-4-2 所示。

表 6-4-2　部分污水处理设备及对应方法

序号	设　　备	对应方法	序号	设　　备	对应方法
1	API 矩形多道分离器	沉降法	7	固定滤料式聚结器	混凝法、过滤法
2	沉降罐	沉降法	8	活动滤料式聚结器	混凝法、过滤法
3	加压容器浮选装置	气浮法	9	过滤罐	过滤法、化学法
4	叶轮式浮选装置	气浮法	10	重力无阀过滤罐	过滤法
5	喷嘴自然通风浮选池	气浮法	11	单阀过滤罐	过滤法
6	聚结板式聚结器	悬凝法、沉降法、物理法	12	水力旋流器	旋流器法

2）海上油田污水处理设备选择的基本原则

（1）满足油田最高峰污水处理量达标的要求。

（2）设备效率高，体积小，占地面积小。

（3）结构简单，易操作。

（4）价格便宜，经济效益好。

（5）维修简便，免修期长等。

3）海上污水处理流程

所谓海上污水处理流程，可以理解为用管线、泵等将选择的含油污水处理装置连接到一起，通过逐级处理装置脱除含油污水中的有害物质。这种管线、泵等及含油污水处理装置的组合，就是含油污水处理流程。

由于海上油气田的处理量大小不同，原油及伴生水性质不同，处理后的污水要求标准不同，以及海域、经济效益等因素不同，所选择的处理设施不可能相同。

埕北油田污水处理系统如图 6-4-13 所示，该装置包括聚结器、浮选器、砂滤器和缓冲罐。

来自原油处理系统的含油污水，首先流经聚结器，在聚结器入口前加入絮凝剂，在聚结器中，通过絮凝和重力分离，较大颗粒原油及悬浮固体上浮并被撇入导油槽。

处理后的污水靠位差进入浮选器，设计为加气浮选，由底部加入少量天然气，作为附着小油滴载体与油珠一起上浮到顶部，上部撇油装置将油撇出。处理后的污水由下部出口流出。

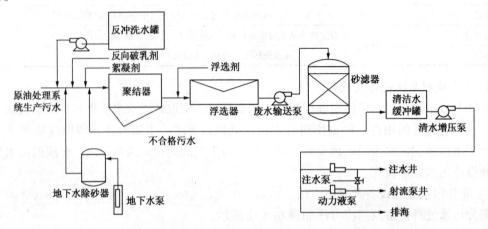

图 6-4-13　埕北油田污水处理系统工艺流程图

　　来自浮选器的污水由泵加压输送到过滤器，由上至下通过过滤层，处理后污水进入缓冲罐。此时的污水应是处理后的合格水，可用作注入水或动力液，剩余部分排入海中。

第七章　海上油气田修井

第一节　海上修井介绍

一、海上油气田井下作业内容及特点

1. 海上油气田井下作业内容

海上油气田开发和陆上油气田开发一样，需要在生产过程中对油井、气井、水井进行维护、修理和各种措施作业。既有对井下工具、泵和井筒进行小修及大修作业，也有对各种落物的打捞、磨铣、封窜，以及各种封堵、增产、增注、调剖、改采、补孔等作业，甚至还需要在开采后期对水淹的老井进行侧钻和在预留井槽上进行钻井作业。因此，在油田开发前期的 ODP 方案中就要考虑到这些工作运用哪些作业手段及装备来进行。

2. 海上油井、气井、水井井下作业的特点

（1）海上平台上的油井、气井、水井一般都较集中，呈丛式井分布，所需要进行的修井措施及侧钻等作业要求在不影响周围井生产的同时，在边生产边作业中进行，同时，井口平台中往往油气处理设备等分布比较集中。因此，对作业的安全性要求十分严格，对防泄漏、防喷、防爆等安全性要求都较高。

（2）海上油气井多数为定向井或大位移井和水平井，根据这些特点，往往在作业设备上还需配备旋转功能。有些设备在具有修井功能的同时，还要求具有大修及侧钻功能，因此要求设备具有的功能范围和动力储备都较高。

（3）由于海上作业成本高，因此要求连续作业，装备性能质量可靠，故障率低，而且在设备场地上也要求各种材料及辅助设备一次备齐，保证作业连续进行。

（4）由于要遵守海洋环境保护法律，对于作业过程中各种排放液体都有严格要求，不合格者不能排放，且需要进行处理或返回陆地处理。因此，在作业中要特别注意防污染，原油污染海洋后还要进行消油处理。

（5）海上作业装备的拆迁、更换都要花费较高的费用，因此，要求固定在平台上的设备满足油井、气井、水井的各种作业措施要求，甚至有的还要求具备钻修两用功能，以满足前后期的侧钻等钻井作业需要。

（6）由于海上环境为盐雾和风浪环境，因此作业设备还需按规范满足各种环境条件的要求。

二、海上采油平台修井装置概况

1. 海上修井装置

海上修井装置包括两大部分：作业装置和支持系统。

1）作业装置

（1）修井机系统。

（2）泥浆（修井液）系统。

（3）防喷系统。

2）支持系统

（1）辅助设施：工具材料房、值班房及油水罐等。

（2）生产动力设施：提供电源、压缩空气、蒸汽和海水、淡水及作业人员的吃住等生活设施。

（3）吊运手段、通讯及场地：提供吊机及通讯手段和材料管材工具等堆放甲板。

2. 修井作业装置特点

（1）要求修井作业装置、设备及布置占用的甲板面积小，进行空间立体布置，达到最小化要求。

（2）作业设备及场地按设计载荷要求进行限重管理，分为固定载荷及可变载荷进行限重设计和管理，要求在满足作业安全的条件下尽量限重。

（3）对于固定在平台上不再进行拆迁的作业机，要求能满足油气田开发过程中各类井及作业的需要，有的要求具有钻修两用功能。

（4）由于海上平台面积较小，不允许井架有绷绳，因此要求海上井架为直立无绷绳井架，一般井架腿间跨度要比有绷绳的大，整机还要具有在各种工况下抗风、抗震、抗倾覆的能力。

（5）对于带各种支持系统的移动式修井平台或修井船，则还要具有海上航行条件及其他更多的功能和特点。

三、海上采油平台修井装置的形式和种类

海上平台修井装置按是否带支持系统和是否为水下井口，可分为 3 类。

1. 和采油平台共用支持系统的固定平台修井装置

此类修井装置的电、气、水、油一般由采油平台公用系统提供。生活系统、靠船及吊运系统和通讯系统一般也由采油平台提供或公用。在采油平台上提供作业甲板或专用区域。

其形式分类如下：

（1）轨道式修井装置：修井机安装在轨道上，有上、下底座可进行 x 轴向及 y 轴向平移。泥浆泵、罐系统有的放在底座上，也有的不放在底座上。

（2）简易修井装置：在以前渤海油田的国产平台上曾用过简易的二腿陆上作业井架和通井机来进行修井作业。

（3）液压式修井装置：此装置装在井口上用液压来进行起下作业，目前已渐趋淘汰。

2. 自带支持系统的修井装置

（1）自升式修井平台，有带自航能力的修井平台，也有不带自航能力的修井平台，可用拖轮移动。有的不带有修井机等装置，可作为修井作业的支持平台使用。

（2）驳船式修井装置，利用驳船携带修井装置及支持系统进行作业。

（3）利用钻井船作为修井装置，有的为半潜式钻井船。

3. 其他修井辅助装置

利用钻井及修井平台对水下井口的油气井进行井下作业，水下油气井的井下作业工作，除了使用钻井及修井平台设备以外，还需要再使用水下导向设备、防喷作业设备等进行工作。

第二节　固定平台修井机装置

一、轨道移动式修井机

1. 轨道移动式修井机的特点

轨道移动式修井机采用模块结构，橇装组成，一般包括下底座橇、上底座橇(也称钻台橇)、井架三大组块。修井机在平台修井甲板焊接的固定轨道上移动，上底座可以在下底座轨道上移动，即修井机可以在 x 轴向、y 轴向上移动，满足固定平台的修井作业需要。这种修井机装置又分为下底座带修井配套设施和不带修井配套设施两种。

(1)下底座带修井配套设施移动的修井机。修井用配套设施：泥浆泵、泥浆罐系统及井控系统全部悬挂于钻台下面，并随修井机的移动而移动，值班房、发电机房、临时住房、材料房都集中于钻台上，这样要求平台甲板面积相对小一点，但井口甲板轨道承重较集中，要求平台结构相对特殊一些(图7-2-1)。

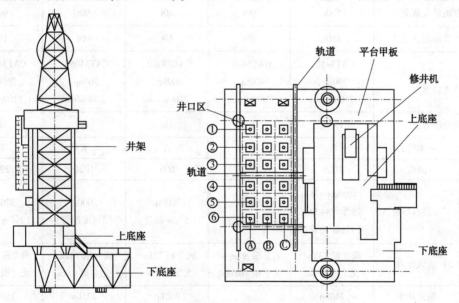

图7-2-1　平台修井机和平台甲板示意图

(2)下底座不带修井用配套设施的修井机。修井配套设施：泥浆泵、泥浆罐系统及井控系统、材料房、值班房和作业人员住房，放置于甲板油管场地周围，这样修井甲板面积相对较大一点，但甲板承重较分散，甲板轨道和油管场地各部分承载较均匀，对平台结构要求不特殊。图7-2-2所示为SZ36-1B区平台修井机和修井甲板示意图。

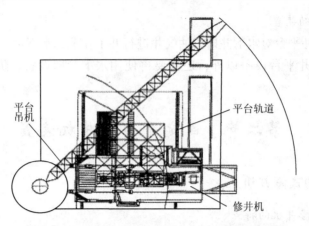

图 7-2-2　SZ36-1B 区平台修井机和修井甲板示意图

（3）海洋修井机技术性能如表 7-2-1 所示。

表 7-2-1　海洋修井机技术性能

修井机型号		2024	K-600	K-400	Willson30	HXJ60
所属地区和平台		南海-W12-1 油田	南海-W11-4 油田	渤海-埕北 B 平台	渤海-埕北 A 平台	SZ36-1A 平台
修井机生产厂家			Dreco	Dreco	LTV	江汉四机厂
修井机最大载荷		150t	90t	60t	90t	90t
修井机额定载荷		150t	90t	60t	90t	60t
柴油机型号、功率及转速		CAT3412，740hp，2100r/min	CAT3406，400hp，2100r/min	CAT3306B，300hp，2100r/min	CAT3406B，360hp，2100r/min	CAT3406B，360hp，2100r/min
钢丝绳直径		$1\frac{1}{8}$in	1in	1in	1in	1in
井架	井架形式	A		A	K	K
	高度	102ft	96ft	60ft	102ft	29m
	二层台容量	14500m（$3\frac{1}{2}$in 油管）/4420m（$4\frac{1}{2}$in 油管）	2500m（$3\frac{1}{2}$in 油管）	3000m（$2\frac{7}{8}$in 油管）	3000m（$3\frac{1}{2}$in 油管）	3200m（$2\frac{7}{8}$in 油管）
	抗风能力	满立根 73kn/无立根 93kn	满立根 80mph/无立根 108mph	满立根 73kn/无立根 93kn	满立根 73kn/无立根 93kn	满立根 73kn/无立根 108kn
绞车	输入功率	740hp		402hp	425hp	250kW
	刹车毂直径×宽度	42in×12in	38in×8in	38in×8in	38in×$8\frac{1}{2}$in	1070mm×260mm
	刹车包角	300°	300°	300°	300°	340°
底座	钻杆盒负荷	100t		60t	100t	90t
	下底座外形尺寸			18ft×24ft×8ft	19ft×10ft×8ft	16m×3.57m×4.58m

续表

修井机型号		2024	K-600	K-400	Willson30	HXJ60
泥浆泵	型号			KT250	PAH	F500
	柴油机功率			360hp	310hp	373kW
	最大工作压力			340MPa	8000psi	26.3MPa
	最大排量			0.86m³/min	1.1m³/min	1.2m³/min
提升系统绳系		5×4	5×4	4×3	5×4	4×3
传动系统形式		柴油机+变矩器+传动轴	柴油机+变矩器+传动轴	柴油机+变矩器+传动轴	柴油机+变矩器+传动轴	柴油机+变矩器+传动轴

修井机型号		K-80	IRI60	HXJ80B	HXJ120	HXJ225A
所属地区和平台		SZ36-1B 平台	SZ36-1J 平台	QK17-3/ QK18-1 平台	JZ9-3W 与 JZ9-3E 平台	QK17-2 平台
修井机生产厂家		Dreco	美国 IRI 公司	南阳二机厂	江汉四机厂	南阳二机厂
修井机最大载荷		64t	60t	120t	150t	225t
修井机额定载荷		64t	60t	80t	120t	150t
柴油机型号、功率及转速		CAT3406B, 400hp, 2100r/min	CAT3406, 400hp, 2100r/min	CAT3408B, 475hp, 2100r/min	DETROIT6V92TA, 360hp, 2100 r/min	DETROIT8V92TA, 480hp, 2100r/min
钢丝绳直径		1in	1in	1in	1⅛in	1¼in
井架	井架形式	A	A	K	K	K
	高度	29m	102ft	29m	29m	31m
	二层台容量	3200m (3½inTBG)	3000m (3½in 油管)	3000m (3½in 油管)	5000m (3½in 油管)	4500m(3½in 油管)/3600m (4in 油管)
	抗风能力	满立根 70kn/ 无立根 93kn	满立根 70kn/ 无立根 93kn	满立根 93kn 无立根 107kn	满立根 93kn/ 无立根 107kn	满立根 93kn/ 无立根 107kn
绞车	输入功率	402hp	325hp	500hp	500kW	1000hp
	刹车毂 直径×宽度	38in×8in	36in×8in	1070mm×310mm	1070mm×310mm	1270mm×267mm
	刹车包角	300°	330°	345°	340°	340°
底座	钻杆盒负荷	64t	60t	120t	150t	225t
	下底座外 形尺寸	14.6m×5.2m×5.5m	20.6m×3.8m×4.4m	15m×11m×3.5m	16m×7.4m×5.97m	13m×9.6m×5.1m
泥浆泵	型号	6D500	NDQ35-265	NDQ35-265	F500	F500
	柴油机功率	400hp	380kW	380kW	373kW	373kW
	最大工作压力	6000psi	35MPa	35MPa	26.3MPa	26.3MPa
	最大排量	2.0m³/min	0.86m³/min	0.86m³/min	1.2m³/min	1.2m³/min

修井机型号	K-80	IRI60	HXJ80B	HXJ120	HXJ225A
提升系统绳系	4×3	4×3	5×4	5×4	6×5
传动系统形式	柴油机+变矩器+传动轴	柴油机+变矩器+传动轴	柴油机+变矩器+传动轴	柴油机+变矩器+传动轴	柴油机+变矩器+并车箱+传动轴

注：1. 1hp=0.75kW；

2. 1mph=1.61km/h；

3. 1psi=6.89kPa。

2. 轨道移动式修井机的设备结构、性能

1) 井架结构和分类

由于海上平台面积的限制，海洋修井机井架为直立、无绷绳井架。井架除了有足够高度和承载能力外，在海洋环境中作业，还必须具有较强的抗风能力，根据 API4E、4F 标准，轻型井架为满立柱时抗风能力大于 70kn(31.29m/s)，无立柱时抗风能力大于 93kn(41.57m/s)，塔形井架满立柱时抗风能力大于 90kn(40.23m/s)，无立柱时大于 108kn(48.27m/s)，同时满足抗Ⅷ级地震裂度要求，并且井架要有良好的防腐措施，表 7-2-2 所示为两种型号修井机井架的基本参数。

井架按其整体结构形式可分为 3 种基本类型，即塔形、"A"字形和"K"字形。

表 7-2-2　修井机井架基本参数

修井机型号		DrecoK80	HXJ120
井架高度	单位：m	30	30
	单位：ft	100	100
井架负荷	单位：kN	—	1500
	单位：lb(1lb=0.45kg)	222000	—
额定钩载	6 股绳/lb	140800	—
	8 股绳/kN	—	1200
天车	快绳滑轮直径	24in	759mm
	滑轮组滑轮直径	24in	655mm
	死绳滑轮直径	24in	655mm
钢丝绳直径	单位：in	1	1-1/8
二层台	高度	55ft	16.8m
	容量	3½in DP×3000m	3½in DP×3200m
抗风能力	满立根	>31.29m/s(70kn)	>31.29m/s(70kn)
	无立根	>41.59m/s(93kn)	>41.59m/s(93kn)

（1）塔形井架[图 7-2-3(a)]：塔形井架是一种棱锥体的空间结构，横截面一般为正方形。它整体稳定性好，承载力大，使用性能好。主要适用于安装次数少的深井钻机和海洋钻机架。

（2）"A"字形井架[图 7-2-3(b)]：这类井架由两条钢管或钢管结构大腿通过天车及附加杆件连成"A"字形，大腿的前方或后方另加撑杆支撑，构成一个完整的空间结构。井架大腿结构简单，司钻视野好，但稳定性不如塔形和"K"字形井架。

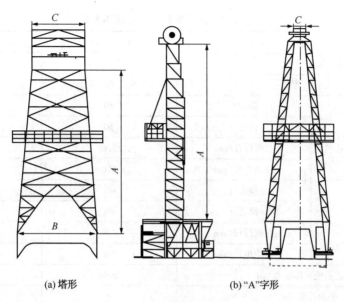

(a) 塔形　　　　　　　　　　(b) "A"字形

图 7-2-3　井架结构图

（3）"K"字形井架（图 7-2-4）：这类井架为前开口型塔架，稳定性不如塔形但比"A"字形井架好。

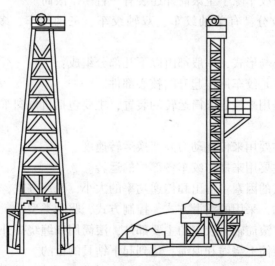

图 7-2-4　"K"字形井架

2）底座结构

海洋修井机底座分为上、下底座，上底座面又习惯称为钻台面，转盘、绞车、柴油机均装在钻台上；下底座为承载上底座的装置，下底座承载梁上开有供上底座移动的步进孔。下底座有支柱式、框架式和箱式 3 种结构。

3）井口对中方式

海洋采油平台油水井为丛式井，井口间距 1500~3000mm，靠修井机在 x 轴向、y 轴向上的移动对中井口,修井机移动装置为液压控制。表7-2-3所示为修井机移动装置技术参数。

表7-2-3　修井机移动装置技术参数

修井机名称		Dreco K80	HXJ120
所属油田和平台		SZ36-1B	JZ9-3W
生产厂家		加拿大 Dreco 公司	江汉四机厂
下底座移动液缸	推力/t	50	104.8
	拉力/t	50	81.8
	有效行程/mm	520	540
	移动步长/mm	500	500
上底座移动液缸	推力/t	40	104.8
	拉力/t	40	81.8
	有效行程/mm	520	540
	移动步长/mm	500	500
液压缸系统工作压力/psi		2000	2000
平台井距/m		2	2

4)绞车

按配备滚筒的数量分:有单滚筒绞车和双滚筒绞车。单滚筒绞车只安装有一台主滚筒,用以起下管柱;双滚筒绞车除了主滚筒外还装有一台捞砂滚筒。

按绞车安装的轴数分:有单轴绞车、双轴绞车、三轴绞车、多轴绞车和独立猫头轴绞车。

绞车不论功率大小与形式,一般都由以下几部分组成:

(1)滚筒轴总成:是绞车用作起升的核心部件。

(2)制动机构:是用来控制滚筒运转的装置,主要包括机械刹车、水刹车、辅助刹车等刹车装置。

(3)传动机构:主要用来传递动力并变换运转速度。

(4)控制系统:主要用来操作绞车各部位的运转。

影响绞车结构形式的因素:输出和传递功率的大小,变速方式,绞车是否充当传动转盘的中间机构和变速机构,采用的润滑方式,控制方式,驱动类型。

滚筒轴和滚筒体:滚筒轴是绞车的主要部件,滚筒用来缠绕提升系统钢丝绳,通过轴的正反转,使钢丝绳在滚筒上绕绳和退绳,达到起下钻具的目的。

滚筒由铸造或焊接的滚筒体、合金钢轴、刹车鼓冷却水套、高低速空套链轮、离合器、挂合辅助刹车的外齿圈等组成。

刹车装置:绞车的机械带刹车结构形式都是一样的,主要由两根圆形的钢刹带,一根跷曲式的平衡梁,刹带轴及刹把等组成(图7-2-5)。

机械刹车装置的特性要求如下:

要求摩擦系数稳定。抗热衰退性和恢复性好,一般要求摩擦系数不低于0.3~0.35。当摩擦系数低于0.26~0.28时,容易发生溜钻、顿钻等事故;大于0.5~0.6时,易擦伤刹车鼓,并在制动过程中产生振动。要求热容量大,导热性好,磨损小,具有良好的机械强度,足以抵抗制动时产生的压力。

刹车轮毂备有水冷机构，中小型设备往往采用喷淋水冷却，较大型设备则采用循环水冷却，提高了刹车轮毂的使用寿命和刹车能力。气候比较寒冷的，刹车鼓一般不采用强制冷却，刹带块主要采用模压石棉刹车块。

5) 动力配备及传动方式

海洋修井机大多都采用高速柴油机，由压缩空气启动，并带有高水温、低油压、失水、超速(飞车)4 种保护装置。国外海洋修井机也有采用电驱动装置的，但目前国内海洋平台修井机都采用高速柴油机驱动，电驱动装置正在研究过程中。

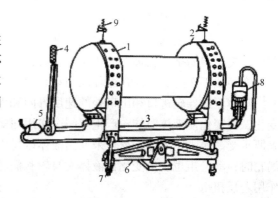

图 7-2-5　绞车刹车装置

1—刹车装置；2—刹车轮鼓；3—刹带轴；
4—刹把；5—风动葫芦；6—平衡梁；
7—调整螺母；8—刹车气缸；9—弹簧

修井机传动方式有以下 3 种。

(1) 修井机驱动动力分类。

内燃机驱动、内燃机带变速箱、内燃机带液力变矩器(目前海洋修井机采用该方式)、电动机驱动。

(2) 修井机机械传动。

修井机传动系统一般根据用途、修井井深、所采用的传动类型及主传动元件的不同而异，但任何一种修井机传动系统的基本组成和所承担的工作任务都具有共同性。修井机传动系统主要由液力变矩器、并车机构、传动轴、齿轮箱、传动链条以及控制元件等几部分组成。

JZ9-3W 平台修井机传动系统布置如图 7-2-6 所示。

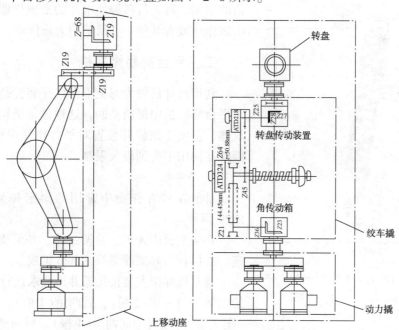

图 7-2-6　JZ9-3W 平台修井机传动系统布置

（3）液力变矩器和变速箱。

液力变矩器的基本组成与作业原理：变矩器主要由泵轮、涡轮和导轮所组成。在工作过程中，变矩器能把泵轮轴上的扭矩改变为较大或较小的涡轮轴输出扭矩。

变矩器工作时，液体在循环圆中从泵轮→涡轮→导轮做不停的循环运动。

流体流经导轮进口和出口处的速度方向和大小都发生了变化，从而引起了液体动量矩的变化。此变化使液体对导轮产生了一个作用扭矩，此作用扭矩经导轮传给固定的外壳，由外壳所承受。而固定的导轮反过来又给液体以反作用扭矩。同时，循环圆中的液体流经泵轮及涡轮时，动量矩也发生变化，液体对泵轮和涡轮作用着一定的扭矩，而泵轮及涡轮都对液体作用着反扭矩。

由于固定导轮的存在，在循环圆中，它对液体构成了一个扭矩支点，对液体施加反作用扭矩，从而使液力变矩器的泵轮轴产生扭矩，可以改变为比它大或小的涡轮轴输出轴。也就是说，涡轮从液体中所获得的扭矩等于泵轮及导轮所给予液体扭矩的代数和。

液力变速箱：液力变速箱是由带闭锁离合器的液位变矩器、行星变速箱(包括几个正挡和一个低速倒挡)和液力机械变速箱的液压或电子自动换挡的控制系统所组成，应用中，随着外载负荷的变化，它具有变矩器工况和闭锁工况(即直接传动两种传动形式)。

3. 轨道移动式修井机的适用作业条件

由于海洋修井机的设计原则是采用模块化结构，而且上、下底座的净空高度须满足一套井口防喷器悬挂高度，而上、下底座又能在 x 轴向、y 轴向上移动来对中作业井口，所以它适用多口井的多腿导管架作业平台。这种修井机在设计制造时，选择设备、防腐措施都充分考虑了海域的作业环境条件，以及 50~100 年一遇的最恶劣的环境条件和地震灾害的影响，因此，这种修井机适用于各种环境条件的海域作业。由于海洋平台修井作业机有上、下底座移动机构，具备覆盖整个平台所有油水井能力，能提双根立柱，加速作业速度，根据钩载负荷的不同，可进行各种油水井的常规作业，增产增注措施作业或者其他一些简单的大修作业。

二、平台简易修井机

利用通井机做为海上平台修井装置是目前国内海洋平台修井机中最简易的，这种设备结构简单，技术成熟，但由于该修井装置对平台修井甲板要求较高，因此在使用中受到极大限制。

1. 通井机

目前在修井作业中常用的固定井架有 BJ18 和 BJ29 两种。

井架主要由天车、井架主体、井架支座、井架底座、二层台、井架绷绳等几部分组成。

通井机井架安装按该通井机要求进行。BJ18 型井架绷绳为前一道(2 根)，后两道(4 根)；BJ29 型井架(图 7-2-7)绷绳为前两道(4 根)，后两道(4 根)。海上平台井架绷绳不做绳坑，改用绷绳固定点，其作用

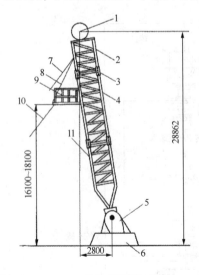

图 7-2-7　BJ29 井架外形图(单位：mm)

1—天车；2、4、7、10—绷绳；
3—连接板；5—铰链；6—底座；
8—平台吊绳；9—二层平台；11—井架体

与绷绳坑一样。井架立起后天车中心必须与井口中心对正，偏差不大于0.05m。

2. 适用作业条件

此种修井作业机由于结构简单，所以有易拆卸、易搬迁的特点，它适用于多个卫星平台的油水井作业，由于它的作业负荷（钩载）和作业效率的限制，所以它只适于油水井少的情况，对井深结构不太复杂的油水井做常规维护，加之它的井架需要绷绳加大固定，这就要求平台面积要能满足井架绷绳的固定面积。

三、钻修两用机

1. 结构性能

海洋平台钻修两用机也属于轨道移动式修井机中的一种型式，其性能特点也与轨道移动式修井机一样，只是它的结构强度、负荷提高了。根据作业工况的要求，其井架的承载强度提高并加强，动力的配置和传动系统都根据作业工况予以加大。所谓钻修两用机，就是既能进行油田油水井的常规作业，增产增注措施作业，又能进行大修和油田后期打调整井的钻井、完井作业。

2. 对平台的要求

（1）不具备支持船式支持平台条件下对作业平台的要求：

① 吊机能力要满足后期打井完井的设备上下平台，所以吊机能力要大于30t/30m能力。

② 平台面积要满足钻完井所需的最小平台面积。

③ 平台需提供与自足移动修井机一样的公用设施系统，水、电、气等，参照轨道移动式修井机公用配套设施。

（2）具备支持船式支持平台条件下对平台的要求：

① 吊机能力：不做特殊要求。

② 平台面积：不做特殊要求。

③ 平台需提供与轨道移动修井机一样的公用设施系统，水、电、气等，参照轨道移动式修井机公用配套设施。

第三节　　其他修井机

一、自升式平台修井机

1. 自升式平台修井机的就位方式

自升式平台修井机按照动力系统划分可分为带自航能力和不带自航能力两种，其中，不带自航能力的修井机需要拖轮拖航移动和就位。

自升式平台修井机主要结构：自升式平台修井机一般为钻井船改装而成。它的左、右舷都设有吊机，可吊运钻井、修井器材。船的前部为修井机底座，带有井架和修井机配套装置。底座可以向前及横向移动，整个底座悬臂伸出覆盖井口，而钻台则可以升至生产平台的上甲板或飞机平台以上进行作业。一般船舱及上甲板可以放置其他修井设备，如泥浆泵、泥浆罐等，或作为工作场地使用。甲板后部通常为住房和飞机甲板。船舱内有动力发电设备、油水储备设施，可以独立进行各种作业。

2. 自升式平台修井机的适用作业条件、能力及对平台靠接要求

（1）适用于小型平台或卫星式生产平台，因为这样的平台生产井少，修井作业次数少，生产平台没有修井装置。

（2）作业能力：起下钻杆、油管、抽油杆；冲砂；油井发生故障进行打捞；油井大修；检泵；钻水泥塞；进行井口设备安装。

（3）平台靠接要求：平台要易于修井平台靠接，其他修井机配套设施可根据用户实际需要进行配置，并参照轨道移动式修井机公用配套设备。

二、液压不压井作业修井机

液压修井机有两种。一种是用液马达作为直接动力驱动绞车和转盘的普通式液压修井机，另一种是具有不压井修井机的长、短冲程液压修井机。这里主要介绍后一种液压修井机。

不压井液压修井机是指对井压较高的自喷井不用循环液压井，而可直接进行作业的特殊修井机设备。

不压井液压修井机的工作原理如图7-3-1所示，短冲程液压修井机的整个起下机构装置通过连接装置固定在井口防喷器上。它的4个液缸呈对称分布，可以起下活塞杆端部与一个游动头相连，游动头内有一组游动卡瓦和液压驱动的旋转装置，可以起下和旋转管柱。当井底压力低于规定值时，用橡胶补心控制井压。若井底压力超过此值时，需要借助防喷器控制井压。在工作时，防喷器的阀处于开启状态。上行程时，下卡瓦打开，游动卡瓦随主液缸活塞杆上行至顶部，提升油管；下行程时，固定卡瓦合上，擎住油管柱，游动卡瓦打开，液压活塞杆下行至底部位置，然后重新开始上行程。如此循环往复，即可完成全部起下作业。

长冲程液压起下装置的封井设备与短冲程相同，但为了加大冲程，它把起下液缸和井架结合起来。在井架上有一个起下液缸体，其活塞杆的上端与天车相连。工作时，液缸体上下运动，并有导轮扶正。液缸体的顶端装有滑轮系统的游动滑轮。当液缸体下行时，通过滑轮系统带动游动头向上移动，使游动头的行程增加一倍。滑轮组成对称分布，中间有一个平衡滑轮，用以平衡两侧钢丝绳的拉力。

不压井液压修井机的主要特点：

（1）由于不用重泥浆压井，因此不会污染和损坏油层，减少了后续增产措施的需求。

（2）节省了压井液及其泵送设备的费用。

（3）设备体积小，质量轻，需求作业面积小，便于拆装和移运，更适合于丛林和海洋修井作业。

（4）操作简单，维护方便，所需人员较少。

（5）适于较高井口位置的安装，容许井口安装位置可高达18m。

液压修井机最初是用来处理紧急情况的，但现在它已经广泛应用于各个领域。液压修井机被认为是对常规钻井和连续油管作业的补充。作业范围：开窗侧钻，小井眼钻进，钻水泥塞，坐封隔器，打捞，磨铣，起下管柱，固水泥。

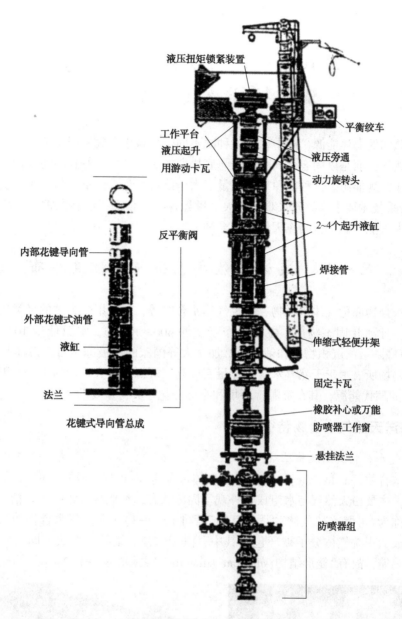

图 7-3-1　不压井液压修井机的主要结构及各部件

三、驳船式修井机

由于修井驳船装置的固有优点，在某些海区和深海的无平台的单井口状况下使用，并不能支撑重大的修井设备，所以需要专门设备的修井船。这种修井驳船在美国已取得较好的发展，而使用较多的是具有自航能力的修井驳船。

第八章　海洋天然气水合物资源特征及其开发前景

在我们熟知的海洋能源矿产中，有一种既不同于深藏于海底岩层中流体的石油，也不同于气相的天然气，而是以固态形式赋存于海底松散的沉积物中，并且与海洋油气的成因存在密切联系的非常规能源。这种能源矿产储量巨大、能量密集、清洁环保，被成为"21世纪新能源"，但开采技术要求高，开采难度极大，世界各国至今都还没有探索出一套成熟的开采方案。这种未来能源矿产就叫作天然气水合物。

第一节　海洋天然气水合物特征及分布

天然气水合物亦称气体水合物、甲烷气体水合物等，是以甲烷为主的烃类气体分子与水分子组成的一种冰状固态物质，主要分布于水深 400~1000m，水温低于 10℃，压力大于 3.5MPa 的海底陆坡的沉积物中和俄罗斯、加拿大等国家的北极冻土带，海洋是天然气水合物赋存的主要场所。由于天然气水合物能量密度高、资源量巨大、清洁干净，因而被认为是 21 世纪理想的替代能源，其在资源、环境和全球变化中具有重要的意义。

一、海洋天然气水合物特征

1. 天然气水合物成因及特征

天然气水合物（gas hydrate），又称甲烷气体水合物（methane gas hydrate），简称气体水合物或水合物，主要由天然气与水组成，外观呈固体状态，类似冰雪或固体酒精，点火即可燃烧，故也被称为"可燃冰""气冰""固体瓦斯"等（图 8-1-1）。天然气水合物的结晶格架主要由水分子构成，甲烷气体分子被环包于其中，由于水分子结晶可形成不同类型的多面体结构，形状像鸡笼，故有"笼形结构（clathrate structure）"之称（图 8-1-2）。

（a）ODP204 航次样品照片　　　　　　（b）ODP164 航次样品照片

图 8-1-1　海底沉积物钻探取样天然气水合物外观

这种具备笼形结构的天然气水合物通常在特定的高压、低温条件下形成并稳定存在，广泛发育在海洋底层沉积物及北极圈以内的永久冻土层中。

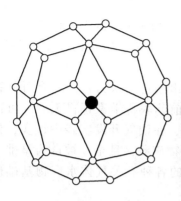  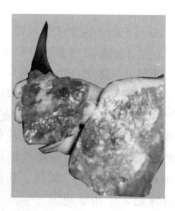

图 8-1-2　天然气水合物笼形结构模型及其燃烧特征

天然气水合物形成的必备条件为低温和高压。低温：在陆地上一般赋存在地表温度低于 0℃ 的极地冻土带；海洋环境中存在于底层水温为 2℃（极区海底水温 0℃）的广阔海域。高压：压力一般大于 3.0MPa，即水深超过 300~500m 的大陆斜坡带和陆棚区。

目前研究发现的天然气水合物结构主要有 3 种类型，即结构 I 型（常规类型，普遍存在，图 8-1-2）、结构 II 型（在墨西哥湾和里海均有发现）和结构 H 型（仅在墨西哥湾发现）。天然气水合物的 I、II 和 H 型 3 种晶体结构实质上和其不同的成因密切相关（图 8-1-3）。结构 I 型天然气水合物为立方晶体结构，在自然界分布最为广泛，仅能容纳甲烷（C_1）、乙烷（C_2）等小分子的烃及氮气（N_2）、二氧化碳（CO_2）、硫化氢（H_2S）等非烃分子，大约 6 个水分子"包嵌"1 个气体分子；结构 II 型天然气水合物为菱型晶体结构，水分子间的空穴可容纳丙烷（C_3）及异丁烷（i-C_4）等烃类；结构 H 型天然气水合物为六方晶体结构，其大的"笼子"甚至可以容纳直径超过异丁烷（i-C_4）的分子，如 i-C_5 和其他直径在 7.5~8.6Å 之间的分子。目前，I 型、II 型、H 型 3 种天然气水合物在自然界均有发现。

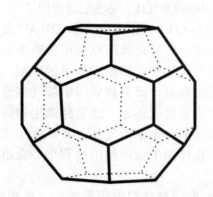 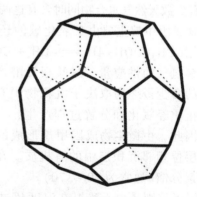

图 8-1-3　天然气水合物 II 型和 H 型结构模型

2. 气体水合物发现历史及认识过程

人类从开始认识气体水合物到确认它是天赐人类的巨大资源，经历了一个较为漫长的过程。1810 年，英国皇家学会学者 Humphry Davy 发现氯气可以使水在 0℃ 以上变成固体，在实验室环境下首次人工合成了氯气水合物。随后其他气体水合物相继合成，并引起了各国化学家对其化学组分和物质结构的激烈争论。但历经百年，人们对气体水合物在自然界的存在还知之甚少。

20 世纪初，由于天然气输气管道、气井及一些工厂管道设备常形成沉积物而造成堵塞，经研究认识到造成堵塞的根本原因为气体水合物固结所致。至 20 世纪 40 年代，科学家获得了不同组分气体水合物的温度—压力平衡曲线。

1946 年，前苏联学者 N. H. 斯特里诺夫从理论上得出结论，认为自然界有可能存在气体水合物矿藏；至 20 世纪 60 年代，以其为代表的前苏联科学家预言天然气可以固体形式存在于地壳中并形成气体水合物矿藏。1972 年，在油气开发实践中证实，位于北极圈地区的麦索雅哈气田(1968 年发现)是气体水合物矿藏，且至今被认为是惟一范例式的矿藏类型。随后，前苏联、美国等国的科学家的各种有关气体水合物基础研究的理论著作相继问世。

总体上，气体水合物的研究历程大致可划分为 3 个阶段。第一阶段(1810~1934 年)为纯粹的实验室研究，主要工作是研究者在实验室确定哪些气体可以和水一起形成水合物及水合物的组成。第二阶段(1934~1993 年)为水合物研究快速发展阶段，研究目标主要是确定水合物的热力学生成条件和抑制方法，以及如何防治油气输送管线中的水合物堵塞。该阶段取得了不少成果，如两种主要气体水合物的晶体结构得到确定，基于统计热力学的水合物热力学模型诞生，热力学抑制剂在油气生产和运输中得到广泛应用，在陆地永久冻土带和海底陆续发现了大量的气体气水合物资源。第三阶段(1993 年至今)以第一届国际水合物会议为标志，为水合物研究全面发展和不断取得突破的阶段。气体水合物基础研究的知识积累和理论突破，以及开发实践中气体水合物藏的成功发现，在全球范围内引起了大规模研究、探测和勘探气体水合物藏的热潮。该资源的研究、开发、利用引起不少发达国家政府、科研机构乃至企业组织的高度关注。

3. 海洋天然气水合物成因

依据天然气水合物主要烃类气体的来源，可将其划分为两种成因类型：微生物成因和热成因。还有少数天然气水合物同时含有这两种成因的烃类气体，称为混合成因。

微生物成因甲烷主要由二氧化碳的还原作用($CO_2 + 4H_2 \xrightarrow{\hspace{1cm}} CH_4 + 2H_2O$)及醋酸根的发酵作用($CH_3COOH + 4H_2 \xrightarrow{\hspace{1cm}} CH_4 + CO_2$)形成。二氧化碳还原作用所产生的甲烷量依赖于溶解氢气的供应量，醋酸根发酵产生的甲烷量则受到醋酸根量的限制，而这些物质含量的多少最终均取决于沉积物中有机质的含量。微生物成因甲烷气体通常由沉积层中有机质经氧化和分解过程产生，大多为二氧化碳还原，之后经微生物还原作用而生成。因此，由微生物成因甲烷形成的天然气水合物中的气体主要来源于天然气水合物赋存层位相邻沉积层中的有机质。在微生物作用生成甲烷的过程中，会出现较大的碳同位素分馏(通常为 60 ~ 70)。

热成因甲烷则是由干酪根在温度超过 120℃ 时经热降解作用形成的。在此过程中，碳同位素较少出现分馏，因此，其碳同位素组成与沉积物有机质碳同位素组成类似。根据海底地层的地温梯度推算，其埋藏深度一般大于 1km 时，干酪根才能开始热降解作用产生甲烷气体。而天然气水合物一般赋存于海底至其以下 500m 左右的深度，据此可以判断，由热成因甲烷形成的天然气水合物中的气体均应来源于深部，只有在断层、泥火山等有利疏导通道存在的情况下，向上经过长距离运移，到达海底或海底附近沉积层中才得以形成水合物(图 8-1-4)。

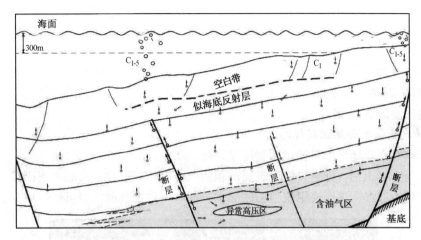

图 8-1-4　海洋天然气水合物成因及气体运移模型

混合成因天然气水合物中甲烷气体的来源兼有微生物成因和地层深部干酪根的热解气体。

利用天然气水合物烃类气体的 C_1、(C_2+C_3) 含量的比值以及甲烷的 ^{13}C 同位素组成可以有效地区分气体成因，而甲烷的 D 同位素组成还可以用于判别微生物成因的方式：是二氧化碳还原作用还是醋酸根发酵作用。热成因甲烷形成的天然气水合物除可利用 CH_4、CO_2 中的 ^{13}C 同位素识别外，还可以利用孔隙水中 Cl^-、Br^- 等含量判断是否存在气体的向上运移。

4. 海洋天然气水合物资源特征

天然气水合物的特点之一是甲烷含量高，理想条件下，天然气体水合物中的甲烷体积与水分子体积之比为 164 : 1，即 $1m^3$ 的甲烷水合物中含有 $164\ m^3$ 的气体和 $0.8m^3$ 的水。

天然气水合物在海洋中广泛分布，但关于其资源总量，目前尚存在较多争议。

20 世纪 70 年代，前苏联科学家 A. A. Trofimuk 等研究认为，海洋是天然气水合物形成的最佳场所，大西洋的 85%、太平洋的 95%、印度洋的 96% 的面积可能均有天然气水合物分布，提出了评价方法，并对世界海洋天然气水合物的资源量进行了估价，估算出全球天然气水合物碳含量大约为 $(2.7\sim14)\times10^3GT$ ($1GT=1\times10^{15}g$)。20 世纪 80 年代，J. Krason 等应用区域盆地分析方法评价了各种构造环境中的天然气水合物，指出天然气水合物较适宜生成的温度和压力条件一般出现于大陆斜坡、陆隆区及深海平原的浅层沉积物中。1988 年，美国学者 Kvenvolden 和 Claypool 估算了全球天然气水合物资源量，提出仅微生物作用形成的天然气水合物的碳含量达 16×10^3GT，综合各种影响因素，认为合理的碳含量估值应为 1×10^4GT；如果再考虑到热成因来源的甲烷，估计值实际上应不小于 1×10^4GT。1994 年，Gornita 等研究认为海洋中甲烷的资源量为 $1.8\times10^{16}\sim3.4\times10^{17}m^3$。1995 年，Kvenvolden 认为海洋天然气水合物中甲烷总量的估值约为 $2.0\times10^{16}m^3$。按照这一估值，天然气水合物中甲烷的总含碳量（$10\times10^{12}t$）是当前已探明的所有化石燃料矿产（煤、石油、天然气）总含碳量（$5\times10^{12}t$）的两倍，几乎可以满足人类一千多年的能源需求。仅美国东南部布莱克海岭天然气水合物中的甲烷量即可满足美国（当前消费水平）105 年的能源消耗。

能量巨大：甲烷量的估值为 $20\times10^{15}m^3$。热容量高：汽油的代表组分 C_8H_{18} 的热值约为 47.7kJ/g，而甲烷（CH_4）的热值可达 55.6kJ/g。清洁环保：汽油（C_8H_{18}）与天然气水合物甲烷(CH_4)相比，等量汽油完全燃烧产生的二氧化碳数量远远大于天然气水合物。

因此，天然气水合物是一种干净能源，其所含甲烷的纯度高，其他有害气体少，对环境污染程度比煤炭、石油、天然气都要小。

天然气水合物的能量值高，$1m^3$的天然气水合物包含相当于通常状态下$164m^3$的甲烷气体，能量密度(标准状态下单位体积沉积物中的甲烷量)是其他非传统能源的10倍，是常规天然气能量密度的2~5倍。

5. 海洋天然气水合物识别标志

海洋天然气水合物识别可通过两类途径进行。

第一类为直接识别，即通过海底表层沉积物取样、钻探取样、海底电视摄像、深潜考察等方式直接观查取样，如海底甲烷泄漏区标志特征——自生碳酸盐岩(图8-1-5)。

图8-1-5　天然气水合物赋存区的海底自生碳酸盐岩

第二类为间接识别，通过地质标志、地球物理标志、地球化学标志、生物标志等进行识别，包括海上地震识别海底反射层、速度和震幅异常结构，沉积物、孔隙水地球化学异常分析，多波束数据解释等方法。间接识别标志主要有下述几种。

1) 地质标志

可从海底地貌、海底沉积层特征及沉积学特征等方面来判别海洋天然气水合物是否存在。

海底地貌：天然气水合物赋存区的海底通常存在麻坑(pockmark)、泥火山锥(mud volcano)和泥质丘(mud mound)等特殊海底地貌。

海底沉积层特征：赋存天然气水合物的沉积物岩心呈松散的粥状结构(因提钻过程中压力降低导致天然气水合物分解所致)，而且富集层附近通常存在孔隙水稀少的干燥沉积带(anomalously dry sediment zones)，邻近地层中还常出现泥质底辟构造。造成这一现象的原因是，伴随天然气水合物的形成，相邻近沉积物中的水分子可被大量吸附，参与到与烃类气体分子的结晶过程中，从而使邻近地层的孔隙水不断减少而成为异常干燥的沉积层。相比之下，天然气水合物形成和富集层段附近富烃类流体的强烈活动会导致邻近地层内部泥质沉积物上涌而形成泥底辟(mud diapir)。

沉积物特征：在天然气水合物赋存区域，富集层上覆地层通常可见碳酸盐结核、碳酸盐丘(carbonate buildup)等自生碳酸盐矿物，一般认为是由天然气水合物分解泄漏所导致。

2）地球物理标志

该类标志通常通过海上地震或海底钻孔地球物理测井获得。

（1）地震标志。

似海底反射层（bottom simulating reflector，BSR）：是反射地震剖面上特征的、近似平行于海底展布的反射层（图 8-1-6），通常与沉积层面斜交，该特征反射主要由平行于海底的带状水合物层（天然气水合物稳定带）与其下伏游离气体带之间波阻抗差异所致。BSR 是应用最早、最多、最可靠、最直观的天然气水合物赋存地球物理标志，当前所确认的海底天然气水合物绝大多数就是通过反射地震剖面上 BSR 的识别实现的。BSR 除被用来识别天然气水合物的存在和编制天然气水合物分布图外，还被广泛用于判明天然气水合物层的顶、底界和产状，计算天然气水合物层深度、厚度和体积。

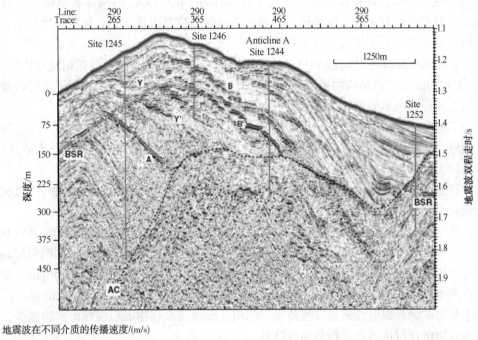

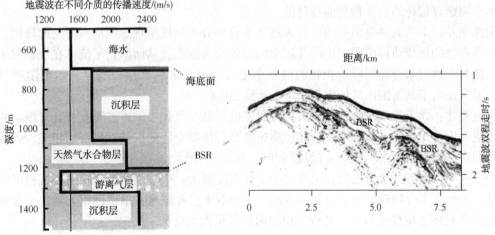

图 8-1-6　海底地震反射剖面显示的 BSR 特征及其成因模型

空白反射带(blanking zone)，通常是与 BSR 相伴生的反射特征，由于为天然气水合物胶结生成而使其在声学上呈现均一响应，在反射剖面上表现为均匀反射或空白反射(blanking reflection)，垂向上，此反射带上与海底沉积层呈现渐变过渡，下以 BSR 为界与下伏游离气体带呈现突变接触。

极性反转(reversal polarity)，该标志亦为与上述两特征相伴生的地震反射特征。其最显著的特征是，BSR 层的反射极性与海底反射极性相反。由于反射波的极性由反射界面的反射系数(R)决定，而反射系数的大小则取决于界面两侧介质的波阻抗差异，因此，极性反转是下伏游离气体带的波阻抗小于天然气水合物稳定带的波阻抗的结果。该特征是确认 BSR 真实性的关键所在，在近水平的沉积层中尤为明显。

速度振幅异常结构(VAMPS)，该反射结构的特征是 BSR 之上表现为速度上拉(velocity pullup)的拱形结构，BSR 以下则为速度下拉(velocity pulldown)的漏斗状结构，二者通常成对出现，但有时仅有速度下拉结构。一般认为速度上拉是由块状集合体的天然气水合物引起的，而速度下拉则是下伏游离气体所致。

振幅随炮检距变化结构(AVO)，该反射结构表现为 BSR 处的反射振幅随炮检距(或入射角)的变化而改变。该结构的形成系 BSR 之上的含天然气水合物沉积物与下伏的含游离气体沉积物之间存在明显的泊松比差异所引起的。

(2) 测井标志。

地球物理测井也是天然气水合物勘探的主要手段之一，常见的测井方法有：井径测量、自然电位、自然伽马、电法测井、声波测井及中子孔隙度测井等。

井径测量：井径在天然气水合物赋存层段增大，这是由于钻探过程中钻具的机械磨擦生成的热量引起井筒周围的天然气水合物分解所致。

自然电位：天然气水合物分布层段的自然电位降低，其原因是钻探引起的天然气水合物分解，使天然气水合物赋存井段泥浆离子浓度降低，从而导致泥浆活度降低，周围岩层高活度地层水向该井段扩散，造成天然气水合物赋存井段泥浆负电荷数增多而呈现负的电位异常。

自然伽马：天然气水合物赋存层段的自然伽马曲线表现为"U"字形降低的谷值。海底沉积物中黏土矿物对放射性元素有强烈吸附作用，天然气水合物沉积层黏土矿物减少，致使天然气水合物赋存层位的自然伽马曲线降低。

电法测井：电法测井电阻率曲线在天然气水合物分布层段呈现急剧增高的突起峰值，因天然气水合物的形成使得沉积物中的孔隙水由流体变为固态，从而阻止了流体在沉积物中的运移，使含天然气水合物层段沉积物的电阻率增大。而 BSR 所在层位底界显示电阻率异常升高，通常是由于其下游离气体电阻率增大所致(图 8-1-7)。

声波测井：含天然气水合物层段的声波时差值降低。沉积层的声波时差与其对声波的传播速度成反比，无论纵波还是横波，其传播速度都与传播介质的机械性质密切相关，天然气水合物的形成将分别引起沉积物 v_p(纵波)和 v_s(横波)的增大。

中子测井：天然气水合物赋存层段的中子孔隙度增大，中子测井值反映的是沉积层中的氢含量。天然气水合物形成时，会从邻近地层中汲取大量孔隙水，单位体积天然气水合物中约 20% 的水被固态甲烷所取代，造成沉积物内含氢量大大增加。

在海洋天然气水合物的钻探勘查中，为保证测井数据解释的准确性，通常是多种测试分析手段综合使用(图 8-1-8)。

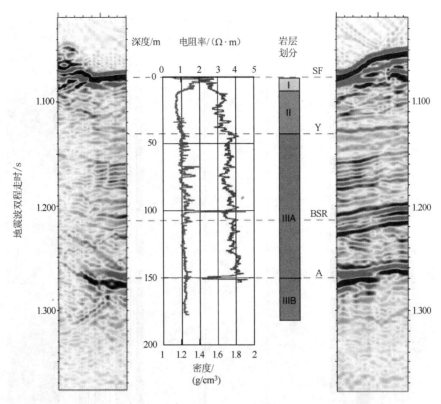

图 8-1-7　1250 站位地震反射剖面与电阻率测井对比解释

3）地球化学标志

除上述两种识别标志外，天然气水合物还有诸多地球化学方面的特征，包括有机地球化学标志和无机地球化学标志两个类别（图 8-1-9）。

（1）有机地球化学标志。

底层水甲烷浓度异常：天然气水合物赋存区域上覆底水常见明显的甲烷浓度异常，其原因为天然气水合物的形成和赋存与其下伏游离气体通常处于动态平衡，当断裂构造切穿天然气水合物稳定带而将下伏游离气体带与海底沟通时，甲烷气体会溢散至海底水体中并形成气体羽（gas plume），引起底层海水的甲烷浓度异常。

R 值［$C_1/(C_2+C_3)$］特征：天然气水合物赋存层段沉积物中的 R 值通常为 $100n(n=1~9)$ ~10000，原因为天然气水合物中的甲烷气体主要是微生物作用于有机质的产物，当气体是热解或混合成因时，R 值则可能低于或略大于 100。

（2）无机地球化学标志。

Cl^- 浓度：天然气水合物赋存区 Cl^- 浓度急剧减小。主要由于天然气水合物形成过程中要不断从相邻沉积层孔隙中汲取淡水，由此导致天然气水合物赋存层段的盐度降低而淡化，Cl^- 浓度的这种异常变化更为显著。

SO_4^{2-} 浓度：天然气水合物赋存层位 SO_4^{2-} 浓度降低。原因除上述天然气水合物形成过程导致的孔隙水淡化外，还包括富烃类流体在向海底底床运移的过程中，甲烷气体会还原海底沉积物中的 SO_4^{2-}，从而造成 SO_4^{2-} 浓度自海底向天然气水合物稳定带的降低趋势（图 8-1-10）。

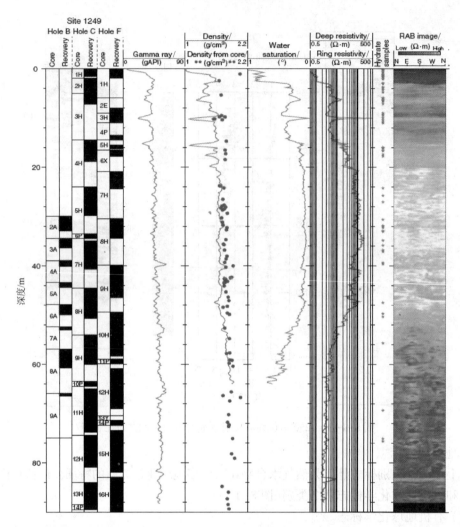

图 8-1-8　1249 站位天然气水合物饱和度综合测井图

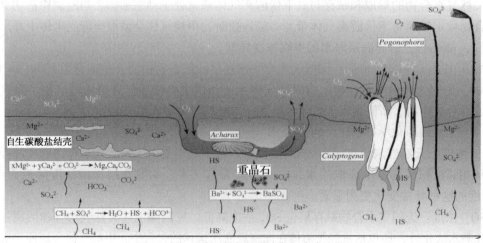

图 8-1-9　海底地球化学异常与冷泉生物

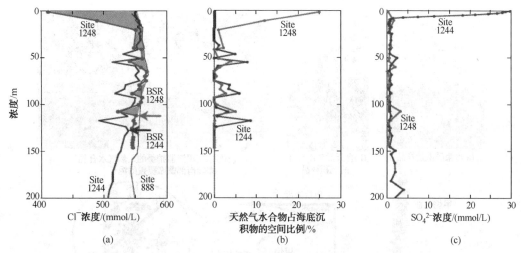

图 8-1-10 地层剖面 Cl^- 和 SO_4^{2-} 浓度变化与天然气水合物含量的关系

4）生物标志

海洋天然气水合物赋存区域由于构造原因或者海底温度或压力发生变化而造成甲烷气体的释放，泄漏的甲烷可在海水中形成甲烷柱，被称为"冷泉"（相对于海底火山分布区的热液——热泉而言）。在冷泉附近常形成特殊的生物群落——冷泉生物群，这种依赖甲烷流体而生存的海底生物群，也被称为"碳氢化合物生物群落"。天然气水合物释放区域的生物群类似于热液生物群，是一种极端环境下独立的生态系统，其食物链底层生物是管状蠕虫，依靠甲烷细菌提供能量，最常见的代表性物种还有双壳类、腹足类和微生物菌等。冷泉及其伴生的冷泉生物群也是确认天然气水合物存在的有力证据（图 8-1-11）。

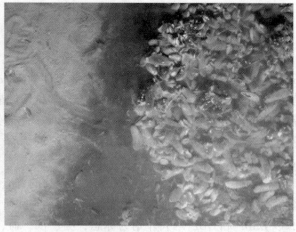

图 8-1-11 墨西哥湾海底甲烷泄漏区的冷泉生物

通常，由于海洋天然气水合物勘探难度大、技术要求高，为保证勘探结果的准确性，往往多种直接识别手段综合使用，与间接识别相比，直接识别效率更为突出。如采用表层沉积物取样、钻探取样、海底电视摄像、深潜考察等方式直接观查取样，往往可以得到间接识别难以达到的效果（图 8-1-12）。

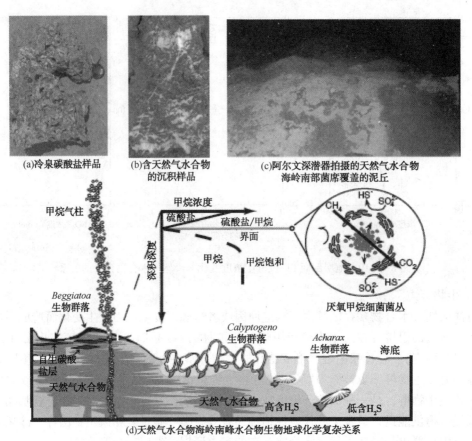

(a)冷泉碳酸盐样品　　　(b)含天然气水合物　　　(c)阿尔文深潜器拍摄的天然气水合物
　　　　　　　　　　　　　的沉积样品　　　　　　　海岭南部菌席覆盖的泥丘

(d)天然气水合物海岭南峰水合物生物地球化学复杂关系

图 8-1-12　天然气水合物海岭观测结果与综合解释

二、海洋天然气水合物的分布

20 世纪对人类海洋研究产生最深远影响的莫过于深海钻探计划(Deep Sea Drilling Project，DSDP，1968~1983 年)和大洋钻探计划(Ocean Drilling Program，ODP，1983~2003 年)，成为全球海洋探索活动中历时最长、学科领域最广泛、成效最显著的国际科学合作的典范。当 ODP 计划于 2003 年 10 月结束时，一个规模更加宏大、科学目标更具挑战性的新的科学大洋钻探计划经开始实施，即新世纪的综合大洋钻探计划(Integrated Ocean Drilling Program，IODP)。

深海钻探计划实施之初就把天然气水合物的普查探测纳入计划的重要目标；作为 DSDP 的延续，大洋钻探计划也对天然气水合物的调查和研究予以高度重视。至 20 世纪 90 年代中期，以 DSDP 和 ODP 两大计划为标志，美、俄、荷、德、加、日等诸多国家探测天然气水合物的目标和范围，已基本覆盖了全球几乎所有大洋陆缘的重要潜在远景地区及高纬度极地永久冻土地带。天然气水合物研究和普查勘探被推向一个崭新阶段，天然气水合物的开发及其商业化发展成为重要目标。

天然气水合物的一个显著特点是在海域中分布面积广。理论研究表明，在 90% 的世界海洋中，都具备天然气水合物生成的有利温度和压力条件，天然气水合物矿藏可达全部水面积的 30% 以上。但通过 DSDP、ODP、IODP 和其他海洋调查直接获得的样品，以及验证其可能存在的有力证据——BSR 的资料来看，尽管海洋天然气水合物的储量惊人，但其实际分布区域和理论预测面积之间尚存在很大差距，对这种现象合理的解释可能是：天然气水合物的生成和赋存，除了必须满足一定的温度、压力条件外，还必须具备特定的海洋地质环境，受多重因素的控制和制约。

1. 天然气水合物在海洋中的分布

20 世纪 80 年代以来，前苏联通过海底表层取样和地震调查等方法相继在黑海、里海、贝加尔湖、鄂霍次克海等水域发现了天然气水合物，并进行了初步的区域评价。以美国为首的深海钻探计划 18、66、67、76、84 航次时已有了重要发现，其后的大洋钻探计划 104、112、131、141、146、164、168、201、204 航次在 DSDP 的基础上继续开展更深入的研究，尤其是 164 和 204 两个航次对天然气水合物的研究取得了重大突破，ODP164 航次致力于对天然气水合物进行取样，而 204 航次则更着重于对天然气水合物的形成、赋存机制进行研究。21 世纪开始执行的综合大洋钻探计划（IODP）对海洋天然气水合物的研究和探测提升到了一个新的高度，除在古环境、地震机制、大洋岩石圈、海平面变化及深部生物圈等领域里发挥重要而独特的作用外，还为以天然气水合物为主体的海底资源研究赋予了新的使命，如 IODP311 航次即以海洋天然气水合物勘查作为首要科学目标之一。

迄今为止，通过深海钻探、大洋钻探和综合大洋钻探计划，共有十多个航次 40 站位发现了天然气水合物存在的识别标志，这些海洋天然气水合物的分布地点主要有：胡安德富卡海脊（Leg168 Site 1032），卡斯凯迪亚和水合物海脊（ODP：Leg146 Site 892，Leg 204 Site 1244~1252；IODP：Leg 311），加利福尼亚近海（IODP：Leg301），中美洲海槽（墨西哥区域 DSDP：Leg 66 Site 490、491、492；危地马拉区域 DSDP：Leg 67 Site 497、498，Leg 84 Site 568、570；哥斯达黎加区域 DSDP：Leg84 Site 565；ODP：Leg 170 Site 1041，Leg 205 Site1253；IODP：Leg 301），秘鲁—智利海槽（ODP：Leg 112 Site 685、688），智利中部近海卡内基海脊（Leg 202 Site 1234、1235），智利近海区（ODP：Leg 141 Site 859~861），日本海（ODP：Leg 127 Site 798），中国南海（ODP：Leg184 Site1144），塔斯马尼亚（ODP：Leg189 Site1168），墨西哥湾（德克萨斯和路易斯安那 DSDP：Leg 96 Site 618；IODP：Leg308），布莱克海台（美国东南部 DSDP：Leg 76 Site 533；ODP：Leg 164 Site 994、996、997，Leg172 Site1253），北大西洋的斯瓦尔巴陆坡（ODP：Leg162 Site986），以及巴西东北部近海亚马逊海扇（ODP：Leg155 Site935）等区域（图 8-1-13）。

在这些地区，通过 DSDP 和 ODP，共有 9 个航次 23 个站位 39 个钻孔直接找到天然气水合物存在的证据，其他地点则是通过天然气水合物存在的标志性特征——BSR（似海底反射层）地震数据进行的预测。

世界上许多国家的科学家们都在致力于天然气水合物的调查和研究。俄罗斯科研人员在黑海、里海、贝加尔湖等内陆水域、鄂霍次克海域及西班牙南部的加的斯湾海区开展了研究；德国“太阳号”科学考察船在水合物海脊、哥斯达黎加的尼科亚半岛海域、秘鲁近海的利马海盆、印度尼西亚爪哇岛南部近海、巴基斯坦西南部近海马克兰增生楔区域发现了天然气水合物；法国海洋考察船在刚果—安哥拉海盆利用重力取样装置直接得到了天然气水合物样品；法国和日本联合在南海海槽海域开展研究；意大利科学家在南设得兰群岛海域开展了关于天然气水合物的研究；挪威在其西部 Storegga Slide 海区、巴伦支西部海区开展了关于天然气水合物的研究；我国台湾南部近海也发现了大面积的 BSR 分布区。

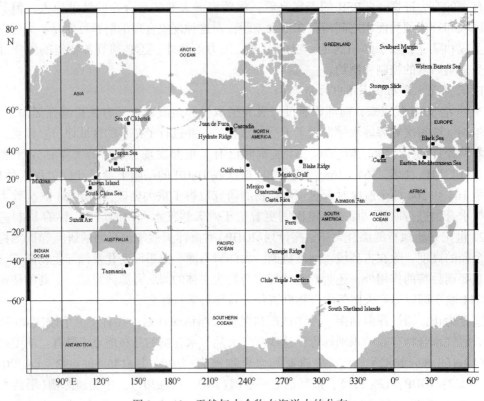

图 8-1-13　天然气水合物在海洋中的分布

2. 天然气水合物分布规律

从目前大洋钻探及其他海洋调查直接得到的天然气水合物样品及存在 BSR 地震数据所代表的区域看，天然气水合物在海洋中的分布地域具有一定的规律：天然气水合物主要分布在大洋边缘的陆坡和陆隆区域。并且它的分布规律与特定的海洋地质特征之间存在着极其密切的关系。在主动大陆边缘，主要在太平洋两岸，天然气水合物主要存在于俯冲带边缘的增生楔中；在被动大陆边缘，天然气水合物主要存在于沉积物供应充足，海水有机质含量丰富的近海区域。而且天然气水合物的分布与区域内沉积物的特征、底流活动及海洋生产力密切相关。

三、天然气水合物分布区域的海洋地质特征

1. 天然气水合物分布区的地质构造特征

地质构造因素是制约天然气水合物形成、富集和储存的重要因素，根据天然气水合物的分布规律，其分布区域的地质构造特征可以概括划分为以下部分。

1) 太平洋边缘的板块会聚带

天然气水合物在海洋中的一个主要分布区就是太平洋板块和美洲板块俯冲会聚边缘，即主要分布在太平洋东部边缘地带。自北向南依次为胡安德富卡海脊、卡斯凯迪亚、中美洲海槽、秘鲁—智利海槽一线。在这一条带的北段，胡安德富卡板块以 45mm/a 的速度向北美洲板块俯冲消亡。洋壳向下俯冲的过程中，其上覆的沉积物堆积于俯冲带大陆板块一侧的前缘——增生楔。水合物脊是一条长 25km、宽 15km 巨大堆积体。由于增生楔的厚度巨大，有机质丰富，成为天然气水合物生成和储存的最佳场所。

中美洲海槽区域的天然气水合物的赋存区域也具有同样的特征。科科斯板块以70~90mm/a的速度向美洲板块俯冲，大量的沉积物堆积于中美地峡一侧。

在太平洋板块会聚带南线的这一特征也非常明显，在智利沿岸靠近纳兹卡板块、美洲板块、南极洲板块相结合的三交点区域，特征尤其突出。在会聚边缘分布的增生楔形堆积物中，已经探明蕴藏着相当丰富的天然气水合物。

太平洋西部边缘也具有同样的特征，天然气水合物存储丰富的日本南海海槽地区，是太平洋板块向欧亚大陆俯冲而形成的巨大增生堆积体的分布区域。

印度洋的北部和东北部，天然气水合物存在的两个典型代表，即巴基斯坦近海和印度尼西亚爪哇岛南部近海，已经证实天然气水合物存在于由印度—澳大利亚板块向亚欧板块俯冲而形成的增生楔中。

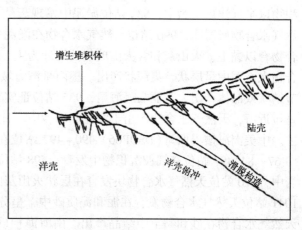

图8-1-14　增生楔天然气水合物生成和存储模型

洋壳向下俯冲的过程中，富含有机质的部分表层沉积物随其向地幔俯冲，因下插过程中温度不断升高，有机质热解形成甲烷气体，并且沿沉积物或岩层间隙向上运移。在通过表层沉积物时，由于温度降低，压力增大，甲烷气体就在浅表层沉积物中富集，形成不同形态的天然气水合物(图8-1-14)。

2）被动大陆边缘

被动大陆边缘天然气水合物的分布地点相对较少，主要在大西洋两侧陆坡区域，除研究比较集中的美国东南部边缘的布莱克海脊、墨西哥湾区域外，其他地区如挪威西部陆坡、斯瓦尔巴陆坡、巴伦支海西部和刚果、安哥拉近海区域的天然气水合物分布研究，相对薄弱。在对天然气水合物的分布和成因方面的研究中，以布莱克海脊区域为比较突出的代表，在该地区共进行了3个航次11个站位的研究。

3）泥火山活动区

泥火山分布区域是天然气水合物生成和储存的重要地区，世界上许多泥火山活动区都发现存在天然气水合物，如墨西哥湾、黑海、东地中海、加的斯湾等海区。泥火山通常在喷出含有大量甲烷气体的泥流，且温度、压力条件合适时，就形成了天然气水合物。这些区域天然气水合物的存在形式具有相同的特点，泥火山作用下的天然气水合物明显地赋存在经受过快速坳陷的巨厚年轻沉积层内，埋藏深度不大。对墨西哥湾和黑海区域的研究主要集中在DSDP阶段，除与其他地区的泥火山具有相同特征外，墨西哥湾还发现有天然气水合物储存的盐构造模式。在该区域，来自密西西比河的大量富含有机质的陆源沉积物，在地热作用下，形成丰富的甲烷气体，存储在泥浆和底辟中。泥火山和盐构造模式在黑海和墨西哥湾体现得比较突出，并且在这些区域都发现了大量的的天然气水合物。

2. 海洋天然气水合物赋存区域沉积特征

1）沉积速率

天然气水合物分布区一般有比较高的沉积速率，这在DSDP、ODP等站位得到了充分证实。在布莱克海脊，沉积速率为 $180\sim250$ m/Ma，在上新世和中新世时的沉积速率甚至达到 350 m/Ma；秘鲁边缘的 1230 站位区域中新世沉积速率为 250 m/Ma，更新世为 100 m/Ma；水合物脊 1245 站位区域最近 1.6 Ma 沉积了 540m 厚的沉积层，哥斯达黎加区域 565 站位更新世沉积速率为 165 m/Ma；日本南海海槽的沉积速率为 85 m/Ma。

2) 沉积物粒度

沉积物粒度的大小，对天然气水合物的赋存至关重要，沉积物粒度太细，颗粒间的空隙太小，不利于天然气水合物的储存；粒度太大，则天然气水合物容易溢出。布莱克海脊的沉积物以半远洋黏土为主，533 站位淤泥中发现天然气水合物残留物，994 站位黏土中发现天然气水合物残留物，996 站位天然气水合物在淤泥中呈节结状或脉状产出。卡斯凯迪亚和水合物脊以黏土、火山灰和含火山玻璃的细砂为主，892 站位和 1244～1252 站位发现天然气水合物在淤泥中呈层状、集簇状产出。墨西哥湾海域以淤泥和细砂为主，618 站位在泥岩中呈节结状或晶体产出。在亚马逊海扇，935 站位证实天然气水合物存储在淤泥中。在刚果—安哥拉近海，天然气水合物产出于淤泥和细砂中。日本南海海槽的沉积物也以黏土、火山灰为主。中美洲海槽墨西哥(DSDP66) 490～492 站位在层状火山灰和泥中发育，危地马拉(DSDP67、84)497 站位在细粒沉积物中发育，498 站位胶结于粗屑玻质砂中，568 站位存在于泥岩中，570 站位天然气水合物块发育在层状火山灰中，哥斯达黎加(DSDP84、ODP170) 565、1041 站位天然气水合物发育在泥和泥质砂中，呈分散状或层状。日本海(ODP127) 796 站位天然气水合物在砂和黏土中结晶产出。南海海槽(ODP131)808 站位存在于沉积碎屑中。秘鲁—智利海槽(秘鲁 ODP112) 685 站位泥岩中有天然气水合物残留物，688 站位在泥岩中发现天然气水合物颗粒。在鄂霍次科海海域，天然气水合物储存在低温的淤泥中和冰筏沉积物中。黑海海域天然气水合物储存在淤泥和层状黏土中。

3) 沉积物中有机质含量

天然气水合物分布的海区，沉积物中一般有机碳含量较高。布莱克海脊的沉积物中有机碳的含量为 1.5% 左右，气体水合物脊 1249 站位沉积物中有机碳的含量为 2.2% 左右，在鄂霍次克海通过活塞取样得到的沉积物有机碳的含量为 3%，墨西哥湾海域泥火山堆积体中有机碳含量为 1.2%。日本南海海槽的沉积物中有机碳含量为 2.5%，秘鲁边缘有机碳含量为 4%～8%，黑海海域沉积物有机碳含量则为 1%～1.47%。

3. 水动力条件

水动力条件(如表层流、底层流和上升流)会对海底沉积物的堆积和改造产生重大影响。

布莱克海脊的形成与洋流的作用密切相关，它是北上的佛罗里达洋流的下层和南下的大西洋西部深水边界流的上层，对大陆架共同改造的产物，沉积物的成分和形貌直接由洋流控制。在鄂霍次克海，底层流控制着大陆边缘和萨哈林陆坡沉积物的分布范围、沉积速率和沉积过程。在天然气水合物分布密集的墨西哥湾北部的陆架区，大量地表径流的输入，改变了近岸的海底地质状况。在黑海海域，水动力条件是影响天然气水合物形成的重要因素，黑海由于其特殊位置，接受大量的陆地径流，而出口狭窄，因而与外洋水体交换受阻，形成独特的海水分层。上部盐度低，深部盐度高，对流微弱，形成下部海水缺氧。缺氧面深度在 130～180m 之间。海水较低的含氧量成为天然气水合物形成的重要因素，中美海槽区域，虽然构造运动是控制沉积速率的主要因素，但水动力条件也是不可忽视的因素之一。哥斯达黎加海流和加利富尼亚海流的相互作用，成为改变大陆边缘沉积状况的重要因素。

4. 天然气水合物分布区域的海洋生产力特征

海洋有机质生产不仅是全球碳循环的重要环节，而且是天然气水合物重要的物质来源。沉积物中总有机碳(TOC)的含量能够灵敏地反映海洋有机碳生产量的变化，可以用来指示古海洋的生产力。古海洋生产力还主要受到大洋中营养元素的利用率，特别是水体中活性磷含量的制约，古海洋中活性磷埋藏量的大小，也是评价海洋生产力的重要指标。在近海、上升流比较发育的区域，海水中通常有较丰富的碳、磷元素，是海洋高生产力地区。加利富尼亚沿岸、秘鲁智利近海区域，是典型的海洋高生产力地区的代表，这些海区有大量的有机碳和磷的沉积，同时也是天然气水合物的重要分布地区。

第二节　海洋天然气水合物资源开发及其环境效应

海洋天然气水合物是岩石圈表层的一个重要碳库，是全球碳循环中的一个关键环节，在资源、环境和全球气候变化等方面具有重要的科学和经济意义。但天然气水合物在自然界中极不稳定，温压条件的微小变化就会引起它的分解或生成。其主要赋存区一般位于人类海洋活动频繁的近海陆架—陆坡区，大规模海洋工程实施通常会造成海洋沉积环境的扰动和破坏，而通常所说的天然气水合物稳定带(hydrate stability zone，HSZ)也只是一个相对的概念，实际上天然气水合物的生成和分解完全是一个动态的平衡过程。任何能够使温度、压力条件产生变化的人为或地质因素都会引起天然气水合物的分解，从而释放出来。海底天然气水合物的分解、释放可以导致海底地层的稳定性下降，从而导致海底滑坡；溢出的甲烷气体可以加剧温室效应；二者的共同作用还可以引发更为严重的生态和环境灾害。地质历史时期自然条件变化引起的压力减小(如海平面下降)或温度升高(如全球变暖，火山喷发引起的海水温度升高)，都曾对天然气水合物稳定赋存的条件产生过破坏，从而引发不同的地质和环境灾害。

2010 年 4 月，英国石油公司(BP)位于墨西哥湾(距 Louisiana 州 Plaquemines 县 84km)长121m、宽78m 的"深水地平线"海上钻井平台因钻孔穿过天然气水合物层而发生气体泄漏，继而发生爆炸倾覆，11 人在这场事故中遇难，更引发严重的原油泄漏污染事故。这一事故不仅造成造价数亿美元的钻井平台彻底报废，所导致的原油泄漏污染给美国墨西哥湾沿岸地区带来了严重的生态灾难，并且对美国经济、社会、政治乃至全球能源行业(尤其是海洋石油开发行业)都造成了难以估量的影响。美国国家地理频道拍摄的墨西哥湾漏油事故纪录片《海湾漏油》详细地记录了平台爆炸、倾覆等令人恐惧的画面(图 8-2-1)。

图 8-2-1　倾覆的钻井平台

一、海洋天然气水合物赋存及循环过程

如前所述，天然气水合物仅仅在低温或较高压力状态下才能保持稳定相态，往往同自然环境处于十分敏感的平衡之中。当环境条件变化时，无论是温度或压力等任何一个条件出现微弱变化，都可能导致天然气水合物的失稳和释放，进而造成海水酸化、海底滑坡，或者逸散至大气层中。通常情况下，甲烷气体是等量二氧化碳温室效应指数的十余倍，可急剧强化温室效应效果，影响全球气候变化(图 8-2-2)。

海洋天然气水合物赋存于海底松散沉积物中，通常作为沉积物的胶结物存在，对海底沉积物的强度起着关键作用。由于缺乏极地永久冻土层天然气水合物所具备的覆盖层，因此，无论是工程施工还是开采扰动，都可能使天然气水合物稳定温压条件发生破坏，从而引发甲烷气体泄漏，进而诱发海底滑坡等地质灾害的发生。美国地质调查所的调查表明，陆坡区域所发生的大量海底滑坡，多数与天然气水合物的释放相关，这样的海洋地质灾害还会对各种海底设施产生极大的威胁。

基于上述理由，海洋天然气水合物尽管被看作当今化石能源的替代新能源，具有巨大的开发利用潜力，美国、德国、日本、法国、俄罗斯等发达国家政府、科研机构、企业等相关部门给予了高度关注。

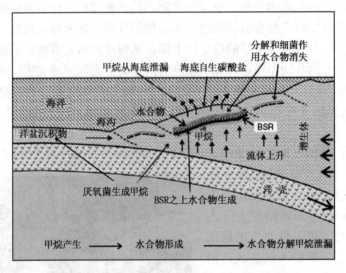

图 8-2-2　海洋天然气水合物循环模型(据 Hyndman、Davis，有修改)

二、海洋天然气水合物释放及其环境效应

天然气水合物稳定赋存的必要前提就是适宜的温度、压力条件，任何一方的改变均可打破平衡边界，引起天然气水合物的分解。因而在开采过程中，如果不能有效地实现对温压条件的控制，就可能产生一系列灾害性后果，如温室效应的加剧、海洋生态灾难及海底滑坡事件等。

1. 海洋天然气水合物释放与全球变暖

尽管大气中甲烷的体积浓度仅为二氧化碳浓度的 1/200，但甲烷是一种重要的温室气体，其全球变暖潜力指数(GWP)按物质的量计是二氧化碳的 3.7 倍，按质量计是二氧化碳的 10 倍。天然气水合物吸收或释放甲烷对全球气候可产生重大的影响。尤其是天然气水合

物中甲烷气体的快速释放，很可能是导致短尺度全球气候环境快速变化的罪魁祸首。研究表明，古新世—始新世之交(距今约55Ma)，全球气温突然变暖，北半球气温在1Ma期间内升高了6~12℃，气温如此快速地变化，认为与全球海平面变化所引起的天然气水合物大量分解、释放密切相关。

2. 海洋天然气水合物释放与海底地质灾害

与煤炭、石油、天然气等能源矿产的成藏模式不同，海洋天然气水合物缺乏固结的盖层，而且容易发生相的转变，无论其成藏的温度—压力平衡的任何一方面发生变化，其稳定带均会因压力减小或温度升高而诱发天然气水合物分解，释放的甲烷气体会冲破天然气水合物稳定带的束缚，从其薄弱处向上运移，而海底沉积物在重力的作用下向下运动，从而导致海底滑坡的发生(图8-2-3)。地质历史时期因海平面变化而导致的海底滑坡不断发生，通常在陆坡下部形成沉积物多次叠加的厚层滑坡体。如美国南卡罗来纳陆隆上的 Cae Fear，美国阿拉斯加北部波弗特海陆坡，亚马逊深海扇、挪威陆缘等海域。地震反射剖面显示，阿拉斯加波弗特海陆坡天然气水合物分解导致的海底滑坡区几乎与天然气水合物的赋存范围相当。

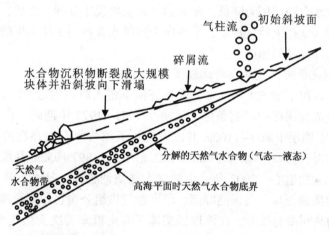

图 8-2-3　海洋天然气水合物分解诱发海底滑坡示意图

3. 海洋天然气水合物释放与生态环境灾害的内在联系

海洋天然气水合物中甲烷的释放不仅能引起快速的温室效应，还可以诱发海底地质灾害，而这些变化最终会影响到地球上的生物种属的变化。由于天然气水合物释放而导致的全球变暖，可能曾对陆地哺乳动物的进化产生过重要作用。如距今约55Ma(古新世—始新世)的极大热事件，其根本原因就是天然气水合物大量分解导致全球突然变暖，使北半球气温在短期内升高了6~12℃，这一变化曾使北极圈内出现了鳄鱼。目前备受科学家关注的是天然气水合物与海底生物灭绝的直接关系。依据大洋钻探690站位(ODP690)和865站位(ODP865)岩心高分辨率碳同位素记录，Dickens 等认为短时间内天然气水合物中大量甲烷气体的释放，是导致古新世与始新世之交(距今约55Ma)1/2~2/3底栖海洋动物灭绝的直接原因。

第三节　海洋天然气水合物开采方式及可行性评价

作为21世纪的替代新能源，天然气水合物开采的基本原理非常简单，无论是采取降压还是升温的措施，总之就是打破天然气水合物赋存的温度—压力平衡状态，促成其由固相到气相的转化，即促使天然气水合物分解成甲烷气体和水，回收天然气的过程。目前正在进行的开采试验技术很多，基本可以归纳为降压开采、热力开采、化学剂注入开采等较为早期的开采技术，以及目前正在探索的二氧化碳置换开采、氟气和微波开采等新方法。然而，基于天然气水合物成藏的特殊性，这些方法或多或少均存在不足之处，因而都还处在理论和实验室阶段，与商业化规模开采还有很大差距。

一、开采实例

1. 麦索亚哈气田

该气田发现于 20 世纪 60 年代末，是第一个也是迄今为止唯一一个对天然气水合物藏进行了商业性开采的气田。气田位于前苏联西西伯利亚西北部，气田区冻土层厚度常年大于 500m，具有天然气水合物赋存的有利条件。麦索亚哈气田为常规气田，气田中的天然气透过盖层发生运移，在寒冷的环境下，于气田上方形成了天然气水合物层。该气田的天然气水合物层最初是经由减压途径无意中得以开采的，主要是为了开采天然气水合物层之下的常规天然气，由于天然气水合物层压力降低，使天然气水合物发生分解。之后，为了促使天然气水合物的进一步分解，维持天然气产量，采用向天然气水合物层中注入甲醇和氯化钙等化学抑制剂的措施，加速其分解的速度。

2. 麦肯齐三角洲地区天然气水合物试验性开采

麦肯齐三角洲地区位于加拿大西北部，麦肯齐河下游入海口附近，地处北极寒冷环境，具有天然气水合物生成与保存的有利条件。最初在 1971~1972 年期间，在钻探常规勘探井 MallikL238 井时，于永冻层下 800~1100m 井段发现了天然气水合物存在的证据；为探查天然气水合物的赋存状况，1998 年钻探了 Mallik2L238 井，于 897~952m 井段发现天然气水合物，并取得天然气水合物岩心。2002 年，由加拿大地质调查局、日本石油公团、德国地球科学研究所、美国地质调查局、美国能源部、印度燃气供给公司、印度石油与天然气公司等 5 个国家的 9 个机构共同参与投资，在该地区实施了有史以来首次天然气水合物开采试验，也是世界上首次大规模针对天然气水合物进行的国际性合作试采研究。

3. 阿拉斯加北部斜坡区天然气水合物开采试验

美国阿拉斯加北部普拉德霍湾—库帕勒克河地区，位于阿拉斯加北部斜坡地带。1972 年，阿科石油公司和埃克森石油公司在普拉德霍湾油田钻探常规油气井时于 664~667m 层段采出了天然气水合物岩心，其后在该区进行了大量研究工作。在此基础上，2003 年，由美国 Anadarko 石油公司、Noble 公司、Maurer 技术公司以及美国能源部甲烷水合物研究与开发计划处联合发起天然气水合物试采研究项目，目标是钻探天然气水合物研究与试采井——热冰 1 井，是阿拉斯加北部斜坡区特别为天然气水合物研究和试采而钻探的第一口探井。

二、海洋天然气水合物开采方式及可行性评价

如前所述，与永冻层天然气水合物矿藏相比，海洋天然气水合物缺乏固结的覆盖层，因而需要更完善的开采理论和更先进的技术装备。目前，试验性的尝试主要体现在如下方面。

1. 降压开采法

该方法是通过钻探释放或其他方式降低天然气水合物层下面的游离气聚集层位的平衡压力，打破天然气水合物赋存的稳定性，当达到天然气水合物分解压力时，界面附近的天然气水

合物水解而析出甲烷气体。降压法只需要较少的能量注入，天然气水合物赋存区深部的地热流即可满足其分解的能量需求。该技术在俄罗斯西西伯利亚的麦索亚哈气田、加拿大西北部贝夫特大陆边缘的马利克水合物钻探项目中得到了实践检验，证明具有较好的应用前景。由于海洋天然气水合物与陆地成藏模式存在差别，该技术在海洋领域的应用尚存在诸多技术瓶颈。

2. 热力开采

该方法通常采用蒸气注入、热水注入、热盐水注入、电磁加热或声波加热等技术，热量一般以流体为介质，流体在一定压力下注入地层，对天然气水合物稳定带进行加热，促使天然气水合物发生分解，再用导管收集析出的甲烷气体，储存于贮藏器内。热力开采一般采用石油、天然气钻探技术，对进入天然气水合物层的套管输入热水或海洋表层水，使天然气水合物融渗并使气体通过另一层套管被压升到水面。该方法的主要缺点是大多数的热量消耗在了储层岩石和流体上，仅有10%的热量可用于天然气水合物的分解。但是因为有了这些能量损失，才使注入的能量能够超越气体的热值。此外，该方法的适应性比较差，只能用在较高孔隙度的地层中，孔隙度要达到15%或者更高，这样热流体才能有效流动。上述缺点导致热力开采方法操作成本的增加。

3. 抑制剂注入开采

该方法类似热力开采方法，机理是通过注入某些化学试剂来改变天然气水合物形成的相平衡条件，促进天然气水合物分解。如采油压裂法，注入低浓度的甲醇、乙二醇和氯化钙等抑制剂，降低天然气水合物的冻结点，造成天然气水合物稳定层的温度—压力体系失去平衡，使天然气水合物在原地温压条件下不再稳定而分解。该方法较热刺激缓慢得多，可通过注入抑制剂的量来控制天然气水合物的分解过程，但花费昂贵，同时也需要沉积物具有较高的孔隙度。

4. 二氧化碳置换开采

该方法依据天然气水合物成藏不同的地质环境，确定合适的钻探深度，避免破坏封盖层的稳定性。然后将一定量的热流体(包括蒸汽、热水、热盐水等)注入天然气水合物沉积层，促使局部升温部分使甲烷气体逸出，经由隔离管道送至储气装置。在此过程中，由于天然气水合物分解需要吸收较多能量，导致未逸出的甲烷重新生成天然气水合物，自由水冻结为质地坚硬的冰层，产生"自保护"效应，进而使甲烷的释放量逐渐减少。将压缩系统收集并制备的高压二氧化碳流体经由另一隔离管注入天然气水合物沉积层，部分二氧化碳可以直接与水生成二氧化碳水合物，产生的热量与热流体带入的热量不仅能促使甲烷分解，还可使二氧化碳扩散至甲烷水合物晶体附近，为置换出甲烷创造条件。在压力差的作用下，通过不断注入二氧化碳，可实现甲烷的连续性生产。该方法可有效填补天然气水合物层甲烷气体释放后的"空缺"，从而降低海底滑坡等地质灾害发生的几率；同时将二氧化碳封存于沉积层中，可以降低温室气体的总量。其缺点是：如果二氧化碳在扩散的同时发生置换反应，则可能采集到掺有二氧化碳的混合气体，降低甲烷的纯度，因而还需通过分离系统除去混杂的二氧化碳气体，这样又会增加生产成本。

5. 氟气+微波技术开采方法

该技术是一种天然气水合物开采新方法，其原理是：使用一个电子微带天线对天然气水合物进行电磁加热，电磁波会造成分子的运动，导致天然气水合物受热分解，该过程类似于冰的融化。向地层中注入的氟气能够和甲烷基物质发生卤化反应，生成甲基氟，甲基氟在水中的溶解度可达$166cm^3/100mL$，将收集到的甲基氟进行简单的裂解反应，即可得到高纯度的甲烷气体。该方法的主要优点有：目的性强，微波选择加热的特性是可有目的性地选择天然气水合物储层加热；微波能够增加、改善天然气水合物储层的孔隙度和渗透率；甲基氟性质稳定，且不是1级或2级臭氧消耗潜力化合物。其不足之处是甲基氟溶液的迁移性差，收集成本高。

6. 固体开采法

该开采法的目标是直接采集海底固态天然气水合物，将天然气水合物拖至浅水区进行控制性分解。这种方法进而演化为混合开采法或称矿泥浆开采法。具体步骤是：首先促使天然气水合物在原地分解为气液混合相，采集混有气、液、固体水合物的混合泥浆；然后将这种混合泥浆导入海面作业船或生产平台进行处理，促使天然气水合物彻底分解，从而获取天然气。

7. 定向钻井变频震动致裂开采方法

该方法是通过定向钻井技术，将钻孔直接打入天然气水合物储集层，然后启动变频震动装置，振波作用于天然气水合物储层。不同频率的振动波在天然气水合物层传递时，可引起储层一系列物理—化学变化。振动波是弹性介质中能量的传播者，其频率、振幅、速度的变化，可对天然气水合物储集层及上覆沉积层产生机械振动作用、空化作用、激波作用、振动声学作用、热作用及地层压实作用等诸多影响，使天然气水合物储层压力—温度条件发生变化，天然气水合物平衡受到破坏，促成其由固相到气相的转化。相关作用可以促使天然气水合物的裂解，而地层压实作用则体现为不同频率的振动可以使天然气水合物储集层、上覆沉积层渗透率提高，颗粒间孔隙水排出，从而使地层产生压实作用，提高地层强度，避免因天然气水合物开采而造成的地层失稳，有效防止海底滑坡的发生(图8-3-1)。

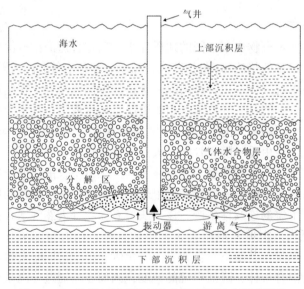

图8-3-1　海洋气体天然气水合物变频震动开采模型

第四节　我国海洋天然气水合物研究现状

作为世界上最大的发展中国家，我国能源短缺问题十分突出。油气资源供需差距很大，自 1993 年由油气输出国转变为净进口国之后，对进口能源的依赖程度不断增加。1999 年，我国进口石油超 4000×10^{4}t，2000 年进口石油近 7000×10^{4}t，2009 年原油进口量超过 2×10^{8}t。因此，我国亟需开发新能源以满足日益增涨的能源需求，保持经济的健康发展。我国海底天然气水合物资源丰富，其上游的勘探开采技术可借鉴常规油气的相关技术，下游的天然气运输、使用等技术都很成熟。因此，加强天然气水合物调查、评价是贯彻实施党中央、国务院确定的可持续发展战略的重要措施，也是开发中国 21 世纪新能源、改善能源结构、增强综合国力及国际竞争力、保证经济安全的重要途径。

一、我国海洋天然气水合物研究和探索历史

我国对海洋天然气水合物的调查与研究起步较晚，该资源相关的勘探研究历程只有短短的 20 余年。1990 年，中国科学院开展了人工合成甲烷水合物实验，取得成功；1997 年，中国地质科学院科研人员完成"西太平洋天然气水合物找矿前景与方法的调研"课题，认为西太平洋边缘海域，包括我国南海和东海，具备天然气水合物的成藏条件和找矿前景。之后，广州海洋地质调查局在南海、青岛海洋地质研究所在东海相继发现了天然气水合物赋存的地震标志。

1998 年，我国与美国国家科学基金会签署谅解备忘录，正式以六分之一成员国身份加入大洋钻探计划。1999 年春，以中国科学家为主的 ODP184 航次在南海实施钻探，岩心分析显示，存在气体水合物赋存的地球化学异常——Cl$^-$异常。

尤其值得一提的是，1999 年 10 月，广州海洋地质调查局在南海西沙海槽开展天然气水合物的前期调查，取得重要突破：所采集的 534.3km 高分辨率多道地震测线，至少有130km 地震剖面可识别出天然气水合物成藏的显著标志——BSR，储层厚达 80~300m。这一发现拉开了我国海洋天然气水合物调查研究的序幕，填补了该领域调查研究的空白。

2000 年 1 月，中国地质调查局组织相关学科的学术权威对南海大陆架——西沙海槽发现的天然气水合物前期试验性工作成果进行了专题评审，评委们一致认为，西沙海槽前期调查试验工作达到了世界先进水平，对利用高分辨率地震反射法取得的进展作出了高度评价。

2001 年，中国地质调查局在财政部的支持下，广州海洋地质调查局继续在南海北部海域进行天然气水合物资源的调查与研究，在东沙群岛附近海域开展高分辨率多道地震调查3500km，在西沙海槽区进行沉积物取样及配套的地球化学异常探测 35 个站位，同时在相关区域进行了多波束海底地形探测、海底电视摄像与浅层剖面测量等。

2002 年 5 月，在广州召开了我国首届天然气水合物资源学术研讨会，来自中国科学院、中国地质科学院、中国地质调查局、中国海洋石油总公司、中国地质大学、南京大学、同济大学及核工业相关部门等单位有 100 多位专家学者参会。会议主题不仅讨论了国际上天然气水合物的调查与研究现状，还集中对我国海域天然气水合物资源调查、勘探，存在的问题做了深入的讨论，学者们一致认为在我国海域(诸如东沙群岛南部、西沙海槽北部、西沙群岛南部和东海陆坡海域等)开展海洋天然气水合物调查和研究，对解决今后发展中的能源"瓶颈"具有战略性意义。之后，该研究被列入国土资源部重点战略工作计划，国家也下达了专项基本建设投资预算，落实了年度预算，积极实施海上地球物理勘查和地球化学勘探。经国家正式批准，我国从 2002 年起正式启动了对我国海域天然气水合物资源的调查与研究专项。

同年 6 月，广州能源研究所天然气水合物实验室召开水合物方面学术讨论会。中国科学

院地质与地球物理研究所、广州地球化学研究所、南海海洋研究所、华南理工大学、广州大学、西安石油学院等相关单位参加了会议，进一步加强了研究者对天然气水合物的关注。

2002年12月，由台湾中油公司、台湾大学、台湾海洋大学、台湾地质调查部门等机构组成的研究团体，在台湾岛西南海域(台西南盆地)发现了水深 500～2000m 处广泛存在 BSR，面积达 $2×10^4 km^2$，初步估计约有千亿立方米天然气蕴藏量，并在台东南海底发现大面积分布的白色天然气水合物赋存区。

2004年7月，由中、德两国科学家共同组成的研究集体，以德国"太阳号"科考船为技术平台，对我国南海海域天然气水合物资源分布开展了为期42天的综合地质考察。此次科考的重大成果是在我国海域首次发现世界上规模最大(面积达 $430km^2$)的被视为可燃冰即天然气水合物存在重要证据的"冷泉"碳酸盐岩分布区。分布区位于南海北部陆坡东沙群岛以东海域水深 550～800m 的海底，有大量管状、烟囱状、面包圈状、板状和块状的自生碳酸盐岩产出，或孤立地散布在海底，或从沉积物里突伸出来，来自"冷泉"喷口的双壳类生物壳体呈斑状散布其间，巨大的碳酸盐岩建造体屹立在海底。

2005年4月14日，中国首次发现的天然气水合物碳酸盐岩标本收藏于中国地质博物馆。中德科学家一致建议，将该自生碳酸盐岩区中最典型的一个构造体命名为"九龙甲烷礁"(图8-4-1)。

图8-4-1　中德联合科考"九龙甲烷礁"自生碳酸盐岩观测照片

2007年5月1日，我国南海北部天然气水合物首次采样成功(图8-4-2)，证实了南海北部蕴藏着丰富的天然气水合物资源，标志着我国天然气水合物调查研究水平已步入世界先进行列。该钻探航次由中国地质调查局统一组织，广州海洋地质调查局具体实施。天然气水合物样品在第一、第四站位获得。第一站位获取的样品取自海底以下 183～201m，水深 1245m，天然气水合物丰度约20%，含天然气水合物沉积层厚度为18m，气体中甲烷含量为 99.7%；第四站位取自海底以下 191～225m，水深 1230m，天然气水合物丰度为 20%～43%，含天然气水合物沉积层厚度达 34m，气体中甲烷含量为 99.8%。此后，在神狐海域钻探区也发现了天然气水合物富集层位，主要为微生物成因甲烷，平均含量高达 98.1%，获得实物样品的 3 个站位的天然气水合物饱和度分别为 25.5%、46% 和 43%，是目前世界上已发现天然气水合物海域中饱和度最高的区域。

2010年10月，我国第一艘天然气水合物综合调查船"海洋六号"正式列入我国海洋地质调查船队建制(图8-4-3)。该船是依据我国海域特点和海洋地质需要，由我国自主设计、建造的第一艘天然气水合物综合调查船，它将以海洋天然气水合物资源调查为主，兼顾其他

(a) 含天然气水合物岩心样品局部特写

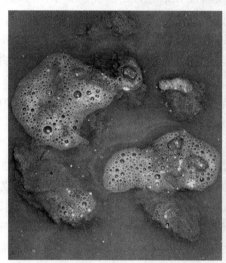

(b) 含天然气水合物沉积物分解释放出甲烷气体

(c) 点燃分解生成的甲烷气体

图 8-4-2 我国南海北部天然气水合物

(a)

(b)

图 8-4-3 "海洋六号"下水(a)和海试(b)

海洋地质、海洋矿产资源调查工作。"海洋六号"天然气水合物综合调查船排水量为 4600t，采用电力推进系统、动力定位、全回转舵桨等国际先进技术及设备，配置了 4000m 级深海水下机器人"海狮号"、深水多波束测深系统、深水浅地层剖面系统、深海取样分析和高分辨率地震调查系统等高科技调查设备。该船总造价 4 亿元，将大幅度提高我国今后在海洋天然气水合物调查和研究领域的综合能力。

2010 年 10 月，国家"十一五"重大科技攻关课题"气体水合物钻探取心关键技术研究"在渤海南岸、黄河三角洲东北部的埕岛海域成功进行了现场取样，表明我国天然气水合物钻探取心设备及关键技术均取得了突破性进展，即将拉开我国气体水合物商业化开发的帷幕。

二、我国海洋天然气水合物开发现状与前景展望

尽管与美、俄、德、法、日等发达国家相比，我国在天然气水合物方面研究起步较晚，但近年来在国家的大力支持下，我国在勘探、实验性开采等方面已经跻身于该领域前沿。

我国已将天然气水合物勘探开发技术作为前沿技术中海洋技术的第(21)款列入《国家中长期科学和技术发展规划纲要(2006—2020 年)》，明确要重点开展天然气水合物的勘探理论与开发技术、天然气水合物地球物理与地球化学勘探和评价技术、天然气水合物钻井技术和安全开采技术等方面的研究。

同时也提出了国家天然气水合物战略规划：2006~2020 年为调查阶段；2020~2030 年是开发试生产阶段；2030~2050 年，我国天然气水合物开发将进入商业生产阶段。

在国家战略规划的具体指导下，我国由国家调查专项、国家"863"计划项目、"973"项目及三大石油公司的勘查项目组成了立体、多层次的研究、勘查、投资体系。

2002 年起，正式启动我国"海域可燃冰资源调查与研究"国家专项，执行时间为 2002~2010 年。该专项下设 4 个项目，包括我国海域可燃冰资源调查与评价、勘探开发技术、环境效应等。项目由国土资源部负责，中国地质调查局组织实施，国土资源部广州海洋地质调查局、青岛海洋地质研究所、国家海洋局负责承担。10 年来，广州海洋地质调查局作为项目具体执行单位，共动用调查船 4 艘，组织 25 个航次，在南海北部陆坡区特别是西沙海槽、神狐、东沙及琼东南 4 个海域，有重点、分层次地开展了可燃冰资源调查与评价工作。

该国家专项的实施，取得了 4 个方面的突破性成果：①圈定了南海北部陆坡天然气水合物成藏有利区域，在西沙海槽、东沙、神狐及琼东南等海域，发现了天然气水合物存在的深—浅—表层地球物理、地球化学、地质和生物等多层次、多信息异常；②评价了南海北部陆坡天然气水合物资源潜力，初步圈定了其异常分布范围，预测了含天然气水合物层的厚度和水合物资源远景，评价了这一区域天然气水合物资源潜力；③确定了东沙、神狐两个天然气水合物重点目标，圈定了南海北部陆坡天然气水合物远景最有利的目标区，为实施天然气水合物钻探验证提供了目标靶区；④证实了我国南海存在天然气水合物资源。2007 年 4~6 月，租用比利时钻探船在神狐海域实施的钻探工程，成功获取了天然气水合物实物样品，这使我国成为继美国、日本、印度之后的第四个通过国家级研发计划在海底钻探获得天然气水合物实物样品的国家。

"十五"期间，"863"计划设立"天然气水合物勘探及资源评价技术"专题，开展了天然气水合物地震识别技术、地球化学探测技术、综合评价技术和保真取样技术等多个方面的技术研究。为实施我国天然气水合物首次钻探工程，2005 年，"863"计划启动"南海北部海域

天然气水合物首钻目标优选关键技术"课题，由广州海洋地质调查局承担，多所国内高校、研究所协作实施。该课题将天然气水合物二维地震识别技术发展为三维地震识别技术，研发了"天然气水合物准三维地震处理技术"，根据天然气水合物地震反射特征、地震波传播速度、弹性参数结构等特征和目标区水深、地形变化大等特点，进行天然气水合物地震识别处理研究，提高了定位精度，在采集、处理技术上取得了卓有成效的研究成果，最终取得了高质量的三维成像效果。试验成功后，广州海洋地质调查局迅速将成果应用于南海神狐海域目标区，将钻探目标丛 140km² 的海区靶区，最终精确为两个目标区块的 8 个钻探井位，为此次天然气水合物实物样品的获得做出了重要贡献。

"十一五"期间，国家继续加大在天然气水合物勘探开发技术方向的支持力度，明确指出要"开展煤层气、油页岩、油砂、天然气水合物等非常规油气资源调查勘探"。国家"863"计划部署了"天然气水合物勘探开发关键技术"重大项目，2006 年启动了包括"天然气水合物的海底电磁探测技术""天然气水合物矿体的三维与海底高频地震联合探测技术""天然气水合物的热流原位探测技术""天然气水合物流体地球化学现场快速探测技术""天然气水合物原位地球化学探测系统""天然气水合物重力活塞式保真取样器研制及样品后处理技术""天然气水合物钻探取心关键技术""天然气水合物成藏条件实验模拟技术""天然气水合物开采技术平台与开采技术预研究"在内的 9 个课题。目标是到 2010 年在我国南海圈定 1~2 个天然气水合物有利矿区，为海域天然气水合物资源整体评价、圈定目标区及天然气水合物矿田开发后备基地提供高技术支撑，并带动我国海域天然气水合物资源相关产业的发展。

2008 年 12 月，国家重大基础研究"973"计划"南海天然气水合物富集规律与开采基础研究"项目启动，标志着海域天然气水合物"973"计划项目正式实施。该项目由国土资源部、中国科学院和中国海洋石油总公司联合推荐，由广州海洋地质调查局、中国科学院广州能源研究所、中国科学院广州地球化学研究所、中国地质科学院矿产资源研究所、中国地质大学（北京）、中国科学院地质与地球物理研究所、中国石油大学（北京）、中海油研究中心（现中海油研究总院）8 家单位承担。项目设"南海北部天然气水合物成藏的温压条件研究""南海北部天然气水合物成藏演化的动力学过程研究""南海北部天然气水合物的地球化学异常特征研究""南海北部天然气水合物成藏的气源条件研究""南海北部天然气水合物成藏的地质条件研究""南海北部天然气水合物的地球物理异常特征研究""天然气水合物开采中的多相流动机理和相关基础理论研究""南海北部天然气水合物成藏机制和富集规律研究"8 个课题。

通过上述项目的执行，我国在海洋气体水合物的勘探开发技术上取得了可喜的进步，初步形成了适合我国海域特点的天然气水合物勘探技术和装备。同时，还培养了我国第一批从事天然气水合物勘探开发技术的研究人才，为我国未来天然气水合物勘探开发事业的发展奠定了重要基础。

2008 年 11 月，国土资源部在青海省祁连山南缘永久冻土带（青海省天峻县木里镇，海拔 4062 m）深度为 133.5~135.5m、142.9~147.7m、165.3~165.5m 3 个岩心段发现厚度分别为 2m、4.8m、0.2m 的天然气水合物岩心段，并成功取得天然气水合物实物样品。2009 年 6 月，中国地质调查局部署的天然气水合物科学钻探实验井再次钻获样品，利用当前世界上最先进的激光拉曼光谱仪检测，显示所获样品的光谱曲线为标准的天然气水合物特征光谱曲线。

该发现是我国继 2007 年 5 月在南海北部钻获天然气水合物样品之后的又一重大突破，

是我国首次在陆域发现天然气水合物，同时使我国成为世界上第一个在中低纬度冻土区发现天然气水合物的国家，也是加拿大、美国之后在陆域通过钻探获得天然气水合物样品的第三个国家。该发现也证明了我国冻土区存在丰富的天然气水合物资源，对认识天然气水合物成藏规律、寻找新能源具有重大意义，同时，也证明了我国天然气水合物的调查与研究已跻身于国际先进行列，更为我国气体天然气水合物实验性开采提供了良好的井位选址，为今后开展更深入的研究奠定了良好基础。

虽然我国天然气水合物研究起步较晚，但经过诸多科研工作者的不懈努力，在该领域的勘探和合成实验等方面已经基本可以与世界水平保持同步，在某些方面已形成了自己的技术特色，在具有丰富天然气水合物矿藏资源作为开采保障，常规能源不断枯竭的背景下，天然气水合物作为新能源日益显示出更加诱人的开发前景。

从 2011 年开始，我国正式启动新的国家天然气水合物计划。过去的 10 年中，我国在南海北部陆坡和青海祁连山地区进行初步调查并取得一定成果的基础上，新的国家天然气水合物计划将分不同层次、不同程度对我国管辖海域、专属经济区、陆域冻土带、管辖外海域进行资源勘查与评价。其重点是要加快南海北部和青藏高原天然气水合物资源远景区勘查与进一步评价，并将选择重点目标，实施天然气水合物试验性开采，为这一资源的早日开发利用作好技术准备。

新的国家天然气水合物计划长达 20 年，从 2011 年开始，至 2030 年结束，分两个阶段实施。其中，2011～2020 年为第一阶段，2021～2030 年为第二阶段。在该计划中，南海天然气水合物勘查是其中一项重大项目，其主要任务是在我国南海北部陆坡区天然气水合物的重点成矿区带，实施以综合地质、地球物理、地球化学、钻探等为主的天然气水合物资源勘查，圈定有利分布区，查明资源分布状况；优选 2～3 个天然气水合物富集区，利用海上开采配套技术研究成果，实施天然气水合物试验性开采；同时，还要争取扩大在我国管辖海域开展天然气水合物资源勘查的范围，对调查区天然气水合物资源前景进行初步评价，以期取得战略性突破。

随着调查分析不断深入，我国在南海北部陆坡海域，已划出 6 个天然气水合物成矿远景区带，总面积达 $14.84×10^4 km^2$，预测远景资源量相当于 $744×10^8 t$ 油当量，并进一步圈出西沙海槽、东沙、神狐、琼东南等成矿区带和成矿区块。

伴随着新的天然气水合物计划实施，项目承担单位之一的广州海洋地质调查局 2012 年在南海北部陆坡部署并开展了地质、地球物理、地球化学等多学科综合调查，调查方法包括多道地震、浅层剖面、多波束、地质及微生物取样、海底热流、海底摄像、海底地震仪（OBS）、可控源电磁试验、"海狮号"水下机器人（ROV）等多种先进天然气水合物探测技术。同年 5 月，"海洋六号"船首次成功利用 ROV 获取了许多冷泉甲烷渗漏活动的清晰影像及自生碳酸盐岩、生物样品等与海底"可燃冰"相关的直接证据。我国自主研发的可控源电磁技术装备进行天然气水合物调查试验进展顺利，发现了与天然气水合物相关的高电阻率异常带，为钻探选区提供了非常有利的资料。

2013 年，根据中国地质调查局的统一部署，广州海洋地质调查局在珠江口盆地东部海域钻获多种类型天然气水合物样品，首次发现超千亿方级矿藏。

2014 年 1 月 14 日，在广州举行的南海天然气水合物钻探工程验收会现场，一块从液氮瓶中取出的"可燃冰"吸引了现场所有人的目光。它的出现表明：在海域天然气水合物调查、评价和勘查中，我国已经跻身"第一集团"，在某些技术上已经成为领跑者，但整体水平同世界先进水平相比仍处于"并跑"阶段。

2015 年，在珠江口盆地西部海域首次发现大型活动冷泉——"海马冷泉"，并成功采获天然气水合物样品。同年，在神狐海域，我国再次钻探发现超千亿方级水合物矿藏。钻探区天然气水合物控制资源量超过 $1500×10^8 m^3$。矿藏具有分布广、厚度大、饱和度高的特点，为未来天然气水合物试采提供了重要参考靶区。

2016 年 6 月 25 日，"中国地质调查局天然气水合物工程技术中心"正式挂牌成立，这是一个具有标志性意义的大事，该中心的成立，标志着我国天然气水合物勘探开发事业从此迈上了一个新的台阶，开启了一个新的历史阶段。

2016 年，围绕南海天然气水合物的试采工作，广州海洋局在神狐海域开展钻探站位 8 个，全部发现天然气水合物。为了进一步论证试采井位，重点针对试采井位开展了测井和取心，精细评价了试采储层结构和物性参数。

2017 年 3 月 28 日，南海神狐海域天然气水合物试开采正式开钻。5 月 10 日 9 时 20 分，广州海洋局局长、天然气水合物试采指挥部指挥长叶建良宣布："启泵降压，开始试采。"14 时 52 分，正式宣布点火成功(图 8-4-4)。至 5 月 18 日上午，中国地质调查局对我国南海神狐海域水深 1266m 海底以下 $203 \sim 277m$ 的天然气水合物试气点火，且已连续产气 8 天，最高产量 $3.5×10^4 m^3/d$，平均日产超 $1.6×10^4 m^3$，累计产气超 $12×10^4 m^3$，天然气产量稳定，甲烷含量最高达 99.5%，实现了预定目标。

图 8-4-4　南海天然气水合物试验性开采现场

这是天然气水合物开发利用领域的重大突破——是我国首次，也是世界第一次成功实现泥质粉砂型天然气水合物的资源安全可控开采，为天然气水合物广泛开发利用提供了技术储备，积累了宝贵经验，奠定了坚实基础。

南海天然气水合物试验性开采的成功，标志着我国实现天然气水合物勘探开发理论的重大突破、实现天然气水合物全流程试采核心技术的重大突破、实现试采环境安全防控的重大突破。

尽管对天然气水合物的商业化开采尚面临许多挑战，但人类使用全新的天然气水合物洁净能源的时代即将到来。中国从国家层次、从战略高度，对天然气水合物研究、开发所做出的重大决策，无疑会促使这一"21 世纪新能源"早日得到开发和利用，这对我国能源结构的调整、国民经济的发展、国家的繁荣昌盛均具有深远的意义。

第九章 海洋石油工程环境与安全环保

第一节 海洋资源与工程环境

一、海洋与资源

翻开世界地图，我们可以看到人类赖以生存的陆地零星地散布在世界的海洋中。海洋不仅起着调节陆地气候，为人类提供航行通道的作用，而且蕴藏着丰富的资源。因此，人类对海洋的开发和利用越来越受到重视。海洋中一切可以被人类利用的物质和能量都叫海洋资源，预计在 21 世纪，海洋将成为人类获取蛋白质、工业原料和能源的重要场所。无论是海洋的面积还是体积都占据地球很大的比例，这些部分蕴含着人类生存与发展的巨大能量，因此，开发和利用海洋对人类的生存与发展有着十分重要的意义。

世界海洋的面积约相当于 38 个中国的面积，约有 $36100×10^4 km^2$，占地球表面积的 71%。海洋的总面积差不多是陆地面积的 2.5 倍。从分布上看，南半球海洋面积约占 80.9%，被誉为"水半球"；而被称为"陆半球"的北半球，海洋的面积仍大于陆地面积，约占 53%（图 9-1-1）。同时，现代高程测量和各大海洋水深测量间接表明，海洋占据地球很大的体积空间。

在海洋巨大的水体中蕴含着极其丰富的资源，主要有：生物资源、动力资源、矿物资源、水资源及海底油气资源。

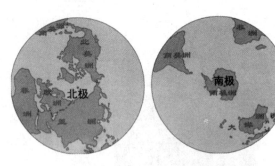

（a）陆半球 （b）水半球

图 9-1-1 地球南北半球的海陆分布

1. 富饶的海洋生物资源

地球上生物资源的 80% 以上在海洋。海洋中的生物多达 69 纲、20 多万种，其中有动物 18 万种（仅鱼类就有 2.5 万种），在不破坏水产资源的条件下，每年可提供 $30×10^8 t$ 水产品（目前被利用的不到 $1×10^8 t$）。据科学家估计，海洋的食物资源是陆地的 1000 倍，它所提供的水产品能养活 300 亿人口。但目前人类利用的海洋生物资源仅占其总量的 2%，还有很多可食资源尚未开发。人们在海洋中若繁殖 $1 hm^2（1 hm^2 = 0.01 km^2）$的海藻，加工后可获得 20t 蛋白质，相当于 $40 hm^2$ 耕地每年所产大豆蛋白质的含量。据中国农业科学院研究员包建中先生称，光近海领域生长的藻类植物加工成食品，年产量相当于目前世界小麦总产量的 15 倍。海洋提供蛋白质的潜在能力是全球耕地生产能力的 1000 倍，我国有 $3×10^8 hm^2$ 的海洋国土，其中 $1.53×10^8 hm^2$ 适合养殖和种植。

2. 巨大的动力资源

海洋动力资源是一种巨大的潜在能源，主要指海水运动过程中产生的潮汐能、波浪能、海流能及海水因温差和盐度差而引起的温差能与盐差能等。目前正在研究利用的海洋动力资源有潮汐发电、海浪发电、温差发电、海流发电、海水浓差发电和海水压力差的能量利用等，通称为海洋能源。其中，潮汐发电应用较为普遍，并具有较大规模的实用意义。

这些能源理论蕴藏量折合电力为 $1528 \times 10^8 kW$，可开发量为 $73.8 \times 10^8 kW$，其中，波浪能为 $27 \times 10^8 kW$，盐差能为 $26 \times 10^8 kW$，温差能为 $20 \times 10^8 kW$，海流能为 $0.5 \times 10^8 kW$。据计算，中国沿海和近海的海洋能源蕴藏量估计为 $10.4 \times 10^8 kW$，其中，潮汐能为 $1.9 \times 10^8 kW$，海浪能为 $1.5 \times 10^8 kW$，温差能为 $5.0 \times 10^8 kW$，海流能为 $1.0 \times 10^8 kW$，盐差能为 $1.0 \times 10^8 kW$。可开发利用的装机容量潮汐能为 $2000 \times 10^4 kW$，海浪能为 $3000 \times 10^4 \sim 3500 \times 10^4 kW$。

海洋能源与其他能源比较，具有资源丰富、不会污染、占地少、可综合利用等优点。它的不足之处是密度小、稳定性差，设备材料及技术要求高，开发利用工艺复杂，成本高等。由于石化燃料和煤不可再生能源对环境污染造成了严重的挑战，海洋可再生能源将作为巨大的潜在能源在不久的将来被人类开发利用。

3. 丰富的矿物资源

海洋的水体中还含有 80 多种元素，主要有氯、钠、镁、硫、钙、钾、溴、碳、硼、锶、氟，由它们构成了海水中的主要盐类，占海水总含盐量的 $99.8\% \sim 99.9\%$。每立方千米海水中含氯化钠 2720t、氯化镁 380t、硫酸镁 170t、硫酸钙 120t、碳酸钙及溴化镁各 10t。世界大洋中盐类物质的总质量约为 $5 \times 10^{16} t$，体积约为 $2200 \times 10^4 km^3$。如果把这些盐类全部提取出来，均匀地撒在地球表面，盐层可厚达 87.7m，有 30 层楼房那么高。在海水中还含有许多种浓度很低的金属元素，如金、银等，其总量十分可观，其中金 $548 \times 10^4 t$、银 $5480 \times 10^4 t$、铀 $43.8 \times 10^8 t$（陆地上仅有 $100 \times 10^4 t$）。

而海洋中除盐、镁、金、铀、溴化物外，海滩中的砂矿、浅海底部的石油、磷钙石和海绿石，深海底部的锰结核和重金属软泥及其基岩中的矿脉都十分丰富。其中石油资源约 $1350 \times 10^8 t$，占陆地上石油资源的一半，如果包括天然气折算石油储量在内，则世界大陆浅海区石油储量为 $2400 \times 10^8 t$。锰结核在各大洋中的总储量为 $3 \times 10^{12} t$，比世界陆地上蕴藏的锰、铜、镍、钴、铁等金属储量高几千倍。大洋底锰结核中除含有丰富的锰外，还含有、镍、铜、钴等金属矿物。单是太平洋底就有 $1.5 \times 10^8 km^2$ 的锰结核，约 $1.7 \times 10^{12} t$。其中，含镍量就有 $164 \times 10^8 t$，可供世界消费 2.4 万年；含铜量为 $88 \times 10^8 t$，可供使用 1000 年；含钴量为 $58 \times 10^8 t$，是陆地上储量的 960 倍，可供使用 34 万年；含锰量最多达 $4000 \times 10^8 t$，是陆地上储量的 67 倍，可使用 18 万年。并且洋底的锰结核还在以每年 $1000 \times 10^4 t$ 左右的速度生长，每年从新生长出来的锰结核中提取的金属中，铜可供全球使用 3 年，钴可供使用 4 年，镍可供使用 1 年。锰结核的生长率大大超过世界上的消耗率。

4. 丰富的水资源

随着工农业的发展，人口的膨胀，人类对水的需求量不断增加，现在对人类最大的威胁并非土地不足，而是水资源的短缺。全球 60% 的地区面临供水不足的问题。我国 600 多个城市中已有 300 多个城市缺水，并有包括北京在内的 100 余个城市严重缺水。为了解决水荒，人们把目光移向海洋。海洋是一个巨大的天然水库，地球上 96.53% 的水都在这里，大约有 $133800 \times 10^4 km^3$。

海洋中还有丰富的淡水资源，即漂浮在两极海洋中的冰山。北冰洋中每年从格陵兰等岛屿上断裂崩解的冰山有约 $10000 \sim 15000$ 座，南极大陆崩解的冰山漂浮于南极大陆周围的南大洋，大约有一万余座。就其冰山体积而言，有长达 350km、宽 40km 的大冰山，南大洋能供应淡水的冰山就有 1000km³，等于全球居民每年日常生活用水总量(285km³)的 3.5 倍。目前科学家们正在考虑利用南极海域得天独厚的纯净淡水——冰山，一旦这一设想能够实现，取之不尽、用之不竭的冰山，将会给人类带来巨大的福音。

5. 油气资源

世界海洋蕴藏着极其丰富的油气资源，其石油资源量约占全球石油资源总量的 34%。全球近 10 年发现的大型油气田中，海洋油气田已占 60% 以上，尤其是 300m 以上的深水海域，尚有 2000×10⁸bbl 未探明的油气储量。国际能源界早已形成共识，海洋油气(特别是深海油气)将是未来世界油气资源接替的重要区域。但世界海洋油气与陆上油气资源一样，分布极不均衡。在四大洋及数十处近海海域中，石油、天然气含量最丰富的为波斯湾海域，约占总贮量的一半左右；第二位是委内瑞拉的马拉开波湖海域；第三位是北海海域；第四位是墨西哥湾海域；此后是亚太、西非等海域。

二、我国海洋与资源现状

我国是一个海洋大国，管辖的海域十分广阔，约 300×10⁴km²，海岸带纵跨热带、亚热带和温带 3 个气候带，海岸线长度超过 18000km，海洋资源可开发利用的潜力很大。海洋资源种类繁多，包括海洋生物石油天然气、海底固体矿产、海洋动力资源、滨海旅游等资源。资源不但丰富，而且开发潜力巨大。我国有海洋生物 20278 种，这些海洋生物隶属于 5 个生物界、44 个生物门，其中，动物界的种类最多(12794 种)，原核生物界最少(229 种)。海洋石油资源量约为 350×10⁸ ~ 400×10⁸t，天然气资源量约为 2213×10¹²m³，滨海砂矿资源储量约为 31×10⁸t，海洋动力资源理论蕴藏量约为 613 ×10⁸kW，滨海旅游景点达 1500 多处，深水岸线约 400km，深水港址 60 多处，滩涂面积 380×10⁴hm²，水深 0～15m 的浅海面积约为 1214×10⁴km²。此外，在国际海底区域我国还拥有 715×10⁴km² 的多金属结核矿区。辽阔的海域面积和丰富的海洋资源为我国经济社会快速发展提供了广阔的空间。

三、海洋工程环境

海洋资源的开发是一种复杂的、技术性很高的工程，近年来，随着人们对海洋研究的深入和对海洋资源开发经验的总结，知道海洋工程的建设需要总结各种海洋要素，特别是海洋环境(如风、浪、流等)的规律，只有遵循大自然的规律，开发工程才能顺利进行，同时，在开发利用海洋资源的同时，还要防止海洋污染，合理、安全开发，以保证海洋资源可持续地为人类的生存和发展服务。

近年来，人们在研究海洋的同时还广泛地开发海洋，其内容主要包括以下 3 个方面。

(1) 资源开发：海洋水产、海洋矿物的开发，海水运动过程中海洋动力资源的利用等，其中特别重要的是对海底石油资源的开发。

(2) 空间开发：修建水上城市、人工岛、水下仓库、水下贮油罐，以及在近海建造原子能发电站、垃圾处理站等。

(3) 海上通讯运输：修建港口、水上机场、铺设海底管线、海底隧道等。

但是无论哪种形式的海洋开发，都必须通过其特定形式的海洋工程结构物来实现。这些结构物种类繁多，它们之中不仅有码头、人工岛、水下仓库、各种防波、防潮和护岸工程，还有采、钻油平台，贮油、输油设施，邮轮系泊点等。

第二节　海洋环境

一、海底地貌环境

海底地貌(图9-2-1)是海洋环境的重要特征，是指海水覆盖下的固体地球表面形态的总称。海底有高耸的海山，起伏的海丘，绵延的海岭，深邃的海沟，也有坦荡的深海平原。这些地貌对海洋资源开发投资和建设有着重要的影响。

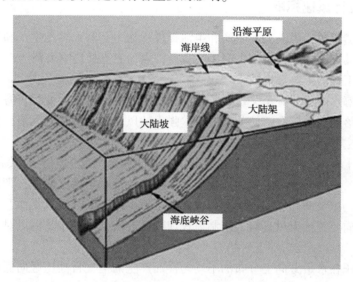

图9-2-1　海底地貌

从地质构造的观点看，在大陆和大洋之间有一个接触区，通常称为过渡带或大陆边缘，包括大陆架、大陆坡和大陆裾。海底地貌大体可归结为两种类型：一类是大西洋型，结构比较简单，是由大陆架、大陆坡和大陆裾组成的大陆台阶，其外就是大洋底；另一类是结构比较复杂的太平洋型，它除了大陆台阶外，在大陆台阶和大洋底之间还有一系列的边缘海盆、岛弧和深海沟。

1. 大陆架

大陆架是被海水淹没的部分，它的范围一般是从低潮算起，一直到深海中的大陆沿为止。大陆架的深度一般在200m以内，宽度大小不一，坡度和缓。大陆架是地壳运动或海浪冲刷的结果，一般分为表层、盖层和基底层：表层主要由来自大陆的沉积物组成；盖层主要为半固结与固结的沉积岩层；基底层主要为结晶岩石。大陆架有丰富的矿藏和海洋资源，已发现的有石油、煤、天然气、铜、铁等20多种矿产，其中，已探明的石油储量是整个地球石油储量的1/3，是目前钻探与开采海底石油的最活跃区域。

2. 大陆坡

大陆坡是大陆架外缘，上界水深多在100~200m之间；下界渐变，约1500~3500m水深处，宽度约为20~100km以上的区域，坡度较陡，主要沉积着陆源物质。

3. 大陆裾

大陆裾，顾名思义为大陆的"裾子"，它是位于大陆坡脚下的坡麓带，坡度平缓，深度约为2000~4000m。大陆裾是一个重要的堆积区，由数千米的沉积物构成，主要分布在大西洋型的过渡带上，而太平洋型海洋中基本没有大陆裾的发育，而是演变为深海沟。

我国拥有辽阔的海域和大陆架。渤海、黄海、东海和南海水深浅于200m的大陆架面积为$100×10^4 km^2$。渤海、黄海和北部湾属于半封闭型的大陆架。东海和珠江口外属于开阔海型的大陆架。几条流域面积广大的江河由陆地携带入海的泥沙量每年超过$20×10^8 t$。中国大陆架的生、储油条件是有利的，经物探工作查明，中国近海具有含油气远景的沉积盆地有7个，面积共达$70×10^4 km^2$。

二、风和设计风速标准

风是一种自然资源，为人类的生产和生活提供了动力，对人类的生产和生活有着重大的影响，同时风又具有破坏性，是产生海浪的重要因素，它直接影响着海上工程建设和海上作业，是影响海洋工程的重要环境因素之一。

海面风场对海水的运动有至关重要的影响，特别与表层海流的变化、海浪的发展和传播以及风暴水位涨落的程度等有密切关系。一次强大的风暴和它引起的巨浪，往往是造成海上建筑遭到破坏的主要原因。

因此，近几十年来，关于风力对建筑物作用的研究，引起国内外有关科学工作者的重视。风力的计算，已列为海上工程建筑物设计中不可缺少的条件。此外，为利用良好的天气进行施工、作业，以及钻井船的拖航等，也必须了解工作海区的大风规律及特点，并通过分析强风向、常风向，统计大风日数，绘制风玫瑰图等方法，进一步掌握风对建筑物的影响。

1. 风的概念

风是由于气压在水平方向上分布的不均匀性而产生的空气自高压区向低压区的运动。

气压是时间和空间的函数，地球表面的气压分布是不均匀的。对于某一较大地区范围内某一具体时间的气压分布特点，可以用绘制海平面等压线的方法来表示。所谓等压线，就是把瞬时气压观测值相等的各个点联成的线。海平面等压线面能表明在海平面上某时刻的气压分布，即某时刻的海平面气压场。

海平面气压场包括以下9种主要形式：低压(具有封闭的等压线，其中心部分气压较周围低的区域)；高压(具有封闭的等压线，其中心部分气压较周围高的区域)；低压槽(由低压区域向较高气压方向伸延出来的舌状部分)；高压脊(由高压区域向低气压方向伸延出来的舌状部分)；低压带(在两个高压之间气压较低的区域)；高压带(与低压带相反，为两个低压之间气压较高的区域)；副低压(在低压外围的槽中所形成的小低压)；副高压(在高压外围的脊中所形成的小高压)；鞍形区(两个低压和高压交叉分布之间的区域)。

2. 风的特征

风的特征可用风向和风速来表示。

1) 风向

气象上把风吹来的方向确定为风的方向。因此，风来自北方叫做北风，风来自南方叫做南风。气象台站预报风时，当风向在某个方位左右摆动不能确定时，则加以"偏"字，如偏北风。当风力很小时，则采用"风向不定"来说明。

风向的测量单位，我们用方位来表示。如陆地上，一般用16个方位表示，海上多用36个方位表示；在高空则用角度表示。用角度表示风向，是把圆周分成360°，北风(N)是0°

（即360°），东风（E）是90°，南风（S）是180°，西风（W）是270°，其余的风向都可以由此计算出来（图9-2-2）。

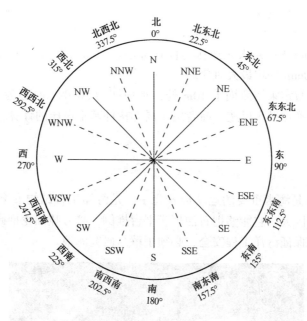

图9-2-2　风向的16个方位

2）风速

风速是空气在单位时间内流过的距离，单位一般用 m/s 或 km/s。为了便于使用，又可根据风速的大小划分为13个风级。由于这种方法是由蒲福（Beanfort）最先总结的，故常称为蒲福风级表。后人又将其补充了5级，成为现在通用的风级表。但此表仍不能包括全部自然界中所出现的风，例如龙卷风等，其风速可达 100～200m/s，但发生的范围很小，也比较少见。

由于风速随高度而变，因而需确定一标准高度作为标准，海洋工程常以海面以上 10m 左右高度作为观测风速的标准高度。

常用的风速换算公式有：

（对数公式）
$$v_z = v_{10}\left[1 + \alpha\ln\left(\frac{z}{10}\right)\right] \qquad (9-2-1)$$

（指数公式）
$$v_z = v_{10}\left(\frac{z}{10}\right)^{\beta} \qquad (9-2-2)$$

式中　v_z——需求 z 高度处的风速；

　　　V_{10}——已知 10m 高度处的风速；

　　　z——需要订正的高度；

　　　α——风随高度变化系数；

　　　β——风随高度变化指数，$\beta = 0.16$（开阔海面），$\beta = 0.25$（市区、街道）。

3. 设计风速标准

设计风速的标准一般包括两方面内容，即设计风速的重现期和风速资料的取值。风速资料取值又包括风速观测距地面的标准高度，风速观测的标准次数和时距等。

以上两方面内容，目前各国尚无统一标准，例如美国对海洋工程建筑物，一般采用重现期为百年一遇的0.5min或1min平均最大风速值；英国采用50年一遇3s瞬时最大风速值；日本采用的风速标准，经过换算，大致相当于50年一遇的瞬时最大风速值。

我国颁布的《工业与民用建筑结构荷载规范》以及《港口工程技术规范》采用10m高处，30年一遇的自记10min平均最大风速作为设计标准。而铁道部门对于桥涵建筑则采用20m高，百年一遇自记10min平均最大风速。

对于海上平台，暂定采用海面上10m处，重现期为50年，时距为1min的平均最大风速或时距为10min的平均最大风速。前者用于局部构件基本风压的计算，后者用于结构总体基本风压的计算。

三、海浪

海浪（图9-2-3）是海水重要的运动形式之一，是海洋工程结构安全的重要威胁因素之一，海浪的威力十分巨大，它能够把石油生产平台推倒，将万吨油轮推翻，甚至可以危害到沿岸的建筑物，为了保证海洋工程安全，必须了解与研究海浪。

图9-2-3 海浪实景图

1. 海浪的定义

海浪是发生在海洋中的一种波动现象。这种波动是由于外力作用后，海水离开平衡位置往复运动，并向一定方向传播，从而形成了海浪。引起海浪的外力有风、地震、太阳及月球的作用力、重力等。我们通常所指和研究的是由风引起的海浪。

2. 海浪的产生

海浪是由于风的能量传播使海面张力波变为动力波，传递的方式有风对波浪剖面的直接推动、摩擦力、压力等。海浪的大小取决于平均风速、风区、风程或风时，而形成的海浪有可能因为顶风、破碎等原因消耗能量而消失，并且海浪产生的过程和减弱消失的过程是同时存在的。

3. 海浪的分类

为了便于描述海浪的大小和危害，与风级分类相类似，海浪可以分为无浪、微浪、小浪、轻浪、中浪、大浪、巨浪、狂浪、狂涛、怒涛10种海况，气象分析上将海浪按海况分为 10 级(表 9-2-1)。

表 9-2-1　海浪分级

浪　级	海　况	波高/m
0	无浪	0
1	微浪	0~0.3
2	小浪	0.3~0.8
3	轻浪	0.8~1.3
4	中浪	1.3~2.0
5	大浪	2.0~3.5
6	巨浪	3.5~6.1
7	狂浪	6.1~8.6
8	狂涛	8.6~11.0
9	怒涛	>11.0

4. 海浪频谱

海浪可视作由无限多个振幅不同、频率不同、方向不同、相位杂乱的组成波组成。这些组成波便构成海浪谱,它用于描述海浪内部能量相对于频率和方向的分布。通常假定海浪由许多随机的正弧波叠加而成。不同频率的组成波具有不同的振幅,从而具有不同的能量。设有圆频率 ω 的函数 $S(\omega)$,在 ω 至 $(\omega+d\omega)$ 的间隔内,海浪各组成波的能量与 $S(\omega)d\omega$ 成比例,则 $S(\omega)$ 表示这些组成波的能量大小,它代表能量对频率的分布,故称为海浪的频谱或能谱。同样,设有一个包含组成波的圆频率 ω 和波向 θ 的函数 $S(\omega,\theta)$,且在 ω 至 $(\omega+d\omega)$ 和 θ 至 $(\theta+d\theta)$ 的间隔内,各组成波的能量和 $S(\omega,\theta)d\omega d\theta$ 成比例,则 $S(\omega,\theta)$ 代表能量对 ω 和 θ 的分布,称为海浪的方向谱。以上各种谱统称为海浪谱。海浪谱不仅表明海浪内部由哪些组成波构成,还能给出海浪的外部特征,对海洋工程结构物的运动和作用力的分析更简单、实用。

四、海流

海流是海洋中海水水平地或垂直地从这个地区流向另一个地区的大规模、非周期性质量输送。由于海流作用而形成的流力与波浪力结合在一起,对海洋工程结构物的稳性,以及锚泊系统及拖航作业时的拖曳力均会产生重要影响。

海水发生上述运动的原因虽然很多,但主要原因有两个:一是作用于广大海面上空的风力;另一个是广大海面受热、冷却、蒸发和降水不均匀所产生的海水温度、盐度以至于密度分布的不均匀。

早在 18 世纪,人们已认识到在世界大洋的表层,海洋环流的分布同地球表面的行星风带有十分密切的联系,且与大气层中盛行风的分布极为相似。也就是说,风为这些海流提供了动力,它们自成循环体系,构成了海洋中的环流系统。这一理论已被人们普遍接受,甚至还有人对此作出了动力学论证。但并不是每个人都相信这个理论,大约在 1870 年前后,人们曾为此展开过一场激烈的争论。有人认为,盛行风仅仅是产生强表面流的主要原因,而且表面流的运动强度必定随深度而减小,因此得出结论:大部分或绝大部分海流系统是由潜热的热动力循环引起的。后来的研究指出,由于太阳辐射是海洋唯一的热源,在高纬度区域,表层海水首先变冷下降,在海水由表层下降到海底的过程中,海水不可能被加热。冷的海水在海底迅速扩散，流向赤道，然后通过主温跃层上升，而在海洋的表面，势必出现一个向极的流动。由于影响海水密度的因素不仅有海水温度，还有海水盐度，因此，这种海水环流被称为双层经向热盐环流。现在已经知道，赤道地区海水的加热不可能到达很大的深度，由于海水的热容量很大，同时海水中又存在着温跃层，所以海水吸收太阳辐射热而增温的过程也仅仅限于很浅的海洋表层，其极限厚度约为 1~2km 的斜压层。在广阔的海深层水域中，热盐环流是很微弱的，但是，占支配地位的热盐环流在海洋中确实存在，至少是以有限尺度而存在，地中海海水的运动就是一个例证。

第三节　海洋石油污染与治理

海洋占了地球表面积的 71%，在人类社会发展史中占有非常重要的位置，为人们提供了丰富的生产资源、生活资源、空间资源，特别是石油资源。石油及其产品是人类生产过程中重要的能源和工业原料，素有"工业血液"之称。随着现代化经济和社会的迅猛发展，石油产品越来越广泛地延伸至社会生活的各个领域中。根据 2016 年全球能源结构统计，石油占全球能源的 32.9%，并主要用于运输业中。石油产品给人们的生活带来了很大的便利，然而，人们在享受石油开发带来的便利的同时，却又不得不忍受石油产品对环境所带来的破坏与污染。

海洋石油污染是石油及其炼制品(汽油、煤油、柴油等)在开采、炼制、贮运和使用过程中进入海洋环境，超过海洋环境容量而造成的污染，是目前一种世界性的严重海洋污染。特别是近年来，经济的发展导致石油用量的剧增，石油运输业繁荣，漏油事故时常发生，造成了海洋的严重污染。

一、海洋石油污染的过程

海洋石油污染按石油输入类型，可分为突发性输入和慢性长期输入。突发性输入包括油轮事故和海上石油开采的泄漏与井喷事故，而慢性长期输入则有港口和船舶的作业含油污水排放、天然海底渗漏、含油沉积岩遭侵蚀后渗出、工业民用废水排放、含油废气沉降等。造成污染的原因主要体现在：石油的海上运输频繁使海上溢油事故的发生几率增大；港口装卸油作业频繁，存在溢漏油的隐患；油轮的大型化增添了发生重大海上溢油事故的可能性，提高了溢油处理的难度；海上油田石油勘探开发中的泄漏和采油废水排放等。

石油入海后即发生一系列复杂变化，包括扩散、蒸发、溶解、乳化、光化学氧化、微生物氧化、沉积、形成沥青球，以及沿着食物链转移等过程。这些过程在时空上虽有先后和大小的差异，但大多是交互进行的。

扩散：入海石油首先在重力、惯性力、摩擦力和表面张力的作用下，在海洋表面迅速扩展成薄膜，进而在风浪和海流作用下被分割成大小不等的块状或带状油膜，随风漂移扩散。扩散是消除局部海域石油污染的主要过程。风是影响油在海面漂移的最主要因素，油的漂移速度约为风速的 3%。中国山东半岛沿岸发现的漂油，冬季在半岛北岸较多，春季在半岛的南岸较多，也主要是风的影响所致。石油中的氮、硫、氧等非烃组分是表面活性剂，能促进石油的扩散。

蒸发：石油在扩散和漂移过程中，轻组分通过蒸发逸入大气，其速率随相对分子质量、沸点、油膜表面积、厚度和海况的不同而不同。含碳原子数小于 12 的烃在入海几小时内便有大部分蒸发逸走，碳原子数为 12~20 的烃的蒸发要经过若干星期，碳原子数大于 20 的烃不易蒸发。蒸发作用是海洋油污染自然消失的一个重要因素，通过蒸发作用大约可消除泄入海中石油总量的 1/4~1/3。

氧化：海面油膜在光和微量元素的催化下发生自氧化和光化学氧化反应，氧化是石油化学降解的主要途径，其速率取决于石油烃的化学特性。扩散、蒸发和氧化过程在石油入海后的若干天内对水体石油的消失起重要作用，其中扩散速率高于自然分解速率。

溶解：低分子烃和有些极性化合物还会溶入海水中。正链烷在水中的溶解度与其相对分子质量成反比，芳烃的溶解度大于链烷。尽管溶解作用和蒸发作用都是低分子烃的反应，但它们对水环境的影响却不同。石油烃溶于海水中，易被海洋生物吸收而产生有害的影响。

乳化：石油入海后，由于海流、涡流、潮汐和风浪的搅动，容易发生乳化作用。乳化有两种形式：油包水乳化和水包油乳化，前者较稳定，常聚成外观像冰淇淋状的块或球，较长期在水面上漂浮；后者较不稳定且易消失。油溢后如使用分散剂则有助于水包油乳化的形成，加速海面油污的去除，也加速生物对石油的吸收。

沉积：海面的石油经过蒸发和溶解后，形成致密的分散离子，聚合成沥青块，或吸附于其他颗粒物上，最后沉降于海底，或漂浮上海滩。在海流和海浪的作用下，沉入海底的石油或石油氧化产物，还可再上浮到海面，造成二次污染。

二、海洋石油污染的现状

海洋石油污染物的来源分为天然来源（约占 8%）和人类活动来源（约占 92%）。天然来源包括海底、大陆架和含油沉积岩的渗漏，人类活动来源包括海上石油开采的泄漏与井喷事故、油轮事故、含油废气沉降和工业民用含油废水排放。其中，造成海洋石油污染的主要途径是工业民用含油废水的排放、油轮事故和石油开采过程的泄露等。据统计，每年通过各种途径进入海洋的石油和石油产品约为 $200×10^4 ~ 1000×10^4 t$，约占世界石油总产量的 0.5%。全球主要污染源入海量估算如表 9-3-1 所示。

表 9-3-1　全球主要污染源石油烃入海量估算

项　目	输入率/$(×10^6 t/a)$		
	来源	排放量范围	最佳估计值
人为源	海洋运输	0.38~1.05	0.57
	海上油田	0.04~0.06	0.05
	城市污水及径流	0.585~3.12	1.8
自然源	大气沉降	0.05~0.5	0.3
	沉积物侵蚀	0.005~0.5	0.05
	海底、大陆架渗漏	0.02~2.0	0.2
	总自然源	0.025~2.5	0.25
总计		1.1~7.2	2.4

造成海洋石油污染的主要途径是沿海地区含油废水的排放和海洋溢油、钻井泄漏等突发事故。据联合国有关组织统计，每年海上油井井喷事故和油轮事故造成的溢油量高达 2.2×

10^7t。如 1967 年 3 月 18 日，"托里坎荣"号溢油事故共泄漏出原油 105t，近 140km 的海岸受到污染，其规模之大及对渔业、旅游业、海洋环境造成的严重污染令世界震惊。1978 年 3 月，利比亚的"阿莫科—卡迪兹"号油轮失事，泄漏出的 $2.23×10^5$t 轻质原油和 4000t 船用燃油使法国 320km 海岸受到溢油污染，7500 人参加清油排污工作，共清除 $1.00×10^5$t 污染物质，虽然在旅游季节到来之前已将大部分海滨地区清理干净，但还有相当数量的油留在地下，造成这一年的旅游人数比正常年度减少了 150 万，滩涂养殖受到毁坏。2010 年 4 月 20 日，美国墨西哥湾钻井平台"深水地平线"号发生爆炸，随后沉没，造成大量原油外泄。迄今，原油的日漏油量仍无最终结论，漏油之初，英国石油公司曾表示日漏油量为 1000bbl，后修改为 5000bbl。但调查漏油事件的美国科学家估计，每天漏油在 $3.5×10^4 ~ 6×10^4$bbl。在我国，也发生过数次海洋溢油污染事件。1983 年 11 月 25 日，巴拿马"东方大使"号油轮在青岛港搁浅，一次溢油 3343t，造成胶州湾 230km 海岸和 0.7hm^2 滩涂受到严重污染，海水浴场被迫关闭，经济损失近亿元。1993 年 3 月 24 日发生在我国珠江口水域的油轮溢油事故，约有 150t 重质原油涌入海洋，造成了 300km^2 海域和 60km 海岸被污染，直接经济损失达 7000 多万元。2004 年，两艘外籍集装箱轮船在珠江口海域相撞，一艘集装箱船燃油舱破裂，使 450t 重油流入大海，造成直接经济损失达 0.1250 亿美元。2005 年年底，"大庆 91 号"油轮运载珠江口番禺油田石油至锦州途中，因舱裂导致溢油，溢油主要影响到长岛及秦皇岛附近海域。2011 年，我国渤海湾的蓬莱 19-3 油田溢油事故在环境和经济上均造成了恶劣影响。

可见，大型溢油事故的发生频率在不断提高，每次重大事故造成的经济损失达几百万至上千万，给沿海的旅游业和养殖业带来了严重损失，导致海洋生态环境日益恶化。

三、海洋石油污染的危害

石油对水生生物危害很大，当海水中含油量为 0.01mg/L 时，24h 便能使鱼产生油臭味，使蚝变臭的含油量为 1.5mg/L。油还会粘到鱼鳃上或附在卵上，致使鱼类窒息死亡或影响鱼卵的孵化。但石油更主要的危害是其中含有的致癌烃被鱼、贝富集后，通过食物链危害人体健康。据报道，水中的鱼、贝类对有害物质的富集浓度可以达到相应水相浓度的 200 ~ 300 倍。从宏观上看，海洋石油污染会带来的危害包括生态危害和社会危害两大类。

1. 生态危害

影响海气交换。油膜覆盖于海面，阻断氧气和二氧化碳等气体的交换。氧气的交换被阻碍会导致海洋中的氧气消耗后无法由大气补充，二氧化碳交换被阻碍破坏了海洋中二氧化碳的平衡，破坏了海洋从大气中吸收二氧化碳并形成碳酸氢盐和碳酸盐以缓冲海洋 pH 值的功能，从而破坏了海洋中溶解气体的循环平衡。

影响光合作用。石油阻碍阳光射入海洋，使得水温下降，破坏了海洋中氧气和二氧化碳的平衡，这就破坏了光合作用的客观条件。此外，分散油和乳化油侵入海洋植物体内，破坏叶绿素，阻碍细胞正常分裂，堵塞植物呼吸通道，进而破坏了光合作用的进行。

消耗海水中的溶解氧。石油的降解大量消耗水体中的溶解氧，然而海水复氧的主要途径——大气溶氧又被油膜阻碍，因而会直接导致海水缺氧。

毒化作用。石油所含的稠环芳香烃对生物体呈剧毒性，且毒性明显与芳环的数目和烷基化程度有关。烃类经生物富集和食物链传递能进一步加剧其危害，且这方面的危害较明显。

对藻类的影响：海面的油膜能够降低表层海水的日光辐射量，抑制浮游植物的光合作用，导致靠光合作用生长的浮游植物数量减少，从而破坏了海洋食物链的完整性。对鱼类的影响：石油烃中的有毒物质能杀死大量的鱼类，石油会粘在鱼鳃上，使鱼类在短时间内窒息而死，同时油块能粘在鱼卵和幼鱼上，影响其生长发生畸变。对海鸟的危害：海洋石油污染对海鸟的危害最为明显，常常造成海鸟的大量死亡，在海鸟中，石油污染对无飞翔能力的企鹅和飞翔能力弱的海鸭、潜水鸟等鸟类的危害最大，石油对海鸟的影响主要在于它可以渗入或粘住其羽毛，破坏羽毛的组织结构，当海鸟接触到轻度油污染的海水时，海水能侵入平时充满空气的羽毛空间，使羽毛失去隔热性能，且降低浮力，而接触到严重油污染海水的海鸟，会因体重增加而下沉，既游不动也飞不起来。

2. 社会危害

影响渔业生产。由于石油污染会抑制光合作用，降低溶解氧含量，破坏生物生理机能，因此会导致海洋渔业资源逐步衰退。我国近海渔业年产量逐年下降，部分鱼类正濒临灭绝。烃类对于新兴海洋养殖业的伤害也不能忽视，被污染海域使养殖池无法正常换水，恶劣水质会促使养殖对象大量死亡，滩涂贝类也因为污染而大量死亡。海洋中的石油吸附在渔船网具上，会加大清洗难度，降低网具效率，增加捕捞成本，造成巨大的经济损失。

影响工业生产。对于海滩晒盐厂而言，受污染的海水无疑难以使用，对于海水淡化厂及其他需要海水为原料的企业而言，受污染的海水必然会大幅度增加其生产成本。

影响旅游业。海洋石油极易贴近海岸，因而会污染海滩等极具吸引力的海滨娱乐场所，严重影响海滨城市形象。

四、海洋石油污染物的存在形式

溢油污染发生后，石油烃在海面迅速扩散成为一层油膜，在海浪和风力的作用下，油膜越来越薄，面积越来越大，这将有利于石油烃形态的转化。石油污染物在海水中的迁移转化过程如图9-3-1所示。石油中一般有30%~40%的可挥发物质，不同种类的石油烃组分不同，蒸发过程也有差异。一般认为沸点低于37℃的石油烃类几天之内就可以全部蒸发掉，并在大气中发生一系列的光氧化分解。而石油中不易蒸发的高沸点组分则残留于海面上，并且相互凝集，最后形成焦油。残留于海面的油膜，在阳光的照射下，也能发生氧化分解，在强光的照射下有低于10%的烃类被氧化为可溶性物质溶于水中。另外，海洋生物对石油转化的作用也是巨大的，这主要包括两方面的作用：①海洋生物摄取石油烃的代谢作用，即有些海洋动物、植物体内含有转化烃类的酶，能主动或被动吸收或富集石油烃类。②海洋微生物对石油的降解作用，微生物对石油烃的降解方式与石油颗粒的形态、运动和分布有关，溢油污染发生后，土著石油降解菌倾向于降解易降解组分（如饱和烃及小分子的芳香烃），如果仅仅依赖土著石油降解菌的消耗，则溢油的消除可能需要很长的时间。

经过上述转化过程，石油烃类污染物在海水中有3种存在形式：漂浮在海面的油膜（浮油），溶解分散态的石油烃类（包括溶解和乳化状态），凝聚态残余物（包括漂浮在海面的焦油球和沉积物中残留物）。石油污染物不同于其他的可溶性溶质，它具有很强的疏水性，在海水中的溶解度非常小。因此，石油在海水中的存在形态主要是浮油和乳化态的油。其中，浮油占总溢油量的60%~80%，其在海水中的分散颗粒较大，是海洋石油污染物的主要组成部分，并且易于与水分离；乳化态的油在水中的分散颗粒较小，存在形态比较稳定，不易于与海水分离,乳化油的溶解度为 5~15mg/L。

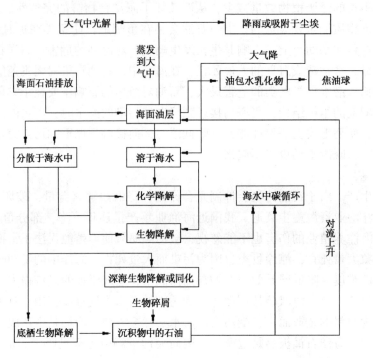

图 9-3-1　石油污染物在海水中的迁移转化示意图

五、海洋石油污染的防治方法及对策

石油烃类作为众多海洋污染物中毒性最大的物质之一,其危害已波及全球,目前,石油烃类已被联合国环境规划署(UNEP)列为重点监控对象之一。就我国而言,石油烃类污染的蔓延应对我国近年海洋生物资源大幅萎缩的情况担负不可推卸的责任,这也直接导致了国民对海洋石油烃类污染的逐步重视。但当前的经济发展将不可避免地造成或轻或重的石油污染,因此,预防和治理成为减少石油污染的根本方法。预防,即通过采取综合措施控制污染源;治理,即对突发性污染事故及时处理。通过有效控制污染产生,并逐步降低受污海域中石油烃类的含量,可逐渐使海洋受污染程度低于海洋自净化能力,达到逐步消除污染的目的。

1. 预防

针对当前海洋污染的治理,是一种治标不治本的途径,为了从根源治理污染,最主要的方法是防患于未然,从预防着手。现在多从以下几个方面采取措施。首先,加强国家及地区立法,及时制订合乎国情的各类标准,强化本国法律的国际认可和实施,以约束石油的生产、运输、排放等行为。同时,协调并加强国家有关部门的内部管理,采取教育培训和法律处罚并重原则,定期检查、整顿海洋石油生产、运输行业,消除油污事故隐患,杜绝超标排放。其次,开发和引进先进的控制和消除海洋石油污染的设备和技术,并在全国范围内推广使用,从源头上控制非故意排放,进而逐步控制石油污染物的排放量,提高含油污水无害处理率。此外,加强环境保护的宣传和安全生产知识的传播。

2. 治理

预防可以根治污染，但当前已有的或突发的污染问题还是需要采用一系列的治理方法。比如突发石油污染事故(钻井井喷、油轮泄漏等)中溢油的量是相当可观的，其危害也远大于慢性输入，其污染面积可达数百到数千平方公里(通常 1t 石油形成的油膜可覆盖 $12km^2$ 的海面)。目前国际上通行的治理及回收石油的技术、方法主要可分为三大类，即物理处理方法、化学处理方法和生物处理法。

1）物理处理法

目前利用物理方法和机械装置消除海面及海岸带油污的效率最高，但对于厚度小于 0.3cm 的薄油层和乳化油效果较差。常用的物理方法有清污船及附属回收装置、围油栏、吸油材料、磁性分离等。

清污船及附属回收装置种类很多，主要用来回收水面的浮油，其工作原理是利用油和水的密度差，用泵汲取油水界面上的油。除采用抽汲原理工作的浮油回收器外，还有吸附式和旋涡式浮油回收装置。其适用范围不完全相同，常根据溢油状况、海况、清污船功能选用设备。但随着海况和气象条件的变化，其回收能力变化较大，条件越恶劣，工作效率越低，甚至一无所获，因而常用于良好海况。

围油栏的作用主要是阻止油的扩散，防止污染海域面积扩大，并使海面的浮油层加厚，以利于油的回收。采用浮体漂浮于水面的围油栏，由浮体、水上部分、水下部分和压载等部分组成。水上部分起围油的作用，水下部分可防止浮油从下部漏出；压载的目的是确保围油栏直立在水中；浮体提供浮力，使围油栏漂浮在水中。围油栏在风大浪急的情况下使用起来比较困难，效率也不够高。因此，一般在港湾内使用。围油栏除了可在发生溢油事故后使用外，还可在港口码头、污水排放口及海滨浴场附近使用，作为预防事故发生的一项措施。除了上述固体围油栏，还有用气体或化学药剂来阻止油扩散的气体围油栏和液体围油栏，在海底敷设气泡发生管，通入高压空气，气泡上升形成气体围油栏。该类围油栏的气孔易被堵塞，应定期进行检查。从飞机或船上向受污海域喷洒化学药剂，药剂入水后能迅速扩散，并抑制油的扩散，形成液体围油栏(也称化学围油栏)，因该类药剂成本过高，故难以在大规模溢油事故中使用。

通过吸油材料处理海上溢油是最早采用的手段之一。吸油材料应该具有如下特征：①表面具有亲油疏水性；②比容大，集油能力强；③在集油状态时能浮在水面。制作吸油材料的原料有：高分子材料(如聚乙烯、聚丙稀、聚酯、聚氨酯等)、无机材料(如硅藻土、珍珠岩、浮石等)及纤维(如稻草、麦杆、木屑、草灰、芦苇)等。

磁性分离法是利用亲油憎水的磁性微粒，当将它撒播在被污海域时，这种磁性微粒迅速溶于油中而使油呈磁性并被磁性回收装置清除。

2）化学处理法

在油膜较薄，难以用机械方法回收油，或可能发生火灾等危急情况下，可以通过向水中喷洒化学药剂的方法进行化学消油。化学处理法有传统化学处理法和现代化学处理法。传统化学处理法为燃烧法，即通过燃烧将大量浮油在短时间内彻底烧净，费用低廉，效果好。但该法也存在不利的一面：不完全燃烧会放出浓烟，其中包括大量芳烃，它们也会污染海洋、大气，且在近岸使用危险甚大。该法多用于外海。

现代化学处理法指通过化学处理剂改变海中油的存在形式，使其凝为油块为机械装置回收，或乳化分散到海水中并自然消除。该法多用于恶劣海况或气象条件下的大面积除油。

化学处理剂包括4类：

(1) 分散剂(又称消油剂)。

是目前应用最广泛的处理剂，适于0.05cm厚度以下油膜。其工作原理是将油粒分散成几微米大的小油滴，使其易于和海水充分混合并利于海水中化学降解和生物降解的发生，从而达到除油的目的。分散剂包括两部分：界面活性剂(促进油乳化形成O/W型乳化液，并分布在油滴界面，防止小油滴重新结合或吸附到其他物质上)和溶剂(溶解活性剂并降低石油黏度，加速活性剂与石油的融合)。活性剂主要为非离子型(常用脂肪酸、聚氟乙烯酯、失水山梨醣醇)，溶剂则用正构烷烃等，这些物质毒性低，不易形成二次污染。消油剂的优势在于使用方便，不受气象、海况影响，是恶劣条件下处理中低浓度油常用分散剂，且使用时有必要考虑它本身的毒性。

分散剂的主要优点是：①可用于恶劣的天气条件下，此时，机械处理受到限制，而强风、急流等却能有效提高分散剂的效力；②可用大型飞机进行大面积的快速处理，对于发生在遥远地区、难以接近的溢油来说，喷洒分散剂是最合适的选择。鉴于以上优点，分散剂得到了广泛应用。

分散剂使用方法主要有两种：在海面上使用及在海岸线上使用。在海面上使用时，可通过安装于船和飞机上的喷洒设备进行喷洒。船舶喷洒分散剂处理速度低，确定油膜准确位置难，且有可能使分散剂喷洒在清洁海面。用飞机在空中喷洒作业可以克服这些不足，并且能够有效监视喷洒效果，因此适应大量的溢油。海岸线上使用分散剂最好是在涨满潮之前进行喷洒，在非潮汐海岸线可以考虑用盐水轻轻冲洗。由于对海岸线上的溢油量进行预测比较困难，在进行大规模清洗作业之前，最好进行小规模清洗作业试验。

(2) 凝油剂。

凝油剂又叫固化剂，是在分散剂之后发展起来的，其优点是毒性低，溢油可回收，不受风浪影响，能有效防止油扩散，提高围油栏和回收装置的使用效率，可使油凝成黏稠物直至油块，或本身可吸油形成一种易于回收的凝聚物质，适用于厚度为0.05~0.3cm的油膜。其工作原理依品种不同而各不相同，如山梨醣醇衍生物类凝油剂对油有先富集再成胶的作用，对轻质油、薄油层均有效，毒性也低；而天然酯类凝油剂撒在油膜上后形成的油包水乳状液黏度高，可用机械方法除去。

(3) 集油剂。

集油剂是一种防止油扩散的界面活性剂，相当于化学围油栏。它是利用其所含的表面活性成分，大大降低水的表面能，改变水、油、空气三相界面张力平衡，驱使油膜变厚，达到控制油膜扩散的作用。但随油膜厚度增加，其效果下降。它对薄油层先汇聚后抑扩散，对1~1.5cm厚度的油层仅能控制扩散，而对厚油层只能降低扩散速度，且每隔一定时间就需追加投料一次，在使用后要及时用物理方法回收。集油剂的活性成分为不挥发的失水山梨醣醇酯、十八碳烯醇等，而溶剂则用低分子醇、酮类。这些成分毒性低，在良好气象条件下特别适用于内海薄油层的清除。

(4) 沉降剂。

可使石油吸附沉降到海底，但这样会将油污染带到水域底部，危害底栖生物，一般仅在深海区使用。

3）生物处理法

用物理方法清除石油，很难去除表面的油膜和海水中的溶解油；采用化学法实际上是向海洋投加人工合成的化学物质，很有可能会造成二次污染。海洋微生物具有数量大、种类多、特异性和适应性强、分布广、世代时间短、比表面积大的特点，用细菌来清除海水中的可溶性油具有物理、化学方法不可比拟的优点。利用生物尤其是微生物来催化降解环境污染物，减少或最终消除环境污染的过程，称为生物修复。在天然环境中存在一些具有降解石油烃类的噬油微生物，它们也是石油烃类的自然归宿之一。

所谓生物处理法，是人工选择、培育，甚至改良这些噬油微生物，然后将其投放到受污海域，进行人工石油烃类生物降解。其机理是依靠微生物细胞的吸收氧化作用，对污染物进行分解、同化，将污染有机物转变为细胞的组成部分，或者转变成水和二氧化碳并排出体外，从而实现对有机污染的处理。在自然环境中，细菌、真菌、酵母菌、霉菌都能参与烃类降解，在海洋中，细菌和酵母菌为主要降解者。目前发现超过 700 种菌类能参与降解。微生物的降解速度与油的运动、分布、形态和体系中的溶解氧含量有关。使用生物降解法的优点在于迅速、无残毒、低成本。但生物在配合使用化学药品除油时生长、繁殖会受化学品的抑制，同时也要选择适当菌种以减小对当地生态系统的影响。

鉴于我国海洋保护实际需要，石油烃类污染研究已有基础，当务之急是应更多地关注、利用已有手段防治我国海域石油烃类的污染问题，保证我国可持续发展战略的顺利实施。

第四节　海洋开发与环境保护

一、海洋开发

海洋开发是指人类为了生存和发展，利用各种技术手段对海洋资源进行调查、勘探、开采、利用的全部活动，人类对海洋的利用已有几千年的历史，由于受到生产条件和技术水平的限制，早期的开发活动主要是用简单的工具在海岸和近海中捕鱼虾、晒海盐，以及海上运输，逐渐形成了海洋渔业、海洋盐业及海洋运输业等传统的海洋开发产业。随着科学技术的进步，人类对海洋资源及其环境的认识有了进一步的提高，海洋开发进入了新的发展阶段，海底石油、天然气和其他固体矿藏的开发，潮汐发电站、风能发电场、海水淡化厂的建立，海洋生物养殖业的发展，以及海洋空间（海上工厂、军事基地）利用等新兴的海洋开发产业逐步发展。海洋的开发是丰富多彩的，目前主要有以下几方面。

1. 海洋生物资源的开发

海洋生物资源又称为海洋渔业资源或海洋水产资源，指海洋中蕴藏的经济动物和植物的群体数量，是有生命、能自行增殖和不断更新的海洋资源。其特点是通过生物个体种和种下群的繁殖、发育、生长和新老替代，使资源不断更新和补充，并通过一定的自我调节能力达到数量相对稳定。因此，海洋生物资源是可再生的资源，它具有生物生产力，这些生物主要指藻类、菌类、鱼、虾等。

2. 海洋矿业资源的开发

海洋矿业资源是指近岸带的滨海砂矿（如砂、贝壳等建筑材料）、金属矿产、海水中的盐类资源（我国海盐产量居世界首位）等。

3. 海洋油气资源的开发

海洋油气资源是指海底石油、天然气资源，由于海洋环境的因素，其开发是一项高投资、高技术难度、高风险的工程，通常采用国际合作和工程招标等方式勘探，利用地震波方法寻找，通过海上钻井估计矿藏类型和分布，分析是否具有开发价值。该资源也是不可再生资源。

4. 海洋能源的开发

海洋能源是指海水所具有的潮汐能、波浪能、海（潮）流能、温差能和盐差能等可再生自然能源的总称，是一种巨大、可再生、清洁的能源，但能量密度小，需采用特殊的转换装置。具有商业开发价值的有潮汐发电和波浪发电，但也投资较大，效益不高。潮汐能就是潮汐运动时产生的能量，是人类利用最早的海洋动力资源。中国在唐朝时沿海地区就出现了利用潮汐来推磨的小作坊。11~12 世纪，法、英等国也出现了潮汐磨坊。到了 20 世纪，潮汐能的魅力达到了高峰，人们开始懂得利用海水上涨下落的潮差能来发电。据估计，全世界的海洋潮汐能约有 $20 \times 10^8 kW$，每年可发电 $12400 \times 10^{12} kW \cdot h$。今天，世界上第一个也是最大的潮汐发电厂就位于法国的英吉利海峡的朗斯河河口，年供电量达 $5.44 \times 10^8 kW \cdot h$。一些专家断言，未来无污染的廉价能源是永恒的潮汐。而另一些专家则着眼于普遍存在的、浮泛在全球潮汐之上的波浪。波浪能主要是由风的作用引起的海水沿水平方向周期性运动而产生的能量。波浪能是巨大的，一个巨浪就可以把 13t 的岩石抛出 20m 高，一个波高 5m，波长 100m 的海浪，在 1m 长的波峰片上就具有 3120kW 的能量，由此可以想象整个海洋的波浪所具有的能量是多么惊人。据计算，全球海洋的波浪能达 $700 \times 10^8 kW$，可供开发利用的为 $20 \times 10^8 \sim 30 \times 10^8 kW$。每年发电量可达 $9 \times 10^{12} kW \cdot h$。但是受当前技术限制，这类能源开发投资大，效益并不高。

5. 海洋空间利用开发

海洋空间是指可供海洋开发利用的海岸、海上、海中和海底空间。

随着世界人口的不断增长，陆地可开发利用空间越来越狭小，并且日见拥挤，而海洋不仅拥有辽阔海面，更拥有无比深厚的海底和潜力巨大的海中。由海上、海中、海底组成的海洋空间资源将带给人类生存发展的新希望。首先是交通运输：海洋交通运输的优点是连续性强、成本低廉，适宜对各种笨重的大宗货物做远距离运输；缺点是速度慢，运输易腐食品需要辅助设备，航行受天气影响大。其次是海上生产空间：海上生产项目建设的优点是可大大节约土地，空间利用代价低，交通运输便利，运费低，能免除道路等基础设施建设费用，冷却水充足，取排方便，价格低廉，可免除污染危害；缺点是基础投资较大，技术难度高，风险大。再次是海底电缆空间（通信、电力输送）：通信电缆包括横越大洋的洲际海底通信电缆，陆地和海上设施间的通信电缆，电力输送主要用于海上建筑物、石油平台等和陆地间的输电。此外，还可提供储藏空间：利用海洋建设仓储设施，具有安全性高、隐蔽性好、交通便利、节约土地等优点。还有海上文化、生活、娱乐空间：随着现代旅游业的兴起，各沿海国家和地区纷纷重视开发海洋空间的旅游和娱乐功能，利用海底、海中、海面进行娱乐和知识相结合的旅游中心综合开发建设，如日本东京附近的海底封闭公园，游人可直接观赏海下的奇妙世界，美国利用海岸、海岛开发了集游览和自然保护为一体的保护区公园。

二、环境保护

海洋是全球生命支持系统的一个基本组成部分，是一种有助于实现可持续发展的宝贵财富，是解决世界性人口膨胀、陆地资源短缺和环境污染的重要出路。海洋经济不仅涉及对海洋资源的开发和利用，同时关系到一国的主权和权益。因此，从战略高度确定海洋开发基本战略，保护海洋环境，大力发展海洋经济，是我们面临的重大战略选择。

为了保护海洋环境及资源，防止污染损害，保护生态平衡，保障人体健康，促进海洋事业的发展，我国于 1982 年颁布了《中华人民共和国海洋环境保护法》，明确规定进入中华人民共和国管辖海域的一切单位和个人，都有责任保护海洋环境，并有义务对污染损害海洋环境的行为进行监督和检举。因此，无论是从道德还是从法律的角度，都应该树立保护环境的责任。《中华人民共和国海洋环境保护法》要求防止海岸工程对海洋环境的污染损害，防止海洋石油勘探开发对海洋环境的污染损害，防止陆源污染物对海洋环境的污染损害等。

中国政府高度重视对海洋环境的保护和海洋事业的健康发展，在发展海洋经济的同时，提出了"适度快速开发""海陆一体化""科技兴海""协调发展""生态优先，绿色发展"的战略原则；积极响应国际社会对海洋环境保护不断高涨的呼声，在海洋战略和对策中，对中国21 世纪的海洋提出了建设良性循环的海洋生态系统，形成科学合理的海洋开发体系，促进海洋经济持续发展的总体目标，并在《国家中长期科学和技术发展规划纲要》中，将"环境污染形成机理与控制原理，海洋资源可持续利用与海洋生态环境保护"等列入了面向国家重大战略需求的基础研究中；在"十一五"规划中提出"建设资源节约型、环境友好型社会"的目标，"基本遏制生态环境恶化的趋势"，实现"经济、社会、环境保护协调发展"等；利用船舶、海监飞机和卫星遥感等技术手段对近海海域的海洋环境进行监测和监视，进行海洋功能区划，加强海洋的综合管理；在"十二五"规划中提出要"加大环境保护力度"，做到"陆海统筹""统筹海洋环境保护与陆源污染防治，加强海洋生态系统保护和修复""建设资源节约型、环境友好型社会"，走"可持续发展之路"等；在"十三五"规划中又再次提出要"加快建设资源节约型环境友好型社会"，强调节约资源和保护环境的重要性，要求全社会都来关心"加强海洋资源环境保护""科学开发海洋资源，保护海洋生态环境"，同时"积极应对全球气候变化""有效控制温室气体排放"等，明确提出今后要进一步完善海洋生态环境保护制度，通过建立海洋生态红线制度，科学控制海洋开发强度，严格控制沿海围填海规模和海洋渔业捕捞强度，加强对陆源污染物的排放控制，在对海洋污染实现总量控制的基础上实现与浓度控制相结合，达到由末端控制过渡到全过程控制的污染防治管理目标，加快改善海洋生态环境。

此外，相关的涉海行政法规（《中华人民共和国渔业法实施细则》《中华人民共和国海洋石油勘探开发环境保护管理条例》《防治海洋工程建设项目污染损害海洋环境管理条例》《防治海岸工程建设项目污染损害海洋环境管理条例》《防治陆源污染物污染损害海洋环境管理条例》等）、部门规章（《中华人民共和国海洋石油勘探开发环境保护管理条例实施办法》（1990 年 9 月 20 日公布）、《中华人民共和国海洋倾废管理条例实施办法》（1990 年 9 月 25 日公布）、《铺设海底电缆管道管理规定实施办法》（1992 年 8 月 26 日公布）、《海洋行政处罚实施办法》（2002 年 12 月 25 日公布）、《海底电缆管道保护规定》（2004 年 1 月 9 日公布）、《委托签发废弃物海洋倾倒许可证管理办法》（2004 年 10 月 20 日公布）、《海域使用管理违法违纪行为处分规定》）、地方法规（《辽宁省海洋环境保护办法》《山东省海洋环境保护条例》《江苏省海洋环境保护条例》《浙江省海洋环境保护条例》《福建省海洋环境保护条例》《广东省实施〈中华人民共和国海洋环境保护法〉办法》《深圳经济特区海域污染防治条例》《上海市金山三岛海洋生态自然保护区管理办法》《海南省海洋环境保护规定》)也对具体的保护海洋环境和合理开发海洋资源作了具体的要求。

对于围填海、人工岛、海洋矿产资源勘探开发、海洋能源开发利用工程、海水综合利用工程等容易造成污染与损害海洋环境的各类海洋工程建设活动,国家颁布了《防治海洋工程建设项目污染损害海洋环境管理条例》,并于 2006 年 11 月 1 日起正式实施,要求各项海洋工程建设项目在建设前必须进行环境影响评价,对围填海工程必须举行听证会等,以利于防治和减轻海洋工程建设对海洋环境的污染损害,维护海洋生态平衡,保护海洋资源。对大规模围填海及海洋工程等造成的海岸带损害需要进行整治和修复,提出生态保护措施,采用生态修复技术,建立海洋生态补偿和损害赔偿制度,增强海岸抵抗灾害的能力,保护沿海地区人民的生命和财产安全,保护海洋生态系统,实现人类社会的可持续发展。

三、海上钻井对环境的污染及治理

1. 钻屑

1) 钻屑污染

钻屑指钻井过程中被钻头破坏、通过泥浆循环携带回地面的地层岩屑。由于混杂有泥浆和油类物质,钻屑对海洋环境可以造成污染。通常,我们希望海上石油钻井使用水基泥浆,但若遇复杂地层或有特殊钻井润滑性能要求,有时必须使用油基钻井液或含油钻井液添加剂,钻进过程中必然会产生大量的含油钻屑。若含油钻屑不经处理就排放入海,则会对海洋环境造成严重危害,主要危害包括:①钻屑上脱落下来的部分油类会在海面上形成油膜,影响海水与大气的交换,降低海水中的溶解氧,造成海洋生物呼吸困难;②油类及其分解产物中,存在着多种有毒物质(如多环芳烃等),这些物质最终会通过生物链的形式进入人体,危害人体健康;③大面积的海洋浮油还会随风飘浮,造成水质变差,影响旅游业、渔业等。

2) 海上钻屑处理技术

(1) 钻屑回注技术:将含油钻屑注入到环形空间或安全地层,这种方法能比较彻底地解决废弃钻井液及含油钻屑的环境污染问题。在我国,蓬莱 19-3 油田在Ⅰ期开发中,共计 24 口井选用低毒油基钻井液钻进生产井段,为了不污染渤海湾的海洋环境,首次在国内油田的开发中使用钻屑回注技术,并实现了油基钻井液在海上油田应用的零排放。

(2) 热处理(蒸馏)法:由阿莫科(Amoco)生产公司研制,该方法是将含油钻屑加入到圆柱形的旋转蒸馏器中,使蒸馏器旋转并在其外侧用燃烧器加热,在加热过程中含油钻屑在圆筒中翻滚,直至加热到大部分液体(油和水)的蒸发点,使油水蒸发并进行冷凝收集,剩余钻屑的含油量大大减少,可直接排放,但该法处理成本较高。

(3) 钻屑清洗方法:英国石油公司下属的化学公司研制出一种超级润湿清洗剂,这是一种置换剂,能够润湿油污钻屑表面,并把油置换出来。这种清洗剂的处理效果优于各种常用的化学清洗剂,可以使含油钻屑的含油量从 20%降低到 5%。

(4) 运回岸上处理:美国 Clyde Materials Handling 公司研制出一种新型 Clean Cut 闭式钻屑清除系统,这种系统是在完全封闭的情况下将钻屑由振动筛输送到储罐,再由储罐输送到船上,然后由船运往陆地接收站(即钻屑处理厂)进行处理。

2. 废弃泥浆

(1) 泥浆污染:指钻井生产过程中或完工后弃置的泥浆或无法使用的泥浆,由于组分不同，泥浆对海洋环境的影响差别很大。一般而言，海上钻井提倡使用水基泥浆。分析其成分可知，废弃泥浆所含的污染物主要有油类、盐类、重金属元素及有机硫化物和有机磷化物等，对海洋环境影响最大的是其中的重金属成分，因为它们在很长时间内都不会分解。在我国现有条件下，对水基不含任何油类的无毒无害泥浆，一般就地排放，但对含有油类的泥浆，《中华人民共和国海洋环境保护法》规定："油基泥浆和乳化泥浆及其他残油、废油、含油垃圾不得排放入海，应采取回收的措施处理。"

（2）泥浆处理：非水基钻井液的处理方法主要有 NAF 钻井废物的岸上处理，NAF 钻井废物的回注。为了满足零排放的要求，John 等提出了具体的钻井液循环使用和钻屑处置方案，但需考虑经济成本因素。

3. 废水

海上钻井废水主要包括机械废水、平台冲洗废水和普通生活废水，其主要污染物质是油类、挥发酚、COD、悬浮物、BOD、有机硫化物和大肠杆菌等，这些污染物质将对海洋中的生态系统造成威胁。

处理方法：对于机械废水、冲洗废水，其中油类一般采用平台的油污水处理设备处理后达标排放；对于生活污水，通过平台的生活污水处理设备将大肠杆菌杀死后达标排放。

4. 噪声

钻井中的噪声来源主要包括：①柴油机组、钻井泵组、钻机、振动筛及生产过程中各种机械设备运转时所发出的噪声；②起下钻具、下套管等操作所发出的撞击噪声，底座与基础、转盘与方补心等各种振动冲击噪声；③气控钻机及快速放气阀工作时产生的气流噪声。

噪声对海洋环境的影响已经非常严重。据科学家调查，石油平台钻探时的金属"咔嚓"声和颤动声，最高时可达 108dB，而人耳的痛阈为 120dB，因此噪声对海洋生物可造成巨大危害。为降低钻井噪声，可通过提高钻井设备精度，加强设备保养维护，熟练操作，提高作业精度，认真作业，减少钻具碰撞，密切注意地层压力变化等，以达到减少和控制噪声的目的，减少对海洋环境和人体的影响。

5. 弃置钻井平台

平台所有者在海上石油平台弃置活动中，为了节省资金，往往不去拆除可能造成海洋环境污染的设备和设施，因而妨碍了海洋其他主导功能的使用；或者在平台弃置作业期间不注重海洋环境保护，不封采油井口，任由地层内的流体流出海底，因而对海洋环境造成了污染损害。为此，首先应该加强法规建设，从法律上约束弃置平台对海洋环境的伤害；其次，可以考虑二次利用废弃平台，例如，20 世纪挪威海上石油勘探开发企业利用弃置平台开展了深海养殖。

四、应用钻井新技术控制海洋环境污染

1. 开发应用环保型钻井液及其添加剂，优化钻井液设计

20 世纪 90 年代以来，国内外相继开发出甲酸盐钻井液体系、合成基钻井液及 MEG 甲基葡萄糖酸苷钻井液体系等，其特点是生物毒性低、容易生物降解，对环境影响小，目前已在部分油田小范围应用。但这些钻井液体系仍存在成本较高或不能完全满足钻井工程的需要等不足，大面积推广应用仍需要进行改进和完善。就钻井液添加剂而言，毒性最大的是润滑剂和解卡剂，而加重剂、增黏剂、降滤失剂等都是低毒或无毒的，并且易生物降解。因此，

未来的研究方向是无毒或低毒添加剂的开发应用。

2. 应用钻井新技术控制污染

(1)采用小井眼钻井工艺:当钻井深度一定时,井眼尺寸越小,废钻井液和钻屑的产生量越小。

(2)采用新型固控设施:固相控制系统的组成要依靠使用钻井液的类型、所钻的地层、钻平台机上可用的设备和处理的特殊要求来综合确定。

(3)采用分支井钻井技术:分支井在环境保护方面的优点是能够减少钻井液的用量,从而减少废弃钻井液的产生量;可减少钻井岩屑的产生量,减少对环境的污染;可减少钻井作业的时间,减少废气排放量。

(4)研究和开发就地处理处置钻井液及其废弃物的新技术、新工艺。

(5)积极开发废弃物回收利用技术。

第五节　安全生产

为了保证海洋开发人员的生命安全和财产安全,海洋开发要有相应的安全生产设施,安全生产设施必须符合严格的标准,且检验合格后才能装备到海上设施中。从业人员应该掌握这些安全环保设施的性能和使用方法,海上石油安全生产设施按功能主要划分为消防系统、逃生救生系统、报警系统、救援系统、安全附件系统、环保系统等。这些系统是安全生产的重要因素和保障。

一、消防系统

消防系统是海上安全生产的重要安全设施,在石油开采平台或船舶上发生火灾时,起灭火作用,能有效减少人员伤害和财产损失。

火灾是物质燃烧失去控制所造成的灾害,可分为 A、B、C、D、E 5 类:A 类火灾是指固体物质燃烧导致的火灾,如木材、棉、毛等产生的火灾;B 类火灾是指液体或可融化的固体物质燃烧导致的火灾,如原油、乙醇、石蜡等产生的火灾;C 类火灾是指气体燃烧导致火灾,如天然气、甲烷、氢气等产生的火灾;D 类火灾指金属燃烧导致火灾,如钾、钠、镁、铝镁合金等产生的火灾;E 类火灾指带电设备产生的火灾,如发电机、电器等产生的火灾。针对不同的火灾,应该采取不同的消防系统。消防系统设施种类很多,目前,按所使用的灭火剂不同可分为水灭火系统、泡沫灭火系统、二氧化碳灭火系统、干粉灭火系统;按能否移动可分为固定灭火装置、移动灭火装置及半固定灭火装置。各消防系统是根据设计要求分布和设置数量的,以满足灭火的需要。本小节就水灭火系统、泡沫灭火系统、二氧化碳灭火系统、干粉灭火系统作简单介绍。

1. 水灭火系统

海上应用的水灭火系统多以海水为灭火介质,利用海水及海水受热产生的水蒸气减少燃烧区的空气,使燃烧因缺氧而熄灭。再用水灭火时,加压水能喷射到较远的地方,具有较大的冲击作用,能将燃烧部分与未燃烧部分分开,通过冷却和窒息作用进行灭火。该灭火系统容易产生水渍损失和造成污染,且不能用于带电火灾。

水灭火系统主要由消防泵、管网、水幕或喷淋用喷头、控制阀、控制系统、消防栓、辅助消防用具等组成。其中，消防泵是消防系统的核心设备，是整个消防系统管网供水的动力；管网是专门输送消防用水的管路，一般应采用双路供水，长距离的钢制管网应安装膨胀节或软管，以防热胀冷缩；控制阀是管路的启闭控制部分，可实现遥控或自动控制；水幕系统是由管道、控制阀、喷头组成的喷水系统；消防栓与消防水龙带连接灭火，同时通过阀门控制水压与水量。

2. 泡沫灭火系统

对于油类火灾一般采用泡沫灭火系统。它是采用机械或化学反应法产生的泡沫灭火剂灭火的系统，泡沫体积小，相对密度远小于一般燃烧液体，可漂浮于燃烧液体表面，形成保护层，阻断空气，达到窒息灭火的目的。它主要用于熄灭一般可燃、易燃液体，如原油火灾；由于泡沫有一定黏性，能黏附于固体表面，因此对固体火灾也有一定效果。

泡沫灭火剂分为化学泡沫和空气泡沫两大类。其中，空气泡沫可以通过机械方法将与水的混合液搅动产生泡沫，故也称为机械泡沫灭火剂，根据发泡倍数又分为低、中、高倍数 3 种。低倍数泡沫灭火剂发泡数在 20 倍以下，高倍数泡沫灭火剂发泡数在 500～1000 倍。

泡沫灭火系统一般由泡沫液压力贮罐、泡沫压力比例混合器、泡沫液、管网、空气泡沫产生器、泡沫枪、泡沫炮、消防栓及附件等组成。泡沫液压力贮罐是专门储存泡沫液的装置，需要定期检验。泡沫压力比例混合器是用于混合海水和灭火剂的设备，它由喷嘴、扩散管、孔板等组成，耐腐蚀性强。空气泡沫产生器是产生空气泡沫的灭火设备，由壳体、泡沫喷管和导板 3 部分组成。泡沫枪和炮是一种移动式、轻便的灭火消防枪。消防栓和水消防灭火系统作用相同。

3. 二氧化碳灭火系统

二氧化碳灭火系统是利用二氧化碳既不能燃烧，也不支持燃烧的阻燃性质，隔离空气和燃烧物从而使燃烧缺氧而逐渐熄灭。该系统由二氧化碳气瓶部分、遥控施放部分、施放光路部分组成。二氧化碳气瓶部分由气瓶组、瓶头阀、支座组成；遥控施放部分由遥控施放站、氮气瓶等组成；施放光路部分主要有管路、施放阀、止回阀、压力信号发送器、喷头、背压阀和火灾监视器等组成。二氧化碳灭火器主要用于扑救贵重设备、档案资料、仪器仪表、600V 以下电气设备及油类的初起火灾。

4. 干粉灭火系统

干粉灭火系统是采用干燥且易流动的无机盐和添加剂微细粉末作为灭火剂的灭火系统。它是一种在消防中得到广泛应用的灭火剂，且主要用于灭火器中。除扑救金属火灾的专用干粉化学灭火剂外，干粉灭火剂一般分为 BC 干粉(碳酸氢钠)和 ABC 干粉(磷酸铵盐)两大类：一是靠干粉中无机盐的挥发性分解物，与燃烧过程中燃料所产生的自由基或活性基团发生化学抑制和副催化作用，使燃烧的链反应中断而灭火；二是靠干粉的粉末落在可燃物表面外，发生化学反应，并在高温作用下形成一层玻璃状覆盖层，从而隔绝氧，进而窒息灭火。另外，还有部分稀释氧和冷却的作用。干粉灭火系统主要由干粉储存罐、释放阀、减压器、动力气瓶、容器阀、安全阀、分配选择阀、单向阀、集流管、管网及电气控制柜等组成，与二氧化碳灭火系统有相似的地方。

二、逃生救生系统

海上逃生救生系统是海上工作人员发生意外时能发挥逃生救生作用的重要设施，主要包括救生艇、救生筏、救生衣、救生圈、烟雾信号、辅助设施等，具体分类如图9-5-1所示。

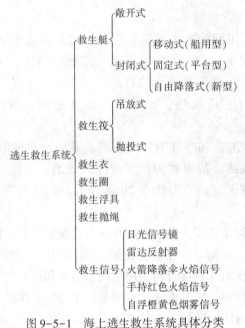

图9-5-1　海上逃生救生系统具体分类

1. 救生艇

救生艇是配备动力、乘坐人数较多的海上逃生设备。按照结构不同通常可分为敞开式救生艇[图9-5-2(a)]和封闭式救生艇[图9-5-2(b)]。敞开式、封闭式救生艇性能对比如表9-5-1所示。

(a)敞开式救生艇

(b)封闭式救生艇

图9-5-2　救生艇

表 9-5-1　敞开式、封闭式救生艇性能对比

艇　型	优　点	缺　点	空气维持系统，喷水防火系统
敞开式救生艇	上层较宽敞，人员登艇无障碍，艇内活动方便，操作简单	无顶篷，人员暴露于自然环境中，易受到海水、寒冷天气、烈日曝晒威胁；被风浪打翻后，难以自行扶正	无
封闭式救生艇	有固定的顶篷，可保护船员不受风浪、冷、热的伤害；有自行扶正的能力	进出口太小，给高大体壮的船员进出带来不便，艇内瞭望人员观察场所的窗口小	有

救生艇主要包括艇体、发动机、操纵系统、排污系统、喷淋系统、属具等，是海上关键的逃生救生设备。

2. 救生筏

救生筏是无动力的海上逃生设备，是用人工合成材料制成的现代筏船，包括金属管、复合管、塑料管、合成树脂或玻璃纤维管等材料（图 9-5-3）。救生筏首部设有艏缆，它是在救生筏与固定物之间起连接作用的缆绳。救生筏在载足额定乘员和全部属具后要保持正常的漂浮状态。救生筏的管腔浮胎应至少分隔成两个独立气室，浮胎的设置应能在任一气室受到损坏时，救生筏仍能正常使用。救生筏总质量不应超过 185kg，外观应匀称、色泽均匀，不得有开胶、离层、气泡等影响使用的缺陷，能在 $-10\sim65℃$ 环境温度下存放而不致损坏，并能在 $-1\sim30℃$ 水温度范围内使用。

图 9-5-3　救生筏

3. 救生圈

救生圈是指水上救生设备的一种，通常由软木、泡沫塑料或其他密度较小的轻型材

料制成,外面包上帆布、塑料等(图9-5-4)。现在国内救生圈产品的主要种类有聚苯乙烯包布救生圈、聚氨酯聚乙烯复合救生圈和结皮型聚乙烯救生圈3种。救生圈外径应不大于800mm,内径应不小于400mm,其外围应装有直径不小于9.5mm、长度不小于救生圈外径4倍的可浮把手索,此索应紧固在圈体周边4个等距位置上,并形成4个等长的索环。救生圈质量应大于2.5kg,配有自发烟雾信号和自亮浮灯所附速抛装置的救生圈,质量应大于4kg。

4. 救生衣

救生衣又称救生背心,是一种救护生命的服装,设计类似背心,采用尼龙面料或氯丁橡胶、浮力材料或可充气的材料及反光材料等制作而成。救生衣一般使用年限为5~7年,是船上救生设备之一(图9-5-5),一般为背心式,用泡沫塑料或软木等制成,穿在身上具有足够浮力,使落水者头部能露出水面。一般使用的都属于海用救生衣,其内部采用EVA发泡素材,经过压缩3D立体成型,其厚度为4cm左右(国内产的为5~6片薄发材料,厚约5~7cm)。按照标准规格生产的救生衣,都有其浮力标准:一般成年人为7.5kg/24h,儿童则为5kg/24h,这样才能确保胸部以上浮出水面。救生衣表面采用耐水和透气性较好的材料,挑选时除了注意其浮力外,还要注意跨带接口有无破损,以防入水后无重力上浮。救生衣中鲜艳的颜色或者带有荧光成分的颜色,会对人们的视神经有一定的刺激效果,这样穿着救生衣时一旦发生事故,则很容易被人发现,并尽快实施救援。

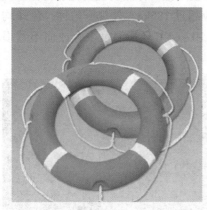

图9-5-4　救生圈

图9-5-5　救生衣

5. 烟雾求生信号

烟雾求生信号是在紧急情况下通过施放火焰烟火信号告知施救位置的救生用具,主要有火箭降落伞火焰信号、橙色烟雾信号、手持火焰信号。火箭降落伞火焰信号是向空中发射至一定高度后,能悬挂于降落伞下持续燃烧一定时间,并发出具有一定发光强度的红光,且以缓慢速度降落的求救信号(图9-5-6)。橙色烟雾信号发烟时间大于3min,可见距离大于两海里(图9-5-7)。手持火焰信号燃烧时间大于1min,浸入水下10cm、历时10s后仍能燃烧。

6. 救援系统

海上出现事故或突发事件时,需要一些大型的救援设备,组成强大的救援力量进行救助。海洋石油勘探开发作业拥有的较先进的救援工具和设备包括直升机(图9-5-8)、专用救援船舶(图9-5-9)等。

图 9-5-6　火箭降落伞火焰信号　　　　　　　　　图 9-5-7　手持火焰信号

图 9-5-8　直升机　　　　　　　　　　　　图 9-5-9　专用救援船舶

直升飞机是海洋石油作业常用的交通工具之一，它能在任何场地上起降，反应迅速，特别是在抢险救灾、抢救伤病员或撤离台风时，往往都要用到直升飞机。直升机是非常成熟的交通工具，具有很高的安全性。专用救援船舶也是比较常用的救援工具，具有在各种气象、海况条件下航行的安全性、稳定性和操纵的灵活性，其配备的先进的搜寻和救助设备及通讯导航设备为救援提供了充分的条件。救援时，一般是根据不同海域和自身情况，选择救援工具与设备，最大限度地实现海上救援，保障人员的生命安全。

除了海洋石油勘探开发作业拥有的救援设备外，国家海事局负责救助的直升机和救助船及附近部队的救助工具，也可以作为救援力量。

三、报警系统

1. 可燃气体报警系统

可燃气体报警系统是海上石油设施上普遍配备的用于检测可燃气体的专用设备系统（图9-5-10）。该系统主要包括可燃气体探测器和报警控制盘。可燃气体探测器主要检测空气中的可燃气体，有催化燃烧式和红外线式两种。催化燃烧式探测器的工作原理是可燃气体扩散

图 9-5-10　工业用可燃气体报警器

到检测元件上时，迅速进行无火焰燃烧，产生热，使内部电路电阻值增大，输出一个变化电压信号，这个电压信号大小与可燃气体浓度成正比，经过两级放大后，经电压电流转换电路，将变化的电压信号转变为电流信号输出给控制器。红外线式探测器的工作原理是红外光学原理对可燃气体进行探测。

一般对于封闭空间而言，可燃气体探测器安装高度为 2.4m，探测范围约 $36m^2$。在可能泄露可燃气体的设备附近和空间死角处，应至少设置一个探测器，探测器应尽可能面向可燃气体飘来的方向，具体安装高度根据可燃气体的相对密度来确定。

可燃气体控制盘的基本技术指标应达到基本误差小于 10%nF·S(满刻度)，精密度不超过基本误差的 1/3，零点漂移小于仪表满刻度±4%，电压电源发生±10%变化时，报警器精度下降。

2. 火灾报警系统

火灾报警系统(图 9-5-11、图 9-5-12)，一般由火灾探测器、区域报警器和集中报警器组成，也可以根据工程的要求同各种灭火设施和通讯装置联动，以形成中心控制系统，即由自动报警、自动灭火、安全疏散诱导、系统过程显示、消防档案管理等组成一个完整的消防控制系统。火灾探测器是探测火灾的仪器，在火灾发生阶段，将产生烟雾、高温格火光，这些烟、热和光可以通过探测器转变为电信号报警或使自动灭火系统启动，及时扑灭火灾。区域报警器能将所在楼层之探测器发出的信号转换为声光报警，并在屏幕上显示出火灾的房间号；同时还能监视若干楼层的集中报警器(如果用于监视整个大楼则设于消防控制中心)输出信号或控制自动灭火系统。集中报警是将接收到的信号以声、光形式显示出来，其屏幕上也具体显示出着火的楼层和房间号，机上停走的时钟记录下首次报警时间，利用本机专用电话，还可迅速发出指示和向消防队报警。此外，也可以控制有关的灭火系统或将火灾信号传输给消防控制室。火灾探测器可分为感温式探测器、感烟式探测器、光辐射式探测器，其主要区别是分别根据探测区温度不同、烟浓度不同、光感不同来划分与探测。

图 9-5-11　普通火灾报警器

图 9-5-12　船用火灾报警器

探测器应布置在最佳功能位置，避免突出的结构物遮挡探测器。如感烟探测器一般应设在被探测部位的顶部，离开舱壁的距离至少为 0.5m，但不得大于 5.5m，单个探测器保护的面积一般不小于 74m²。感温类探头应靠近或对准可燃材料的地方，单个保护面积为 37m²。感光探测器的布置原则是每个失火点的火光应至少被一个探头探到。对容易失效的探测器，可配两个或两个以上。

四、安全附件

海上一般配备压力容器、锅炉、起重机、储油罐等特殊设备，一旦发生事故，将造成严重的后果，影响大，损失严重。为了预防事故的发生，保障特种设备和危险设施的正常运行，会配有一些具有安全保护作用的安全附件。

1. 压力容器和锅炉安全附件

压力容器和锅炉的安全附件主要有安全阀、压力表、液位计、水位计、防爆门、排污阀等。这些附件是压力容器、锅炉正常运行不可缺少的组成部分，特别是安全阀、压力表、液位计(水位计)是压力容器和锅炉安全运行的基本附件，对压力容器和锅炉的安全运行极为重要。

安全阀广泛应用在各种压力容器、锅炉和管道等压力系统上，当受压系统压力超过规定值时自动开启，通过向系统外排放介质来防止压力系统内介质压力超过规定数值，对人身安全和设备运行起重要保护作用。安全阀结构主要有两大类：弹簧式和杠杆式。使用比较普遍的是弹簧式安全阀。弹簧式是指阀瓣与阀座的密封靠弹簧的作用力；杠杆式是靠杠杆和重锤的作用力。安全阀垂直安装于安全压力容器和锅炉的顶部，需要定期检验，选用时应根据工艺条件和工作介质的特性选择恰当型式的安全阀，选择合适工作压力范围、排气量的安全阀，以保证设备和安全阀的安全运行。

压力表是监控容器内部压力大小的安全附件，一般合适的压力表表盘刻度极限值应为工作压力的 1.5~3 倍，一般选用 2 倍左右量程的压力表。压力表安装、检验和维护应符合国家有关标准要求，易于观察和清洁，防止受高温、冷冻和振动影响，同时定期检查。

液位计是监控压力容器和锅炉液位的安全附件。通过液位计，工作人员可以及时掌握系统内液位的变化情况，便于根据需要及时调控。液位计有最高、最低安全液位的明显标志，为压力设备的安全运行发挥了重要作用。

2. 起重机安全附件

起重机是海上石油设施的重要特种设备之一，为确保其安全运转，应当配有限位器、报警器等重要的安全附件。限位器分为重量限位器、行程限位器、高度限位器、风速仪等。起重机一般应安装重量限位器和力矩限制器，当负载达到额定起质量的 90% 时，能发出提示性报警信号。对于回转部分的起重机应安装回转限制器，以保证其自由旋转。另外，起重机必须设置紧急断电开关，在紧急情况下，应能切断起重机总控制电源，确保操作安全。

3. 储罐安全附件

储罐是海上石油设施中储存原油的设施，为了保障储罐的安全，应当安装阻火器、呼吸阀、液压式安全阀等安全附件。阻火器安装在原油、柴油、甲苯、轻质油等固定式储罐上，通常与呼吸阀配套或单独使用，其功能是允许易燃易爆气体通过，对火焰有窒息作用。呼吸阀是安装在原油、轻柴油、芳烃等固定式储罐上的通风装置，通常与阻火器配套使用，用来保证罐内压力的正常状态，防止罐内超压或超真空而损坏。

五、环保系统设施

海洋石油设施中的环保设施是进行油污水处理，减少和消除海洋环境污染，保护海洋环境的设施，主要有油污水分离装置、生活污水处理装置、溢油回收设施等。

1. 油污水分离装置

油污水分离装置用于处理海上石油平台或船舶舱底水、油舱压载水或其他油污水，使排放水达到规定的防止水域污染的排放要求的装置。这类装置分离原理分为两类：一类是根据油、水的密度差，利用机械重力原理分离；另一类是利用过滤原理分离，即采用膜系统和吸附系统分离。

2. 生活污水处理装置

生活污水处理装置是海洋石油设施中对产生的生活废水处理后达标排放的专用环保设施。一般有 3 种不同类型的生活污水处理系统，即生活污水处理装置、粉碎与消毒系统和储存柜。生活污水处理装置的处理方法有生化法、物理化学法、电化学法等多种处理方法。这些设施的运行为降低海洋污染做出了贡献。

3. 溢油回收设施

海洋出现溢油和漏油事故时，要进行消油或回收，以防止或减少油污染给海洋环境造成的破坏，溢油处理的方法按性质可分为物理法、机械法、化学法和生物法 4 类。溢油回收设施和用具主要有围油栏、收油机、收油网、吸油毡、储油囊等。物理法主要使用围油栏、吸油毡，使用围油栏是常用方法之一；机械法的主要装置是撇油器，是水面捕油的机械装置；化学法主要有燃烧法、消油剂分解法等；生物法是利用生物降解、氧化消耗溢油，而不是回收利用。

参 考 文 献

[1] 廖谟圣. 海洋石油钻采工程技术与装备[M]. 北京：中国石化出版社，2010.

[2] 李学富，潘斌. 海上油气开发——埕岛油田技术集萃[M]. 上海：上海交通大学出版社，2009.

[3] 中国石油和石化工程研究会. 海洋石油开发[M]. 北京：中国石化出版社，2006.

[4] 丛岩，赵国良. 海洋石油设备基础知识[M]. 北京：中国石化出版社，2005.

[5] 《海洋石油工程设计指南》编委会. 海洋石油工程设计概论与工艺设计[M]. 北京：石油工业出版社，2007.

[6] 中国石油和石化工程研究会. 海洋石油勘探[M]. 北京：中国石化出版社，2006.

[7] 李治彬. 海洋工程结构[M]. 哈尔滨：哈尔滨工程大学出版社，1999.

[8] 徐兴平. 海洋石油工程概论[M]. 东营：中国石油大学出版社，2007.

[9] 谢梅波，赵金洲，王永清. 海上油气田开发工程技术和管理[M]. 北京：石油工业出版社，2005.

[10] 廖谟圣. 海洋石油开发[M]. 北京：中国石化出版社，2006.

[11] 张钧，余克让. 海上油气田完井手册[M]. 北京：石油工业出版社，1998.

[12] 徐建宁，屈文涛. 螺杆泵集输技术[M]. 北京：石油工业出版社，2006.

[13] 孙丽萍，聂武. 海洋工程概论[M]. 哈尔滨：哈尔滨工程大学出版社，2000.

[14] 陈光进，孙长宇，马庆兰. 气体水合物科学与技术[M]. 北京：化学工业出版社，2008.

[15] 金庆焕，张光学，杨木壮，等. 天然气水合物资源概论[M]. 北京：科学出版社，2006.

[16] 陆红峰，孙晓明，张美. 南海天然气水合物沉积物矿物学和地球化学[M]. 北京：科学出版社，2011.

[17] 卓诚裕. 海洋油污染防治技术[M]. 北京：国防工业出版社，1996.

[18] 陈国华. 水体油污染治理[M]. 北京：化学工业出版社，2002.

[19] 夏文香. 海水—沙滩界面石油污染与净化过程研究[D]. 青岛：中国海洋大学，2005.

[20] 陈丽丽. 可降解材料及钙基膨润土对海水中石油的吸附研究[D]. 青岛：青岛理工大学，2010.

[21] 陈东星. 钻井工程新工艺、新技术与设备检修实用手册[M]. 合肥：安徽文化音像出版社，2004.

[22] 孙东昌，潘斌. 海洋自升式移动平台设计与研究[M]. 上海：上海交通大学出版社，2008.

[23] 方华灿. 海洋石油钻采装备与结构[M]. 北京：石油工业出版社，1990.

[24] 方华灿. 海洋石油工程[M]. 北京：石油工业出版社，2010.

[25] 亢峻星. 海洋石油钻井与升沉补偿装置[M]. 北京：海洋出版社，2017.

[26] 陈建民，李淑民，韩志勇. 海洋石油工程[M]. 北京：石油工业出版社，2015.

[27] 陈建民，娄敏，王天霖. 海洋石油平台设计[M]. 北京：石油工业出版社，2012.

[28] 张红玲. 海洋油气开采原理与技术[M]. 北京：石油工业出版社，2013.

[29] 王国荣，马海峰，胡琴，等. 海洋油气开发工艺与设备概论[M]. 北京：石油工业出版社，2016.

[30] 邓雄，刘音颂，李睿. 海洋油气集输工程[M]. 北京：石油工业出版社，2016.

[31] 曾一非. 海洋工程环境[M]. 2版. 上海：上海交通大学出版社，2016.

[32] 海洋钻井手册编审组. 海洋钻井手册[R]. 北京：中国海洋石油总公司，1996.

[33] 陈新权. 深海半潜式平台初步设计中的若干关键问题研究[D]. 上海：上海交通大学，2007.

[34] 王洋. 自升式平台主体沿桩腿升降过程中的RPD预测[D]. 哈尔滨：哈尔滨工程大学，2010.

[35] 李志海，徐兴平，王慧丽. 海洋平台系泊系统发展[J]. 石油矿场机械，2010，39（5）：75-78.

[36] 冯定，柳进，杨志远，等. 海洋钻修机的现状与发展趋势[J]. 石油机械，2009，37（9）：151-155.

[37] 张杰，纪文亮. ROV原理及在我国海洋石油工程中的应用[J]. 中国造船，2007，48（增刊）：132-135.

[38] 赵洪山，刘新华，白立业. 深水海洋石油钻井装备发展现状[J]. 石油矿场机械，2010，39（5）：68-74.

[39] 任克忍，王定亚，周天明，等．海洋石油水下装备现状及发展趋势[J]．石油机械，2008，36(9)：151-153.

[40] 侯福祥，王辉，任荣权，等．海洋深水钻井关键技术及设备[J]．石油矿场机械．2009，38(12)：1-4.

[41] 兰洪波，张玉霖，菅志军，等．深水钻井隔水管的应用及发展趋势[J]．石油矿场机械，2008，37(3)：96-98.

[42] 王定亚，丁莉萍．海洋钻井平台技术现状与发展趋势[J]．石油机械，2010，38(4)：69-72.

[43] 石红珊，柳存根．Spar平台及其总体设计中的考虑[J]．中国海洋平台，2007，2(2)：1-4.

[44] 王定亚，邓平，刘文霄．海洋水下井口和采油装备技术现状及发展方向[J]．石油机械，2011，39(1)：75-79.

[45] 秦蕊，罗晓兰，李清平，等．深海水下采油树结构及强度计算[J]．海洋工程，2011，29(2)：25-31.

[46] 程寒生，周美珍，顾临怡．水下采油树液压控制管路阻尼匹配研究[J]．液压与气动，2011，(3)：19-23.

[47] 李展．浮式生产储油装置(FPSO)及其系泊系统[J]．广东造船，2006，3：40-45.

[48] 张姝妍，刘培林，曾树兵，等．水下生产系统研究现状和发展趋势[J]．中国造船，2009，50(增刊)：143-151.

[49] 马生居．浅析海洋钻井平台技术的发展方向[J]．企业研究，2011，4：123-124.

[50] 方华灿．深水平台用的石油装备的新发展[J]．中国海洋平台，2010，25(1)：1-7.

[51] 张振国，方念乔，高莲凤，等．气体水合物在海洋中的分布及其赋存区域的海洋地质特征[J]．资源开发与市场，2006，22(4)：337-340.

[52] 汪张棠．"中油海3"号坐底式钻井平台[J]．上海造船，2009，(2)：53-54.

[53] 郭洪升．"中油海5"自升式钻井平台总体研究设计[J]．船舶，2009，6(3)：1-5.

[54] 钱亚林，薄玉宝．自升式悬臂梁钻井平台初探[J]．上海造船，2009，(1)：15-18.

[55] 任宪刚，白勇，贾鲁生．自升式钻井平台悬臂梁研究[J]．船舶力学，2011，15(4)：402-409.

[56] 沈大春，王定亚，肖锐，等．海洋钻井升沉补偿系统技术分析[J]．石油机械，2009，37(9)：125-128.

[57] 陈祖波，吕岩，李志刚，等．浮式钻井钻柱升沉补偿概述[J]．石油矿场机械，2011，40(10)：28-32.

[58] 张彦廷，刘振东，姜浩，等．浮式钻井平台升沉补偿系统主动力研究[J]．石油矿场机械，2010，4(39)：1-4.

[59] 梁海明．海上钻井与海洋环境保护[J]．海洋科学集刊，2010，50：87-92.

[60] Coffin M F, McKenzie J A, Davis E, et al. Oceans and Life: Scientific Investigation of the Earth System Using Multiple Drilling Platforms and New Technologies, Integrated Ocean Drilling Program Initial Science Plan, [J]. Earth, 2001, 2003-2013.

[61] Paull C K, Matsumoto R, Wallace P J, et al. Proceedings of the Ocean Drilling Program[J]. Initial Reports, 1996, 164.

[62] Tréhu A M, Bohrmann G, Rack F R, et al., 2003. Proceedings of the Ocean Drilling Program[J]. Initial Reports, 2003, 204.

[63] Zhang Z G, Gao L F, Zhang Y, et al. Mechanism of Frequency Conversion Vibration Stimulating Exploiting Technology with Marine Gas Hydrate and Its Numerical Simulation[J]. Advanced Materials Research, 2011, (201-203): 413-416.

[64] Zhang Z G, Shi G Y, Zhang Y, et al. Fracturing Mechanism of Marine Gas Hydrate with Vibration and Model of Experimental Device[J]. Advanced Materials Research, 2011, (284-286): 2493-2496.

[65] Zhang Z G, Zhang Y, Gao L F. The Resource Characteristics of Marine Gas Hydrates and the Assessment of Its Exploitation Technology[J]. Advanced Materials Research, 2011, (383-390): 6523-6529.